移动开发技术丛书

iOS
开发实战体验

◎ 编著／DevDiv移动开发社区

海洋出版社
2012年 · 北京

内 容 简 介

iOS 是移动开发三大平台之一。本书是 DevDiv 移动开发社区版主、资深会员在该平台实际开发经验的总结，通过大量原创示例全面介绍了 iOS 应用开发的方法和技巧。

主要内容：全书共 15 章，分别为 iOS 开发框架、Object-C 高级知识、MVC 设计和 Push 消息、视图高级使用技巧、数据持久化、TableView 使用、文件 I/O、硬件和通信、iOS 多媒体、定位和地图、网络编程、连接到互联网、多线程编程、2D 和 3D 绘图编程、调试和优化。

适用范围：
- iOS 初中级开发者参考用书
- 高等院校及社会培训机构教材
- 自学人员学习用书

图书在版编目(CIP)数据

iOS 开发实战体验/DevDiv 移动开发社区编著. —北京：海洋出版社，2012.8
 ISBN 978-7-5027-8311-2

Ⅰ.①i… Ⅱ.①D… Ⅲ.①面向对象语言—程序设计 Ⅳ.①TP312

中国版本图书馆 CIP 数据核字（2012）第 146691 号

总 策 划：吕允英	发 行 部：（010）62174379（传真）（010）62132549
责任编辑：吕允英	（010）68038093（邮购）（010）62100077
责任校对：肖新民	网　　址：www.oceanpress.com.cn
责任印制：赵麟苏	承　　印：北京画中画印刷有限公司
排　　版：海洋计算机图书输出中心　晓阳	版　　次：2012 年 8 月第 1 版
	2012 年 8 月第 1 次印刷
出版发行：海洋出版社	开　　本：787mm×1092mm　1/16
地　　址：北京市海淀区大慧寺路 8 号（716 房间）	印　　张：20.25
100081	字　　数：490 千字
经　　销：新华书店	印　　数：1～3000 册
技术支持：（010）62100059　hyjccb@sina.com	定　　价：58.00 元

本书如有印、装质量问题可与发行部调换

序　言

苹果 iOS 系统已经历 5 年多 17 个版本的更新，其在多代 iPhone、iPad 和 iPod 设备上取得巨大成功，目前已经成长为市场上影响力最大、功能最丰富、生态最完整的移动操作系统。

iOS 的成功得益于苹果公司对移动互联网的深刻理解，苹果公司始终专注于用户体验与服务，并通过平台整合构建了完整的应用生态链。iOS 从诞生之初即专注用户体验与服务的提升，通过不断的技术革新，一次次引领着 UI 交互方式的变革。比如，Siri 技术就是 iOS5 最大的亮点，实现了语音控制输入功能，可以通过 Siri 使用语音提问和评论，并且可以与包括日历等在内的所有应用通信。同时，新"retina"显示屏像素要比历史版本的显示屏像素高出 3 倍左右，将用户体验提升到前所未有的高度，同时，也拉大了与竞争对手之间的距离！

APP Store 是苹果公司构建应用生态链的关键形式，它让众多的开发者找到了自己的商业模式和商业机会，而苹果公司因此积累了庞大数量的应用。云服务 iCloud 让所有的 iOS 设备实现了互联互通，通过 iCloud，使用同一账号的用户可以在不同 iOS 设备上同步信息和 APP，实现文件备份、存储等功能。可以看出，以 iCloud 为"媒"，统一不同设备系统平台是苹果公司的既定战略，苹果公司在平台整合上已经迈出了坚实的一步。

在 iOS 过去 5 年多时间里，业界对苹果公司的疑问从"这是智能手机吗"发展到了"它可以代替 PC"吗，可见其对智能手机发展的贡献，现在已经没有人怀疑以 iOS 引领的新一代智能手机将成为最重要的个人计算终端、个人娱乐终端和个人通信终端，其地位将与传统 PC 分庭抗礼。苹果公司依靠其强大的垂直一体化战略，不仅通过 iPhone、iPad 等产品赚取了高额的利润，同时，通过吸引开发者不断地提供创新的应用，为苹果公司源源不断地注入活力。

此外，值得关注的是，苹果公司并不单纯是"以质取胜"，在数量上，苹果公司也有望在未来几年实现对 Windows 设备（安装微软 Windows 操作系统的设备）的反超。相关统计数据显示：过去，Windows 设备在同苹果设备的销量对比上，一直占据绝对优势，这一优势在 2000 年左右曾经达到过一个峰值，每销售 50 台 Windows 设备才售出一款苹果设备。但是，随着 iPad 和 iPhone 等一系列基于移动互联产品的问世，这一数字比例在急剧减小，截止目前，Windows 设备与苹果设备的销量比例约为 2∶1，分析师称，苹果设备数量有望在未来两年内超过微软。

当前，基于 iOS 的应用具有广阔的前景和良好的发展趋势。希望广大开发者借 iOS 之势，利用《iOS 开发实战体验》及书中提供的相关代码，快速进入 iOS 开发领域，实现开发者梦想！

中国科学院博士、博士生导师，软件研究所研究员

2012 年夏

前　言

iOS 平台

iOS 是由苹果公司开发的手持设备操作系统，发布于 2007 年，最初是为 iPhone 设计的，后来陆续套用到 iPod touch、iPad 以及 Apple TV 等苹果产品上。iOS 与苹果的 Mac OS X 操作系统一样，也是以 Darwin 为基础的。原本这个系统名为 iPhone OS，在 2010 年 6 月 WWDC 大会上宣布更名为 iOS。

苹果的 iPhone 发布至今已经接近 5 年，而 iPad 也已发布两年。虽然在智能手机市场的绝对占有率上，iPhone 已经不及谷歌的 Android 系列产品，但若看单一智能手机厂商的出货量，苹果的 iPhone 仍处在第一的位置。如果进一步考虑营业收入和销售利润，苹果公司在智能手机领域的领先优势相当大。若仅以此作为衡量标准的话，所谓的挑战者几乎是不存在的。扩展到平板电脑领域，与智能手机相比，领先优势更是有过之而无不及，50%以上的市场份额，70%～80%的营业收入都为苹果公司的 iPad 所占据。

当人们将苹果公司的巨大成功归结于一款款惊艳的产品时，作为行业中人，我们更应该看到其背后的完整生态系统：首先制造出完美的硬件，然后很好地将软硬件进行整合，并在提供网络服务（iTunes Store、Newsstand 和 iCloud 等）的同时，通过自己的 Apple Store 来控制销售。正是如此完善的生态系统，使 iOS 获得移动互联网开发者的广泛认可，成为目前最受欢迎的平台。

DevDiv.com 移动开发社区作为国内最具人气的综合性移动开发社区，继成功推出《移动开发全平台解决方案——Android、iOS、Windows Phone》、《Windows Phone 开发实战体验（应用+游戏）》后，特召集经验丰富的版主和资深会员总结多年 iOS 的工作经验，奉上《iOS 开发实战体验》，希望此书能帮助广大初学者快速进入 iOS 开发领域，以实现大家自己的移动创业梦想。

作者

参与本书写作的版主和资深会员具体如下：

作　者	社区 ID	简　介
陈东严	RealTool	DevDiv 版主 毕业于河海大学计算机与信息学院，具有多年的 iOS 应用软件设计与开发经验，同时具有丰富的项目研发和管理经验。曾带领团队完成几十款 iPhone/iPad 的应用开发，包括视频监控、移动 OA 办公、手机订票、工具、社交、团购、房地产行业信息展示、休闲游戏、旅游、电子杂志等应用类型 2011 年 4 月发起成立睿拓工作室，专注于 iOS 和 Android 移动平台应用开发与设计，本着"不断追求完美"的做事风格，为移动互联网企业提供客户端开发、资讯、企业内训等业务。工作室官方网站：http://www.realtool168.com

（续表）

作　者	社区 ID	简　介
张大伟	David_Zhang	DevDiv 版主 毕业于安徽理工大学计算机科学与技术系，5 年以上的软件开发经验。擅长 Java 编程语言，对 Java 虚拟机和软件逆向工程有比较深入的研究；熟悉 Python、Scala、JavaScript 等多种脚本语言，曾参与多个大型 J2EE 项目的设计与开发，具有多年的项目研发经验和项目管理经验。现主要从事 Android 和 iOS 两个平台移动互联网应用软件的设计与开发
赵坤	keviniszk	DevDiv 核心会员 主要从事终端软件开发，早期开发了基于 Java 的物流、安全等方面的项目，现专注于移动互联网领域，熟悉 iOS、Windows Phone 平台，两年多来，涉及项目涵盖了移动中间件、ERP、商城、订票、监控等多个方面，在项目分析、设计架构和开发方面有非常丰富的经验

此外，本书写作过程中，王兴隆（Max）承担了策划及部分沟通、协调工作，周智勖（BeyondVincent）协助完成沟通、协调工作并承担了审稿任务。在编辑和审稿阶段，还得到了张金明的帮助，在此表示感谢。

学习指南

本书共为 15 章，各章的基本情况如下：

第 1 章 iOS 开发框架　主要为基础知识的介绍，重点讲解应用程序生命周期和设计规范，其中参考、翻译了 iOS 框架支持，作者在翻译的基础上做了部分修改并加入了自身的经验总结。

第 2 章 Object-C 高级知识　重点是 Object-C 和类别以及静态库的使用方法。静态库使用的比较多，对保护代码版权有很大帮助。本章参考了部分互联网上关于 Object-C 语法介绍的资料，同时加入了作者的经验总结。除了类别部分，其他所有示例均为原创，其中包括静态库的使用等。

第 3 章 MVC 设计和 Push 消息　参考了部分官方提供的 MVC 设计和 Push 消息资料，所有示例均为原创。其中 iPhone 手机发送 Push 消息为本章精华，汇集了作者多年实际工作经验，均为原创内容，本部分重点为 Push 消息的实现流程和嵌入式设备发送 Push 消息的实现方法。

第 4 章视图高级使用技巧　为重要的基础知识章节，也是本书的重点章节之一。重点是基础控件定制、动画特效以及页面布局的实现方法。其中，基础控件定制部分为作者多年工作经验总结，示例均为原创；动画特效部分的示例参考了网络相关内容，作者根据本书需要重写了代码。

第 5 章数据持久化　为本书重点章节之一，是实战性的知识，汇聚了作者多年编程经验，所有示例均为原创。重点介绍了 Plist 文件、Sqlite 和 CoreData 的使用。

第 6 章 TableView 使用　为本书的重中之重章节，它是界面知识中的重点，内容涵盖 TableView 的组成、样式、定义、数据源、委托、编辑、气泡效果的实现、拖动以显示更多数据等，基本包括了表格视图 90% 的知识，从基础到提高都有涉及，原创性 80% 以上，例子也很经典，非常值得一读。

第 7 章文件 I/O　以一个文件浏览器为例系统介绍了如何对文件系统进行操作，重点给出了文件及文件夹的读取、创建、删除等操作的相关编程方法，并说明了苹果应用文件的存储规则。其中部分为官方文档翻译，其余为作者工作经验总结。

第 8 章硬件和通信　首先依次介绍了摄像头、加速度计、陀螺仪的功能原理和使用方法，其中重点是陀螺仪的使用方法和具体实现，该部分除了陀螺仪和加速计的原理介绍参考了互联网上的资料之外，其他均为原创内容，有非常详细的示例说明。本章还介绍了通讯录调用、打电话、发短信、发邮件等相关内容，其中通讯录中加入了代码编辑的功能和例子，绝大多数内容为原创。

第 9 章 iOS 多媒体　分别介绍了图像处理、声音处理及视频播放的相关内容。其中，图像处理部分重点介绍如何进行图像绘制及 GIF 效果实现，声音处理部分属于基础性内容，视频处理部分给出了视频的播放方法。本章着重通过两个示例帮大家熟悉上层的 API，未对底层复杂 API 进行介绍，全章 60%左右为原创内容。

第 10 章定位和地图　为 iOS 开发重点章节，涵盖了定位的实现、地图的基础知识和实现、MKReverseGeocoder 地理位置反向编码、地图标注方法、在地图上画线、在地图上长按加地图标注等内容，知识讲解以及代码均为原创内容，尤其是将地图上的各个点连线，网上资料比较少，为作者长期经验总结。

第 11 章网络编程　介绍了 iOS 网络编程、NSURLConnection、ASIHTTPRequest、检测网络连接状态等内容，参考了官方文档，原创内容主要是例子，占 50%左右。

第 12 章连接到互联网　从 iPhone 的内嵌浏览器入手，首先介绍了如何使用 SDK 提供的 UIWebView 构建简单浏览器，然后使用官方 API 进行 XML 深入解析，并使用第三方解析库编写简单的天气应用，最后介绍了 iPhone 的 JSON 及 JSON 解析库。

第 13 章多线程编程　为本书重点章节，从各个角度对多线程进行了剖析，知识点非常丰富。多线程知识介绍和例子实现均为原创，其中介绍了 3 种多线程的实现方法，即传统 UNIX 下实现多线程、NSThread 实现多线程、线程池 NSOperationQueue 实现多线程，并给出了生产者—消费者模型的多线程示例。

第 14 章 2D 和 3D 绘图编程　内容较为复杂，为开发中的提高篇。本章基础知识部分参考官方文档的同时给出了原创示例。2D 部分介绍比较全面，从基础知识到具体操作都有涉及，很实用，而且加入了图片的倒影实现，该部分为原创，也是本章一大亮点。3D 部分介绍相对比较少，但也给出了理论知识的大体框架，且实现了一个简单的 OpenGL ES 例子，相对来说比较实用，而且示例为个人原创。

第 15 章调试和优化　首先分析了几种常见的错误，然后介绍 iOS 下的几种调试和优化方法，最后详细介绍了如何使用 Instruments 中的 Leaks 工具来查找和定位程序中的内存泄漏。

例程代码

本书中的代码均可在 http://www.devdiv.com/forum-218-1.html 免费下载，DevDiv 移动开发社区（http://www.devdiv.com）负责代码的维护、更新工作。

由于时间仓促以及作者水平有限，书中难免有不足、缺点，甚至错误，如果您在阅读本书中有任何疑问、建议和意见，欢迎大家发信（webmaster@devdiv.com）或者发帖（http://www.devdiv.com/rum-218-1.html）反馈给我们，我们将第一时间为您解惑。

DevDiv.com 创始人　吴学友

目　　录

第1章　iOS 开发框架 1
1.1　苹果产品和重要的事件 1
1.2　应用商店——App Store 2
1.3　iOS 软件的体系结构 2
- 1.3.1　核心操作系统层（Core OS）..... 3
- 1.3.2　核心服务层（Core Service）..... 4
- 1.3.3　媒体层（Media）....................... 6
- 1.3.4　可轻触层（Cocoa Touch）........ 7

1.4　应用程序运行周期 8
- 1.4.1　应用程序的生命周期................. 8
- 1.4.2　应用程序的入口......................... 9
- 1.4.3　应用程序的委托......................... 9
- 1.4.4　加载主 Nib 文件...................... 10
- 1.4.5　事件处理周期........................... 10

1.5　应用程序运行环境 11
- 1.5.1　应用程序沙箱........................... 12
- 1.5.2　自动休眠定时器....................... 13

1.6　iOS 软件设计规范 13
- 1.6.1　平台间的差异........................... 13
- 1.6.2　3 种应用程序样式................... 14

1.7　iOS 开发工具——Xcode 15

第2章　Object-C 高级知识 18
2.1　Object-C 语言介绍 18
- 2.1.1　数据类型与表达式................... 18
- 2.1.2　流程控制................................... 19
- 2.1.3　类与结构................................... 19

2.2　类别（Category）介绍 21
- 2.2.1　认识类别（Category）............. 21
- 2.2.2　扩展 NSString......................... 23
- 2.2.3　扩展 NSDictionary.................. 25
- 2.2.4　扩展 NSArray......................... 27
- 2.2.5　Object-C 与 C++混合编程...... 28
- 2.2.6　静态库....................................... 30

第3章　MVC 设计和 Push 消息 35

3.1　MVC 框架设计 35
- 3.1.1　MVC 设计思想......................... 35
- 3.1.2　iPhone 开发中的 MVC............ 37
- 3.1.3　iPhone 中 MVC 的实现............ 37

3.2　通知中心 41
- 3.2.1　NSNotification 类..................... 41
- 3.2.2　Notifications 的常见误解......... 42

3.3　Push 机制 44
- 3.3.1　Push 消息需要的条件.............. 47
- 3.3.2　在代码中使用 Push 消息......... 48
- 3.3.3　通过 Mac 发送 Push 消息....... 48
- 3.3.4　通过 iPhone 发送 Push 消息... 53

第4章　视图高级使用技巧 62

4.1　界面工具 Interface Builder 62
4.2　定制基础控件 63
- 4.2.1　定制 UIButton.......................... 63
- 4.2.2　定制 UIPickerView 以实现隐藏功能 67

4.3　动画特效 72
- 4.3.1　UIViewAnimation 动画........... 72
- 4.3.2　使用公有 CATransition 实现动画效果 75
- 4.3.3　使用私有 CATransition 实现动画效果 77

4.4　页面布局——横竖屏处理............. 78

第5章　数据持久化 81

5.1　Plist 文件操作 81
5.2　NSUserDefaults 操作 87
5.3　SQLite 数据库操作 88
5.4　Core Data 文件操作 93
- 5.4.1　CoreData 特性........................... 94
- 5.4.2　为何要使用 Core Data............ 94
- 5.4.3　关于 Core Data 的常见误解.... 94
- 5.4.4　建立数据库模型....................... 95

| 5.4.5 创建实体类 96
| 5.4.6 数据库操作 96

第 6 章 TableView 使用 102

6.1 UITableView 的组成及样式 102
6.2 UITableView 的定义 104
6.3 UITableView 的数据源 106
        6.3.1 UITableViewDataSource 协议 106
        6.3.2 表格视图的实现 107
        6.3.3 表格单元 110
        6.3.4 创建表格单元的数据源 111
6.4 UITableView 的委托 115
6.5 UITableView 的编辑 116
6.6 UITableView 实现气泡效果的表格 120
6.7 UITableView 拖动以显示更多数据 128

第 7 章 文件 I/O 133

7.1 文件系统 133
7.2 文件管理 134
        7.2.1 读取并显示对应目录下的文件 135
        7.2.2 获取文件属性信息 138
        7.2.3 创建文件夹 141
        7.2.4 创建文件 146
        7.2.5 删除文件 149
7.3 本地数据存储规则 150

第 8 章 硬件和通信 151

8.1 摄像头 151
        8.1.1 拍照 151
        8.1.2 摄像 155
        8.1.3 定制拍照界面 157
8.2 加速度计 158
        8.2.1 加速度计原理 158
        8.2.2 加速度计使用 158
8.3 陀螺仪 159
        8.3.1 陀螺仪原理 160
        8.3.2 陀螺仪使用 161
8.4 调用通讯录 162
        8.4.1 读取通讯录 162
        8.4.2 编辑通讯录 164
8.5 打电话 166

8.6 发短信 166
8.7 发邮件 168

第 9 章 iOS 多媒体 170

9.1 图像 170
        9.1.1 加载 UIImage 170
        9.1.2 UIImageView 172
        9.1.3 访问照片 174
9.2 声音 176
        9.2.1 System Sound Services 176
        9.2.2 音频 179
9.3 视频 183

第 10 章 定位和地图 188

10.1 基础知识 188
10.2 iPhone 定位方法 189
10.3 MKReverseGeocoder 地理位置反向编码 194
10.4 LBS 应用的类型 195
10.5 谷歌地图 196
        10.5.1 在地图上增加大头针标注的方法 198
        10.5.2 在地图上画线 202

第 11 章 网络编程 208

11.1 iOS 网络编程 208
        11.1.1 NSURLConnection 208
        11.1.2 网络编程示例 210
11.2 ASIHTTPRequest 214
        11.2.1 使用 ASIHTTPRequest 215
        11.2.2 ASIHTTPRequest 使用示例 218
11.3 检查网络状态 224
        11.3.1 SCNetworkReachability 224
        11.3.2 Reachability 225

第 12 章 连接到互联网 229

12.1 使用 UIWebView 229
12.2 解析 XML 233
        12.2.1 iOS 下的 XML 解析库 234
        12.2.2 NSXMLParser 234
        12.2.3 第三方解析器 237
        12.2.4 编写简单天气解析应用 238
12.3 解析 JSON 245

| | 12.3.1 | iPhone 的 JSON | 245 |
| 12.3.2 | JSON 解析库 | 247 |

第 13 章 多线程编程 ... 248
- 13.1 UNIX 多线程机制的使用 ... 248
- 13.2 NSThread 创建多线程的方法 ... 251
  - 13.2.1 线程的创建与启动 ... 251
  - 13.2.2 线程的同步与锁 ... 252
  - 13.2.3 线程的交互和其他控制方法 ... 255
  - 13.2.4 线程的睡眠 ... 257
- 13.3 线程池 NSOperationQueue ... 258
  - 13.3.1 创建线程操作 NSOperation ... 258
  - 13.3.2 任务控制 ... 259
- 13.4 生产者—消费者模型 ... 262
  - 13.4.1 使用@synchronized ... 262
  - 13.4.2 使用 NSLocking 协议 ... 264

第 14 章 2D 和 3D 绘图编程 ... 267
- 14.1 Quartz 2D ... 267
  - 14.1.1 画布（Canvas） ... 267
  - 14.1.2 绘图上下文（Graphics Context） ... 268
  - 14.1.3 Quartz 2D 数据类型 ... 268
  - 14.1.4 图形状态 ... 269
  - 14.1.5 Quartz 2D 坐标系统 ... 270
  - 14.1.6 内存管理 ... 271
  - 14.1.7 绘制图形图像 ... 271
  - 14.1.8 绘制 OpenFlow 效果的倒影 ... 287
- 14.2 3D 绘图 OpenGL ES ... 289
  - 14.2.1 OpenGL 与 OpenGL ES 简介 ... 290
  - 14.2.2 OpenGL ES 在 iPhone 绘图中的应用 ... 290

第 15 章 调试和优化 ... 302
- 15.1 常见错误 ... 302
  - 15.1.1 版本错误 ... 302
  - 15.1.2 证书错误 ... 303
  - 15.1.3 编写错误 ... 304
  - 15.1.4 导入错误 ... 305
- 15.2 调试跟踪 ... 308
  - 15.2.1 使用调试器 ... 308
  - 15.2.2 使用日志 ... 310
- 15.3 使用 Instruments ... 311

第 1 章　iOS 开发框架

自从 2007 年 iPhone 第一代手机发布以来，苹果公司改变了世界。当年乔布斯在产品发布会上宣讲时曾说：苹果重新发明了手机！现在看来，确实如此。苹果为科技世界重新树立了标杆，它将技术与艺术完美结合，到目前为止，没有哪一款电子产品能像 iPhone 那样让消费者疯狂。你可以想象，那些顶着寒风在苹果专卖店门口排队七八个小时，甚至通宵的人们，仅仅是为了购买一款手机！

随着 iPhone 在国内的热销，国内的 iOS 开发也掀起了一轮高潮。如果此时的你正打算从事 iOS 开发，那么恭喜你，因为你选择了在很长一段时间内可能都是最吸引人的平台。苹果公司用一种极端追求完美的精神给世界带来了神奇的产品，作为开发者，我们也应当秉承这种精神，用自己的努力和热情，开发出完美的应用软件。下面，就让我们一起开始 iOS 编程之旅吧。

1.1　苹果产品和重要的事件

在学习 iOS 开发之前，我们有必要先来了解这家世界级的科技公司。苹果公司自创建以来，为世界带来了很多划时代的产品，也发生了很多影响深远的事件，按时间顺序列举如下：

① 1977 年，发售最早的个人计算机 Apple II。
② 1982 年，推出 Apple Lisa 计算机。
③ 1984 年，推出革命性的 Macintosh 计算机。
④ 1997 年，推出彩色的 iMac 计算机。
⑤ 2001 年，推出 iPod 数码音乐随身听。
⑥ 2005 年，史蒂夫·乔布斯宣布下一年度将采用英特尔处理器。
⑦ 2007 年，史蒂夫·乔布斯在 Mac World 上发布了 iPhone 与 iPod touch。
⑧ 2008 年，史蒂夫·乔布斯在 Mac World 上发布了 MacBook Air。
⑨ 2008 年，史蒂夫·乔布斯在 Mac World 上发布了新设计的 MacBook 和 MacBook Pro，以及全新的 24 英寸 Apple LED Cinema Display。
⑩ 2008 年 7 月 11 日，苹果公司推出 3G iPhone，iOS 2x 版正式提供全球语言。
⑪ 2010 年 1 月 27 日，史蒂夫·乔布斯在苹果公司发布会上发布 iPad 平板电脑。
⑫ 2010 年 6 月 8 日凌晨 1 点，在苹果全球开发者大会（WWDC 10）上，史蒂夫·乔布斯发布了全新的 iPhone 第四代手机，型号为 iPhone 4。
⑬ 2011 年 3 月 2 日推出 iPad2 系列产品。
⑭ 2011 年 6 月 7 日介绍 iOS5、Mac OS X 10.7 Lion、iCloud。
⑮ 2011 年 10 月 5 日推出 iPhone4S、iOS5、iCloud。
⑯ 2012 年 3 月 7 日，推出 iPad 第三代产品，命名为 The New iPad。

目前，这些产品有些已经淡出了人们的视线，有些还在热销中，而且创造了一个又一个销售奇迹。苹果现在的产品线如图 1-1 所示。

从图 1-1 中我们可以看到，苹果的产品线非常简洁，这是苹果一贯的作风，把精力集中在最少的事情上面，做到专注。

图1-1 苹果现有的产品线

1.2 应用商店——App Store

App Store 即 Application Store，通常理解为应用商店。App Store 是一个由苹果公司为 iPhone 和 iPod Touch、iPad 以及 Mac 创建的服务，允许用户从 iTunes Store 或 Mac App Store 浏览和下载一些用 iOS SDK 或 Mac 开发的应用程序。用户可以购买或免费试用，使该应用程序可直接下载到 iPhone 或 iPod touch、iPad、Mac 计算机上。这些软件应用包含游戏、工具、图书、图库，以及许多实用的软件。App Store 从 iPhone、iPod touch、iPad 以及 Mac 的应用程序商店都是相同的名称。

App Store 模式的意义在于为第三方软件提供者提供了方便而又高效的软件销售平台，使得第三方软件提供者参与其中的积极性空前高涨，同时适应了手机用户们对个性化软件的需求，手机软件业由此进入高速、良性发展的轨道。可以说，是苹果公司把 App Store 这样的一个商业行为升华到了能够令人效仿的经营模式。App Store 无疑会成为手机软件业发展史上的一个重要的里程碑，其意义已远远超越了"iPhone 的软件应用商店"本身。

读者掌握了本书后面讲解的 iPhone 开发技能后，可以将自己的应用程序上传到 App Store 平台上，供全世界的用户下载使用，这也是大部分开发者开发软件的最终目的。

1.3 iOS 软件的体系结构

对于 iPhone 开发的基本常识，可以很方便地从互联网获得，在此不进行详细说明。这里重点要介绍的是 iOS 的体系结构，如图 1-2 所示。

可以看出，按从低到高的顺序，大致可分为以下 4 层：
- Core OS——核心操作系统层。

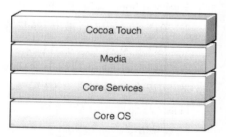

图1-2 iOS 的体系结构

- Core Services——核心服务层。
- Media——媒体层。
- Cocoa Touch——可轻触层，也叫应用层。

1.3.1 核心操作系统层（Core OS）

Core OS 位于最底层，iOS 的许多技术都是基于 Core OS 的。在应用程序中，开发者虽然不会直接用到 Core OS 提供的功能，但是所引用的其他库很有可能会用到或者依赖于该层。开发者在处理安全问题或者与硬件进行沟通的时候，会直接用到 Core OS 提供的功能。Core OS 层模块如图 1-3 所示。

图 1-3　Core OS 层模块

Core OS 层所包含的库如下：

（1）Accelerate Framework

包含数学计算、大号码以及数字信号处理等一系列接口。使用这个库的好处在于开发者可以对其进行重写，用以优化基于 iOS 的不同设备的硬件特征，并且只需要写一次就可以确保它在全部设备上有效运行。

（2）External Accessory Framework

负责 iOS 设备与各种附属设备的沟通。iOS 设备可以通过自带的数据线、Wi-Fi 和蓝牙与附属设备进行沟通。External Accessory Framework 提供接口让开发者可以获取各种附属设备的信息并且进行初始化，从而可以放心地发送指令以控制设备。

（3）Security Framework

用来保证应用程序数据管理的安全性。这个库会提供一些接口让开发者管理证书、公共密钥、私有密钥和信任策略。它支持安全加密随机数生成，同时也支持密钥的证书存储。

（4）System 层

包括内核、驱动和 OS 的各种 UNIX 底层接口。其中内核是基于 Mach（用于 Mac OS X 的微内核）的，它主要负责处理虚拟内存管理、线程、文件系统、网络和进程间通信。驱动主要用来为各种硬件和系统库之间提供接口。iOS 提供接口让应用程序可以访问 OS 的各种功能，开发者可以通过 LibSystem 库来调用它们，这些接口都是基于 C 语言的，它们提供的功能如下：

① 线程。
② 网络。
③ 文件系统。
④ 标准输入输出。
⑤ Bonjour 和 DNS 服务。
⑥ 本地信息。
⑦ 内存管理。
⑧ 数学计算。

★ 提示　Bonjour 也称为零配置联网，能自动发现 IP 网络上的计算机、设备和服务。Bonjour 使用工业标准的 IP 协议来允许设备自动发现彼此，而不需输入 IP 地址或配置 DNS 服务器。

1.3.2 核心服务层（Core Service）

Core Service 由两个部分组成：核心服务库和基于核心服务的高级功能。

1）核心服务层模块

核心服务层模块如图 1-4 所示。

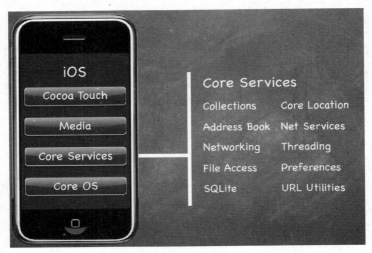

图 1-4　核心服务层模块

核心服务层所包含的库如下：

（1）Address Book Framework

用于地址簿管理，开发者可以通过这个库管理电话联系人列表，访问联系人列表的数据库，然后进行添加、删除和编辑等其他操作。

（2）CFNetwork Framework

提供了一系列的接口，可以让开发者更方便、快捷地进行网络沟通。开发者无需关注过多的细节，可以花更多的精力在应用程序上面。

（3）Core Data Framework

用于管理基于 MVC 模式（Model 模型、View 视图、Controller 控制器）应用程序的数据模型，它是一个关系数据管理系统。Core Data 提供了在存储器中保存、管理、更改以及获取数据等基础功能。

（4）Core Foundation Framework

它是一个 C 语言库，为应用程序提供了各种基础设施。

（5）Core Location Framework

提供定位的功能，可以运用 GPS、3G 和 Wi-Fi 来侦测用户的位置，地图应用程序可以使用这个功能来显示用户在地图上的位置。开发者可以将其加入到应用程序中实现相关的功能，如根据位置提供附近餐馆、商店以及银行等的搜索服务。

（6）Core Media Framework

提供比较底层的媒体处理，通常很少用到这个库。

（7）Core Telephony Framework

提供接口帮助用户收集电话商的服务信息，例如，用户可以知道自己用的是哪个电话商的服务，知道自己的设备现在是不是在打电话。

（8）Event Kit Framework

可以让用户在自己的设备上访问日历事件，用它来获取现有的日历事件或者添加一个新的事件，例如进行闹钟控制。

（9）Foundation Framework

提供的功能和 Core Foundation Framework 提供的功能差不多，区别在于它是 Objective-C 库。

（10）Mobile Core Services Framework

为 UTI（Uniform Type Identifiers，统一类型的标识符）定义了比较底层的数据类型。

（11）Quick Look Framework

可以让用户对文件的内容进行预览。

（12）Store Kit Framework

为应用程序与 App Store（应用程序商店）之间的通信提供服务，应用程序可以通过该库从 App Store 接收那些用户需要的产品信息，并显示出来供用户购买。当用户需要购买某件产品时，程序调用 Store Kit 来收集购买信息。

（13）System Configuration Framework

通过该库可以让用户决定设备的网络配置，例如，是否使用 Wi-Fi 连接或者是否连接某个网络服务。

2）基于核心服务的高级功能

（1）Block Objects

C 语言构造体，开发者可以将它插入到 C 代码或者 Objective-C 代码中。从本质上来说，一个 Block Objects 就是一个封闭函数，或者说是伴随这个函数的数据。一般来说，Block Objects 可以运用到下面几种情形：

① 代替代理和代理方法。

② 代替回调函数。

③ 与分发堆栈一起实现异步工作。

（2）Grand Central Dispatch

简称 GCD，它可以根据处理器的数量调整应用程序的工作负荷，而且只会使用任务所需数量的线程，从而提高应用程序的效率。例如，在不使用 GCD 时，如果一个应用程序在最大负载时需要 20 条线程，那么即使在空载时，它也会建立 20 条线程，并占用相关资源。而使用 GCD 时则不然，GCD 会释放闲置资源，以加快整个系统的响应速度。

（3）In App Purchase

基于 Store Kit Framework 的高级功能，通过这个功能用户可以让自己的应用程序很好地处理账号、App Store 与应用程序之间的关系。

（4）Location Services

基于 Core Location Framework 的服务功能，可以让应用程序给用户定位，查找用户当前位置。

（5）SQLite（嵌入式数据库）

可以让开发者在应用程序里面嵌入一个轻量级的 SQL 数据库，无需建立一个分开的数据库服务器，就可以在应用程序里面创建一个 Database 文件，然后进行列表和记录的管理。

（6）XML Support

可以让开发者对 XML 文件进行解析。

1.3.3 媒体层（Media）

媒体层主要提供图像渲染、音频播放和视频播放的功能，具体的模块如图 1-5 所示。

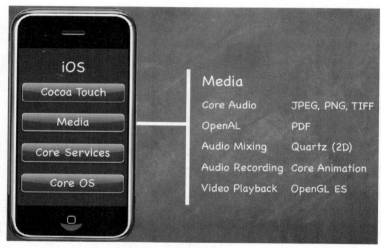

图 1-5　媒体层模块

1）图像渲染功能

实现图像渲染功能的方法如下：

① 用 Core Graphics 进行图像的 2D 渲染。

② 用 Core Animation 提供动画效果。

③ 用 OpenGL ES 提供对 2D 和 3D 渲染的支持，并支持硬件加速。

④ Core Text 提供了流畅的字体渲染引擎。

⑤ Image I/O 提供接口用以各种格式图像的读写。

⑥ Assets Library Framework 用以对用户照片库里的照片和视频进行访问。

2）音频播放功能

媒体层的 Audio 模块提供了以下功能：

① Media Player Framework 可以让用户方便访问 iTunes 的最新版本库并且支持列表播放。

② AV Foundation 提供了简单易用的接口用以管理音频回放和记录。
③ OpenAL 提供跨平台的接口支持音频播放。
④ Core Audio Frameworks 提供了一系列简单的接口，开发者可以通过这些接口进行音频播放和记录，也可以用它们来播放系统声音，同时管理本地音频文件或者音频流的多通道缓冲和回放。

3）视频播放功能

媒体层的 Video 模块提供了以下功能：
① Media Player Framework 为开发者提供了一系列简单易用的接口，开发者可以在应用程序里面调用这些接口来进行视频播放。
② AV Foundation 用以管理视频的抓频和回放。
③ Core Media 提供底层的服务，供上面的功能调用。

1.3.4 可轻触层（Cocoa Touch）

作为整个 iOS 的最顶层，这一层是最为核心的部分，负责屏幕上的多点触摸事件处理、文字输出、图片网页显示、相机或文件的存取以及加速感应等，如图 1-6 所示。

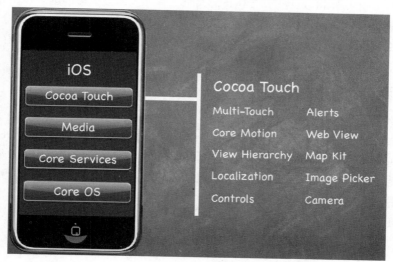

图 1-6 可轻触层模块

可轻触层所包含的库如下：

（1）Address Book UI Framework

用来显示 Address Book 数据库中联系人的数据。这个基于 C 的框架可以提供一个图形界面来访问用户的联系人信息，同时用户也可以创建新的联系人，删除或者编辑已存在的联系人。

（2）Event Kit UI Framework

基于 Event Kit Framework，它主要为查看和编辑事件提供视图控制器。

（3）Game Kit Framework

为游戏应用程序提供点对点的网络连接和语音通信来支持对战游戏。这个框架支持所有的应用程序，并且无需配对。

（4）iAd Framework

用于播放广告，这样可以为应用程序带来额外的收入。

（5）Map Kit Framework

可以在应用程序中嵌入地图和 Map Kit，支持 Google Mobile Maps 的服务和缩放功能、自定义标签功能以及自定义位置信息等。

（6）Message UI Framework

用于编写和整理邮件。

（7）UIKit Framework

是这一层的核心部分，它提供了关键的基础设施、界面渲染以及事件驱动等。所有的 iPhone 应用程序都是基于 UIKit 框架构建而成的，因此，它们在本质上具有相同的核心架构。UIKit 负责提供运行应用程序和协调用户输入及屏幕显示所需要的关键对象。

认识了 iOS 软件的体系结构，下一节我们来研究应用程序是如何在这个体系结构中运行的，以及应用程序的启动顺序和生命周期。

1.4　应用程序运行周期

应用程序从启动到退出的过程中，UIKit 框架负责管理大部分关键的基础设施。iPhone 应用程序不断地从系统接收事件并必须做出响应。接收事件是 UIApplication 对象的工作，响应事件则需要开发者编写定制代码进行处理。为了弄清楚应在何时进行响应，有必要先来了解一下 iPhone 应用程序的生命周期和事件周期。

1.4.1　应用程序的生命周期

应用程序的生命周期指应用程序从启动到终止的完整过程，在此期间会发生一系列事件：用户轻点 Home 屏幕上的图标来启动应用程序，系统显示一个过渡图形并调用相应的 main 函数进行启动。从这个时间点之后，大量的初始化工作交给 UIKit，由它装载应用程序的用户界面并准备事件循环。在事件循环过程中，UIKit 会将事件分发给开发者定制的对象并执行应用程序发出的命令。当用户退出应用程序时，UIKit 会通知应用程序，并调用其终止过程。

简化了的 iPhone 应用程序生命周期如图 1-7 所示。

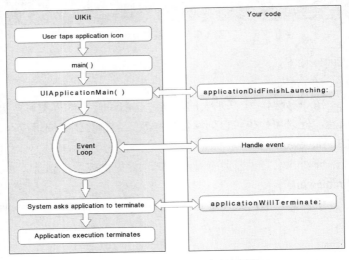

图 1-7　iPhone 应用程序生命周期

可以看出，在应用程序初始化和终止的时候，UIKit 会向应用程序委托对象发送特定的消息，通知其正在发生的事件。在事件循环过程中，UIKit 将事件派发给应用程序的定制事件处理器。其中，初始化和终止事件的处理方法将在 1.4.2 节和 1.4.3 节进行介绍，事件处理过程则在 1.4.5 节进行介绍。

1.4.2 应用程序的入口

在 iPhone 应用程序的启动过程中，main 函数仅在最小程度上被调用。通常，应用程序运行的大多数工作是由 UIApplicationMain 函数进行处理的。因此，当开发者在 Xcode 中开始一个新的应用程序工程时，每个工程模板都会提供一个 main 函数的标准实现，该实现和"处理关键的应用程序任务"部分提供的实现是一样的。main 函数只做三件事： 创建一个自动释放池，调用 UIApplicationMain 函数，以及使用自动释放池。除了极特殊情况，开发者不要改变这个函数的实现。

iPhone 应用程序的 main 函数结构如下：

```
#import <UIKit/UIKit.h>
int main(int argc, char *argv[])
{
    NSAutoreleasePool * pool = [[NSAutoreleasePool alloc] init];
    int retVal = UIApplicationMain(argc, argv, nil, nil);
    [pool release];
    return retVal;
}
```

自动释放池用于内存管理，它是 Cocoa 的一种机制，用于延缓释放具有一定功能的代码块中创建的对象。

UIApplicationMain 函数是程序的核心代码，它接收 4 个参数，并将它们用于初始化应用程序。传递给该函数的缺省值并不需要修改，但是它们对于应用程序启动的作用还是值得解释一下。除了传给 main 函数的 argc 和 argv 之外，该函数还需要两个字符串参数，用于标识应用程序的首要类（即应用程序对象所属的类）和应用程序委托类。如果首要类字符串的值为 nil，UIKit 就缺省使用 UIApplication 类；如果应用程序委托类为 nil，UIKit 会将应用程序主 Nib 文件（针对通过 Xcode 模板创建的应用程序）中的某个对象假定为应用程序的委托对象。如果将这些参数设置为非 nil 值，则在应用程序启动时，UIApplicationMain 函数会创建一个与传入值相对应的类实例，并将它用于既定的目的。因此，如果应用程序使用了 UIApplication 类的定制子类（这种做法是不推荐的，但确实是可能的），需要在第三个参数指定该定制类的类名。

1.4.3 应用程序的委托

监控应用程序的高级行为是应用程序委托对象的责任，而应用程序委托对象是开发者提供的定制类实例。委托是一种避免对复杂的 UIKit 对象（比如缺省的 UIApplication 对象）进行子类化的机制。在这种机制下，可以不进行子类化和方法重载，而是将自己的定制代码放到委托对象中，从而避免对复杂对象进行修改。当感兴趣的事件发生时，复杂对象会将消息发送给定制的委托对象。可以通过这种"挂钩"执行自己的定制代码，实现需要的行为。委托模式的目的是使开发者在创建应用程序时省时省力，因此是非常重要的设计模式，本书第 2 章会对委托进行较详细的介绍。

应用程序的委托对象负责处理几个关键的系统消息。每个 iPhone 应用程序都必须有应用程序委托对象，它可以是开发者希望的任何类的实例，但需要遵循 UIApplicationDelegate 协议，该协议的方法定义了应用程序生命周期中的某些挂钩，可以通过这些方法来实现定制的行为。虽然不需要实现所有的方法，但是每个应用程序委托都应该实现"处理关键的应用程序任务"部分中描述的方法。

1.4.4 加载主 Nib 文件

初始化的另一个任务是装载应用程序的主 Nib 文件。如果应用程序的信息属性列表（Info.plist）文件中含有 NSMainNibFile 键，则作为初始化过程的一个部分，UIApplication 对象会装载该键指定的 Nib 文件。主 Nib 文件是唯一一个自动装载的 Nib 文件，其他的 Nib 文件可以在稍后根据需要进行装载。

Nib 文件是基于磁盘的资源文件，用于存储一个或多个对象的快照。iPhone 应用程序的主 Nib 文件通常包含一个窗口对象和一个应用程序委托对象，还可能包含一个或多个管理窗口的其他重要对象。装载一个 Nib 文件会使该文件中的对象被重新构造，从而将每个对象的磁盘表示转化为应用程序可以操作的内存对象。从 Nib 文件中装载的对象和通过编程方式创建的对象之间没有区别。然而，对于用户界面而言，以图形的方式（使用 Interface Builder 程序）创建与用户界面相关联的对象，并将它们存储在 Nib 文件中，通常比以编程的方式进行创建更加方便。

1.4.5 事件处理周期

在应用程序初始化之后，UIApplicationMain 函数会启动管理应用程序事件和描画周期的基础组件，如图 1-8 所示。在用户和设备进行交互的时候，iOS 会检测触摸事件，并将事件放入应用程序的事件队列。然后，UIApplication 对象的事件处理设施会从队列的上部逐个取出事件，并将它分发到最适合对其进行处理的对象。举例来说，在一个按键上发生的触摸事件会被分发到对应的按键对象。该事件也可以被分发给控制器对象和应用程序中不直接负责处理触摸事件的其他对象。

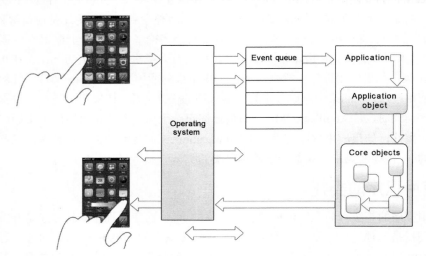

图 1-8 事件检测与流转过程

在 iOS 的多点触摸事件模型中，触摸数据被封装在事件对象（UIEvent）中。为了跟踪触摸动作，事件对象中包含一些触摸对象（UITouch），每个触摸对象都对应于一个正在触摸屏幕的手指。当用户把手指放在屏幕上，然后四处移动，并最终离开屏幕的时候，系统通过对应的触摸对象报告每个手指的变化。

在启动某个应用程序时，系统会为该程序创建一个进程和一个单一的线程。这个初始线程成为应用程序的主线程，UIApplication 对象正是在这个线程中建立主运行循环及配置应用程序的事件处理代码的。图 1-9 显示了事件处理代码和主运行循环的关系。系统发送的触摸事件会在队列中等待，直到被应用程序的主运行循环处理。

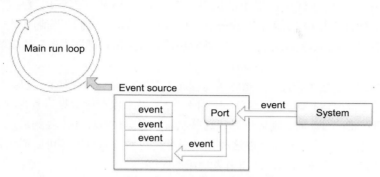

图 1-9　事件处理代码和主运行循环的关系

★ 注 意　运行循环负责监视指定执行线程的输入源。当输入源有数据需要处理的时候，运行循环就唤醒相应的线程，并将控制权交给输入源的处理器代码。处理器在完成任务后将控制权交回运行循环，运行循环就处理下一个事件。如果没有其他事件，运行循环会使线程进入休眠状态。开发者可以通过 Foundation 框架的 NSRunLoop 类来安装自己的输入源，包括端口和定时器。

UIApplication 对象用一个处理触摸事件的输入源来配置主运行循环，使触摸事件可以被派发到恰当的响应者对象。响应者对象是继承自 UIResponder 类的对象，它实现了一个或多个事件方法，以处理触摸事件不同阶段发生的事件。应用程序的响应者对象包括 UIApplication、UIWindow、UIView 和所有 UIView 子类的实例。应用程序通常将事件派发给代表应用程序主窗口的 UIWindow 对象，然后由窗口对象将事件传送给它的第一响应者，通常是发生触摸事件的视图对象（UIView）。除了定义事件处理方法之外，UIResponder 类还定义了响应者链的编程结构。响应者链是为实现 Cocoa 协作事件处理而设计的机制，它由应用程序中一组链接在一起的响应者对象组成，通常以第一响应者作为链的开始。当发生某个事件时，如果第一响应者对象不能处理，就将它传递给响应者链中的下一个对象。消息继续在链中传递——从底层的响应者对象到诸如窗口、应用程序和应用程序委托等高级响应者对象——直到事件被处理。如果事件最终没有被处理，就会被丢弃。进行事件处理的响应者对象可能发起一系列程序动作，结果导致应用程序重画全部或部分用户界面（也可能导致其他结果，比如播放一个声音）。举例来说，一个控件对象（也就是一个 UIControl 的子类对象）在处理事件时向另一个对象（通常是控制器对象，负责管理当前活动的视图集合）发送动作消息。在处理这个动作消息时，控制器可能以某种方式改变用户界面或者视图的位置，而这又要求某些视图对自身进行重画。如果这种情况发生，则视图和图形基础组件会接管控制权，尽可能以最有效的方式处理必要的重画事件。

1.5　应用程序运行环境

iOS 的运行环境被设计为快速而安全的程序执行环境。下面介绍这个运行环境的关键部分，并就如何在这个环境中进行操作提供一些指导。

众所周知，方便易用是 iOS 设备的一个明显优势。通常用户从口袋里掏出设备，用上几秒或几分钟，就又放回口袋中了。在这个过程中，用户可能会打电话、查找联系人、改变正在播放的歌曲或者获取一条信息。在 iOS 中，每次只能有一个前台应用程序。这意味着每次用户在 Home 屏幕上轻点某个应用程序图标时，该程序必须快速启动和初始化，以尽可能减少延迟。除了快速启动，应用程序还必须做好快速退出的准备。每次用户离开当前应用程序时，无论是按下 Home 键还是通过软件提供的功能打开另一个应用程序，iOS 会通知当前应用程序退出，同时需要尽快将未保存的修改保存到磁盘上。如果应用程序退出的时间超过 5 秒，系统可能会立刻终止它的运行。

当用户切换到另一个应用程序时，虽然当前程序不是在后台运行，但是建议开发者通过技术手段使它看起来像是在后台运行。当某个程序退出时，除了对未保存的数据进行保存之外，还应该保存当前的状态信息；而在启动时，则应该寻找这些状态信息，并将程序恢复到最后一次使用时的状态，确保用户获得连贯、一致的体验。以这种方式保存用户的当前位置还可以避免每次启动都需要经过多个屏幕才能找到需要的信息，从而节省使用的时间。

1.5.1 应用程序沙箱

出于安全考虑，iOS 将每个应用程序（包括其偏好设置信息和数据）限制在文件系统的特定位置上。这个限制是安全特性的一部分，称为应用程序的"沙箱"。沙箱是一组细粒度的控制，用于限制应用程序对文件、偏好设置、网络资源和硬件等的访问。在 iOS 中，应用程序和它的数据驻留在一个安全的地方，其他应用程序都不能进行访问。在应用程序安装之后，系统就通过计算得到一个不透明的标识，然后基于应用程序的根目录和这个标识构建一个指向应用程序主目录的路径。因此，应用程序的目录具有/ApplicationRoot/ApplicationID/结构。

在安装过程中，系统会创建应用程序的主目录和几个关键的子目录，并配置应用程序沙箱，同时将应用程序的程序包复制到主目录上。将应用程序及其数据放在一个特定的地方可以简化备份-恢复操作，还可以简化应用程序的更新及卸载操作。有关系统为每个应用程序创建的专用目录、应用程序更新、备份-恢复操作的更多信息，请参见第 7 章 "文件管理" 部分。

> ★ 提示　沙箱可以限制攻击者对其他程序和系统造成的破坏，但是不能防止攻击的发生。换句话说，沙箱使应用程序免受恶意的直接攻击。举例来说，如果在输入处理代码中有一个可利用的缓冲区溢出，而程序中又没有对用户输入进行正当性检查，则攻击者有可能使应用程序崩溃，或者通过这种漏洞来执行攻击者的代码。

应用程序沙箱还包括另一个知识，即虚拟内存系统。在本质上，iOS 使用与 Mac OS X 同样的虚拟内存系统。在 iOS 中，每个程序仍然有自己的虚拟地址空间，但其可用的虚拟内存受限于现有的物理内存的数量（这和 Mac OS X 不同）。这是因为当内存用满的时候，iOS 并不将非永久内存页面（volatile pages）写入到磁盘。相反，虚拟内存系统会根据需要释放永久内存（nonvolatile memory），确保为正在运行的应用程序提供所需的空间。内存的释放是通过删除当前没有正在使用或包含只读内容（比如代码页面）的内存页面来实现的，这样的页面可以在稍后需要使用的时候重新装载到内存中。

如果内存还是不够，系统也可能向正在运行的应用程序发出通告，要求它们释放额外的内存。所有的应用程序都应该响应这种通告，并尽自己所能减轻系统的内存压力。如果仍然不能解决内存问题，系统就会强制关闭当前的应用。

1.5.2 自动休眠定时器

iOS 试图省电的一个方法是使用自动休眠定时器。如果在一定的时间内没有检测到触摸事件，系统最初会使屏幕变暗，并最终完全关闭屏幕。大多数开发者都应该让这个定时器打开，只有游戏和不使用触摸输入的应用程序开发者可以禁用这个定时器，使屏幕在应用程序运行时不会变暗。将共享的 UIApplication 对象的 idleTimerDisabled 属性设置为 YES，就可以禁用自动休眠定时器。

由于禁用休眠定时器会导致更大的电能消耗，所以开发者应该尽一切可能避免这样做。只有地图程序、游戏和不依赖于触摸输入而又需要在设备屏幕上显示内容的应用程序才应该考虑禁用休眠定时器。音频应用程序不需要禁用这个定时器，因为在屏幕变暗之后，音频内容可以继续播放。如果禁用了定时器，请务必尽快重新激活它，使系统可用。

1.6 iOS 软件设计规范

iPhone 和 iPad 是融合了革命性的多点触摸技术和多种强大功能的复杂尖端设备，其功能包括电子邮件、即时通信、全功能浏览器、iPod 音乐播放以及 iPhone 上面的移动电话功能。iOS 是运行于 iPhone 和 iPad 上的系统软件。随着 iOS SDK 的不断更新，其强大的功能进一步延伸，为开发人员提供了大量的机会。除了为基于 iOS 的设备提供 Web 内容外，开发人员还可以通过 iOS SDK 创建本地应用程序，使人们能够在设备上直接存储和使用。本节将介绍可以为 iOS 设备创建何种类型的应用程序。无论读者是一位经验丰富的计算机应用程序开发人员，还是经验丰富的移动设备应用程序开发人员，或者是这个领域的新手，这部分都将帮助大家创建出用户想要的 iPhone 应用程序。

1.6.1 平台间的差异

基于 iOS 的设备并非台式计算机或笔记本，且 iPhone 应用程序也不同于桌面应用程序。虽然这些似乎只是常识性的说明，但当基于这些设备开发软件的时候，读者需要反复如此提醒自己。可以说，为 iPhone 设备设计软件需要一种新的思维方式，起初大家或许不是很习惯，尤其是大部分经验都来源于开发桌面应用程序时，更应该意识到设计移动平台软件和设计计算机软件的显著差异，主要如下：

1）内存是有限的

内存是 iPhone 手机操作系统的重要资源，所以控制应用程序所占的内存是至关重要的。由于 iPhone 操作系统的虚拟内存模型不包括磁盘交换空间，因此读者必须小心，不要给应用程序分配过多的内存。当内存不足时，iPhone 手机操作系统会对正在运行的程序发出警告，如果问题依然存在，可能会终止程序，因此应确保应用程序能够即时响应内存使用警报并即时清理内存。

当开发者设计应用程序时，必须要严格地降低应用程序的内存占用，可以通过一些常见的方法达到这个目的，例如：消除内存泄漏、尽量压缩资源文件大小、延迟装载资源等。

2）同一时间只能显示一个页面

iPhone 操作系统与计算机操作系统在操作环境上最大的不同是窗口的模式。除了一些模态视图外，用户在 iPhone 上同一时间只能看到一个页面。尽管 iPhone 应用程序能尽可能地包含所需要的不同页面，但是用户是渐进方式看到它们，而不是同时看见。

如果应用程序对应的桌面版本要求用户同时浏览几个窗口，开发者需要思考是否有方法允许用户只打开一个页面或者一系列页面就可以完成任务。如果不能的话，就要把重点放在如何让应用程序到达它的下属子功能上。

3) 同一时间只能运行一个应用程序

在 iOS 4.0 以前第三方应用程序不会在后台运行，直到 iOS 4.0 出现，iPhone 才支持多任务。但必须说明的是，这里的所谓多任务仍然不是真正意义上的多任务，只是当前的应用切换到后台，iOS 为应用只是做了一些保存当前状态的工作。同一时间，iPhone 的主屏幕仍然只能运行一个应用程序。切换到后台的应用的网络、线程都处于挂起状态，并不能在后台继续工作，即使可以工作，持续的时间也只有几秒钟。基于这个原因，确保用户不会因为遇到这种情况而感受到负面的影响是非常重要的。换句话说，不应该让用户感觉到 iPhone 应用程序退到后台稍后再打开，要确保用户拥有一个良好的程序切换体验。这比在计算机程序之间切换更困难。

4) 有限的用户帮助

移动用户在使用某个应用程序之前没有时间去阅读大量的"帮助"内容。更何况开发者也不想放弃宝贵的屏幕空间去显示它们或存储这些内容。iPhone 操作设备的一个标志性设计就是易用，所以满足用户的期望并使应用程序的用法一目了然很重要。想实现这些需要注意以下几点：

① 正确使用标准控件。用户已经对内置应用程序中的标准控件非常熟悉了，所以应正确选用用户熟知的标准控件。

② 确保给出的信息与得到的路径是符合逻辑且方便用户预知的。另外，确保提供向后退按钮这样的标记，这样用户可以知道操作的位置和如何追溯的操作步骤。

1.6.2 3种应用程序样式

基于视觉、行为特征、数据模型以及用户体验，我们将应用程序划分为 3 种：生产内容的应用程序、实用型应用程序和沉浸式应用程序。需要指出的是，程序样式的划分及其特征描述只是为了帮助读者清楚地确认设计方案，并不表示所有的 iPhone 软件必须严格按此划分。相反，描述不同样式应用程序的信息与功能，是为了让读者感受应用程序间的设计方案是多么的各不相同。

1) 应用程序的 3 种基本样式

（1）生产内容的应用程序

生产内容的应用程序可以完成对具体信息的组织与处理任务。人们使用生产内容的应用程序是为了完成重要的任务。比如，邮件就是该类程序的典型例子。

任务的严肃性并不意味着处理这种任务的应用程序也要表现得严肃，从而提供一个枯燥且不讨好的用户体验。相反，任务的严肃性使得用户会欣赏流线型且使用起来没有阻碍的用户体验。为了达到这个目的，生产内容的应用程序应该专注于主任务的处理，以便人们能尽快发现需求且轻松地执行必要的操作。

生产内容的应用程序通常会对用户数据进行分层次组织。这样，人们可以依次从模糊到具体的选项中来搜索信息，直到达到他们需要的详细级别。iPhone 操作系统提供的表格元素，使得搜索信息这一任务在基于该系统的设备上表现得极为高效。

（2）实用型应用程序

实用型应用程序能够完成那些简单的、对用户输入要求最低的任务。例如，快速浏览信息、对屏幕中有限的几个对象进行简单操作等。天气预报就是该类程序的典型例子。

实用型应用程序通常在视觉效果上很吸引人，在某种程度上，这种效果强化了信息呈现，而非遮蔽呈现。人们使用该类程序来了解一些事情的动态或者查找一些东西，所以希望能够快速且方便地定位他们感兴趣的东西。为了做到这一点，实用型应用程序的用户界面整洁有序，通常提供简单的、往往是标准的视图和控件，而且把信息组织成一个扁平的项目列表，用户不需要逐级深入信息列表即可获得想要的内容。通常，实用型应用程序的每一个视图都提供相同结构的数据和细节深度，而且这些数据可以是不同的来源。这样，用户单独打开某个实用型应用程序，可以看到对多个主题的相同处理。一些实用型应用程序标明了打开视图的数量，用户据此可以一个接一个地导航到这些视图。

（3）沉浸式应用程序

沉浸式应用程序提供全屏的、有丰富视觉效果的环境，专注于内容和用户对内容的体验。人们常常用沉浸式应用程序来娱乐，不管是玩游戏、浏览富媒体内容，还是执行一个简单任务。显而易见，游戏很适合这种 iPhone 应用程序类型。事实上，那些提供独特环境、不显示大量文本信息、鼓励用户专注的任务，都是沉浸式应用程序的一个不错的选择。例如，某个应用程序仿效了使用气泡水平仪的体验，它在图形丰富、全屏幕的环境下工作得很好，尽管它不符合游戏的定义。在这样的应用程序里，就像在游戏里一样，用户的注意力集中在视觉内容和体验上，而不是背后的数据。

2）应用程序样式的选择

在了解了生产内容的应用程序、实用型程序和沉浸式应用程序这 3 种样式后，读者可以思考自己的应用程序显示的信息类型和所能完成的任务。理论上说，如果创建的程序类型是显而易见的，那么就可以开始动手做了。但在实践中，并不总是那么简单。这里有一些常见规则来帮助你进一步做出决定。如果你想探索一个主题，思考与该主题相关的对象和任务。想象一下人们对于这个主题的不同看法，不要局限于一个应用程序样式。你可能会发现，想法的充实得益于不同样式应用程序特性的组合。如果有疑问，就简化问题，把功能列表削减到最少，并创建只完成一个简单任务的应用程序。当你看到人们如何使用应用程序并对其做出何种反应后，你可以选择创建一个稍微转移了焦点或更改了显示的应用程序的另一个版本。或者，你可能会发现用户需要一个同样主题的更多细节的版本。

1.7 iOS 开发工具——Xcode

工欲善其事，必先利其器。开发基于 iOS 的应用程序，首先要有一个好的开发工具，苹果公司已经为我们准备好了，它就是 Xcode。

★提 示 安装 Xcode 开发工具之前，计算机中应先安装 Mac OS X 操作系统。

Xcode 是 Apple 开发工具套件中的一个，它提供了项目管理、代码编辑、编译可执行文件、源代码调试、代码库管理和性能查看等工具。Xcode 是 Apple 工具套件的中心，它提供了基本的源代码开发环境，是一个集成开发环境 IDE，它能够创建和管理开发 iPhone 项目的所有源代码，运行调试源代码，并编译源代码为可执行文件。

Xcode 还提供了代码管理功能，它能够管理应用程序的所有信息，包含源代码、工程设置和编译规则。

每一个 Xcode 项目的核心是项目窗口，Xcode 主界面如图 1-10 所示。

图 1-10　Xcode 主界面

在这个窗口中可以快速访问所有应用程序的关键元素。其中，Groups 和 Files 列表用来管理项目文件，包括源代码文件及根据源文件编译成的目标文件；工具栏提供了常用的工具和命令；详细资料面板用来设置项目的工作区域；其他的一些项目窗口提供项目的前后关系。

Xcode 有一个先进的文本编辑器，具有代码补全、语法高亮、代码临时折叠时影隐藏代码等功能，还能提供内置注释的错误、警告和说明等。在 Xcode 环境中提供了一些默认的设置，开发者可以根据自己的需要重新设置。如果需要文档，Xcode 的搜索助手可以提供上、下文敏感的文件，同时能够在帮助文档的窗口中浏览和搜索信息。

开发者在 Xcode 中创建了应用程序后，可以在编译的时候选择是在 iPhone 模拟器上运行还是在设备上运行。如果是在模拟器上运行，它提供了一个本地的环境测试开发者的应用程序，以确保它们的行为基本上是开发者想要的方式。当开发者基本满意后，可以用 Xcode 编译并将其放到与计算机相链接的 iPhone 或者 iPod touch 上运行。如果是在真机上运行，Xcode 提供了最全面的测试环境，并可以在真机测试时用内置的调试器跟进代码。

综上所述，iPhone 程序开发所需的工具和调试方法如图 1-11 所示。

★ 提示　Xcode 不是开发者唯一使用的工具，也可以使用其他的开发工具。只是如果大家开发产品的目的是发布到苹果的 AppStore 上，那么 Xcode 将是首选。

为了确保应用程序带给用户的体验是最佳的，苹果还提供了用于分析应用程序在虚拟环境或者真实设备上运行表现的工具——Instruments。Instruments 以时间轴图表的形式呈现应用程序运行时的数据和开销。从中可以看出应用程序的内存消耗、磁盘活动、网络活动和图形表现。时间轴的视图可以一一展现不同类型应用程序的系统信息，方便开发者收集应用程序的全部行为，而不是在一个特定区域的行为。

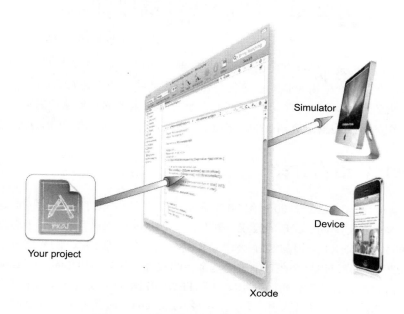

图1-11　iPhone 程序开发所需的工具和调试方法

除了时间轴视图外，Instruments 还提供了其他的工具来帮助开发者在应用程序运行时查看其行为。例如，Instruments 窗口可以保存多个运行时的数据，帮助开发者分析应用程序的哪些部分需要改进或者重新编写，且可以在任何时间打开保存在 Instruments 文档中的数据。

Instruments 工具分析模拟器和真实设备上软件的界面如图 1-12 所示。

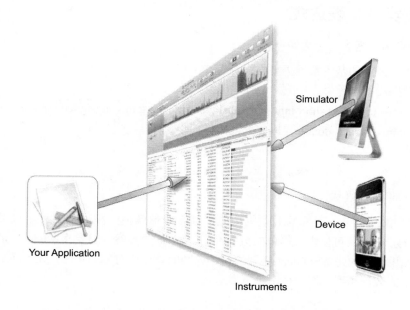

图1-12　Instruments 工具分析模拟器和真实设备上软件的界面

第 2 章 Object-C 高级知识

做软件开发，首先要选择的是开发语言和开发工具。在计算机上开发应用，一般会使用 Java 语言或 C++语言，有时也会使用 C 语言。苹果公司为开发者提供的则是 Objective-C 语言，它是根据 C 语言衍生出来的语言，继承了 C 语言的特性，是扩充 C 的面向对象编程语言。

本章首先简单介绍 Objective-C 语言的基础知识，然后重点说明该语言的类别特性。

2.1 Object-C 语言介绍

Object-C 语言由 Brad J.Cox 于 20 世纪 80 年代早期设计，以 SmallTalk 为基础，建立在 C 语言之上。1988 年，NeXT 获得 Object-C 的授权，开发出了 Object-C 的语言库和一个名为 NEXTSTEP 的开发环境。1994 年，NeXT 公司与 Sun 公司联合发布了一个针对 NEXTSTEP 系统的标准规范，并命名为 OPENSTEP。OPENSTEP 在自由软件基金会的实现名称为 GNUStep，有 Linux 下的版本。1996 年，苹果公司收购了 NeXT 公司，并将 NEXTSTEP/OPENSTEP 定为苹果操作系统下一个主要发行版本的基础，并发布了一个相关开发环境，命名为 Cocoa，内置了对 Object-C 的支持。2007 年，苹果公司发布了 Object-C 2.0，并要求通过其开发 iPhone 应用程序。因此，编译 Object-C 语言可以使用 GNUStep 和 Apple 公司提供的 SDK，而如果使用 Cocoa 的话，则只能在 Apple 公司的 SDK 上进行。

本节我们先来介绍 Object-C 在数据类型、表达式、流程控制、类和结构等方面需要掌握的基础知识。

2.1.1 数据类型与表达式

1）继承自 C 的数据类型与运算符

Object-C 继承自 C 的基本数据类型与运算符如下：

（1）基本数据类型

char，short int，unsigned short int，int，unsigned int，long int，unsigned long int，long long int，usigned long long int，float，double，long double。

（2）运算符

+，-，*，/，%，=，==，&&，||，&，|，^，~，<<，>>，<=，>=，<，>。

2）Object-C 新增的类型

Object-C 新增了 id（一般对象）数据类型，能够存储任何类型的数据。不仅可以用它表示 NSObject 类型的指针，还可以表示简单的数据类型，如 int 类型等。需要指出的是，id 表示的数据是一个地址。如果表示的是 NSObject 类型的话，返回的是这个对象的实例，是一个引用；如果表示的是一个简单的数据类型，例如使用以下表达式：

```
int i = 3;
id j = i;
```

那么 id 表示的是一个地址，例如代码里的 j 当前值是 0x3。

2.1.2 流程控制

Object-C 继承了全部 C 的流程控制：
（1）if-else 语句
（2）while 语句
（3）switch 语句
（4）for 语句
在这里就不细说了。

2.1.3 类与结构

本小节我们来了解 Object-C 中的类与结构，在介绍简单类的基础上，说明 Object-C 已经扩展的类：NSString、NSDictionary 和 NSArray，最后给出 Object-C 与 C++的混合编程以及静态库的使用方法。

1）简单的类

在 Object-C 中，一个类分为接口与实现两部分，分别用@interface 与@implementation 表示。其中，@interface 部分用于描述类、类的数据成分以及类的方法；@implementation 部分则为实现这些方法的实际代码。

（1）@interface 的一般格式

通常，@interface 的一般格式为：

```
@interface   ClassName : ParentClassName [ < protocol , .. > ]
{
[@protected | @private | @public | @package ]
memberDeclarations//成员变量声明
}
methodDeclarations ;//方法声明
@end;
```

其中，在方法声明的过程中，前面的 "–" 表示该方法是一个实例方法，"+" 表示该方法是一个类方法。下面通过一个例子来进行进一步说明。

假定有一个 Base 类，其描述如下：

```
@interface Base : NSObject
{
    int number;
}
-(void)setNumber:(int)num;
+(void)Print;
@end
```

可以看出，该类具有一个成员变量 number 和两个方法，分别是实例方法 –（void）setNumber:（int）num 和类方法 +（void）Print。

需要指出的是，实例方法和类方法的调用是不一样的。实例方法调用时必须先创建一个实例，类方法则可以直接通过类名进行调用。

默认情况下，类的成员属性都是 protected 类型的。在类的声明中也可以指定其属性。

（2）@implement 的一般格式

通常，@implement 的一般格式为：

@implement ClassName
methodDefinitions
@end

2）两个类中的特殊引用

在 Object-C 的类中，提供了两个特殊的引用，分别是 self 和 super。其中，self 与 C 语言中的 this 指针一样，指向该类本身；super 则指向其父类。

3）类继承与类扩展

（1）类继承

Object-C 中定义的所有类都必须继承自同一个父类——NSObject，或者直接继承，或者继承某个已经继承了 NSObject 的类，成为其子类。继承的规则与 C++语言类似，这里不再详细描述。

（2）类扩展

Object-C 也提供了一种在原有类上进行扩展的机制——类扩展。使用这种机制可以在不修改原有类代码的基础上进行类的扩展。经过扩展后的类拥有新的方法。

4）动态特性

动态特性是 Object-C 的一个强大特性。每个对象都保存着它所拥有的一些类属性，包括属于哪个类、哪个父类、是否响应某个函数等。为此，Object-C 也支持一些处理动态类型的方法。

也正是由于这样的动态特性，导致一些常规的编译性能优化方法不能用于 Object-C，由此造成 Object-C 的运行性能劣于类似的面向对象语言（如 C++）。因此，一些底层的操作应使用 C++或类似的语言进行封装，而由 Object-C 负责高层逻辑的封装。

5）多重继承的偏方

由于 Object-C 不支持多重继承，所以有一些逻辑类的封装可能无法方便的使用。为此 Object-C 提供了协议的机制，使得一个类可以实现若干协议，从而在某种意义上实现了类的多重继承。

在 Object-C 中，委托和数据源都是通过协议实现的。协议定义了一个类与另一个类进行沟通的先验方式。协议中包含一个方法列表，这些方法有的是必须被实现的，有的是可选的，默认是必须实现的。任何实现了规定方法的类都被认为符合协议。下面通过实例来说明具体的实现方法。

1 定义协议。定义协议的方式与定义类的方式非常相似，代码如下：

@protocol MyProtocol <NSObject>
- （void）firstMethod;
- （void）secondMethod;
@end

2 定义一个类。该类本应实现 firstMethod 和 secondMethod 方法，但是由于各种原因，并没有直接实现，而是将这两个函数的功能"承包"给另外一个类（也就是代理），代码如下：

```
//.h
@interface MyClass : NSObject {
    id <MyProtocol> delegate;
}
- (void)oneMethod;
@end

//.m
@implementation MyClass
- (void)oneMethod
{
    if(!delegate)
    {
        return;
    }
    int type = random() % 10;
    if(type < 5)
    {
        [self.delegate firstMethod];
    } else
    {
        [self.delegate secondMethod];
    }
}
@end
```

3 使用协议。该类实现了 firstMethod 和 secondMethod 方法，符合 MyProtocol：

```
@interface MyClassController : UIViewController <MyProtocol>
{
    MyClass *myClass;
}
@property [retain, nonatomic] MyClass *myClass;
@end
```

> **提示** 必须在该类的实现文件中，实现 firstMethod 和 secondMethod 两个方法，否则编译器会给出警告。

4 通过如下代码设置代理：

```
self.myClass = [[MyClass alloc] init];
self.myClass.delegate = self;
```

2.2 类别（Category）介绍

Objective-C 是一种很好的面向对象语言，和 C++和 Java 相比，它有一些自己独特的东西，下面来简单介绍一下。

2.2.1 认识类别（Category）

Category 是 Objective-C 里面最常用到的功能之一。Category 可以为已经存在的类增加方法，而不需要增加一个子类。而且,可以在不知道某个类内部实现的情况下,为该类增加方法。如果要增加某个框架(framework)中类的方法,Category 就非常有效。

下面我们来完成一个实例,通过 Category 实现对矩形功能的扩展,增加计算面积和周长的方法。

1 提供一个基础的类 RTRectange,为后面编写 Category 打下基础。头文件代码如下:

```
RTRectange.h
@interface RTRectangle : NSObject
{
    double width_;
    double height_;
}

@property(nonatomic, assign) double width;
@property(nonatomic, assign) double height;

@end
```

可以看出,RTRectangle 有两个成员变量:width_和 height_,分别为长方形的长和宽。

RTRectangle 类的实现代码如下:

```
RTRectangle.m
#import "RTRectangle.h"

@implementation RTRectangle
@synthesize width = width_;
@synthesize height = height_;

@end
```

2 对上面的基础类进行扩展,增加两个方法用来计算面积和周长。

> ★ 提示 Java 或 C++ 里,可以使用接口或继承的方法对类进行扩展。在 Object-C 中则更加简单,可以不改变类的名字,而直接增加类的方法,即使用 Category。使用 Category 时,注意只能添加新的方法,不能添加新的数据成员;同时,Category 的名字必须是唯一的,比如这里就不允许有第二个 Math 存在。

具体的实现代码如下:

```
CalRectangle.h
#import <Foundation/Foundation.h>
#import "RTRectangle.h"
@interface RTRectangle(Math)
- (int) calculateArea;
- (int) calculatePerimeter;
@end
```

可以看出,在头文件里,我们通过引用 RTRectange.h 头文件,并使用 @interface RTRectangle(Math)声明方式,创建了一个新的类别 Math,增加了计算面积和周长的方法:

- (int) calculateArea;
- (int) calculatePerimeter;

这样，当想使用 Category 的时候，只要引用 CalRectangle.h 的头文件，RTRectangle 就有了这两个新的方法。下面是源文件的实现方法：

CalRTRectangle.m
```
#import "CalRectangle.h"

@implementation RTRectangle(Math)
- (int) calculateArea
{
    return width_ * height_;
}
- (int) calculatePerimeter
{
    return 2 * (width_ + height_);
}
@end
```

❸ 创建了新的类别 Math 后，在代码里使用这个新的类别。具体而言，先创建一个矩形，然后计算它的面积和周长。实现的代码如下：

```
#import "CalRectangle.h"
-(IBAction)testCategory:(id)sender
{
    RTRectangle* rec = [[RTRectangle alloc] init];
    rec.width = 20;
    rec.height = 30;
    double area = [rec calculateArea];
    double length = [rec calculatePerimeter];
    NSString* areaStr = [NSString stringWithFormat:@"%f", area];
    NSString* lengthStr = [NSString stringWithFormat:@"%f", length];
    NSLog(@"Area = %@", areaStr);
    NSLog(@"Length = %@", lengthStr);
}
```

运行的结果如图 2-1 所示。

```
All Output ≑
2011-12-06 11:13:17.741 Base[4147:f803] Area = 600.000000
2011-12-06 11:13:17.741 Base[4147:f803] Length = 100.000000
```

图 2-1 类别实现计算运行结果

这样，通过使用 Category，Rectangle 类增加了计算面积和周长的方法，具有了相应的计算功能。有了类别，不仅可以扩展创建的类，也可以扩展系统提供的类，如 NSString、NSDictionary、NSArray 等。下面就来依次说明具体的实现方法。

2.2.2 扩展 NSString

NSString 是 Object-C 里的字符串类，用得比较多。它提供了大部分字符串操作的方法。但有时我们希望它能提供更多的功能，例如打电话、发短信、弹出提示框等。这个时候，使用类别是最好的办法，可以直接给 NSString 增加这些方法，而不需要重新去创建一个类。本小节就来介绍如何通过扩展 NSString 类，使其能够弹出提示框。实现的大体思路为将当前 NSString 的字符串值作为提示框的消息体，然后弹出提示框。

下面这个 RTString 就是实现了这些方法的 NSString 类别：

```objc
#import <Foundation/Foundation.h>

@interface NSString(RTString)

-(void)alert;
-(void)makeCall;
-(void)sendSMS;
-(void)sendEmail;
@end
```

RTString.m
```objc
@implementation NSString(RTString)
-(void)alert
{
    UIAlertView* alert = [[UIAlertView alloc] initWithTitle:@""
                                                   message:self
                                                  delegate:nil
                                         cancelButtonTitle:@"确定"
                                         otherButtonTitles:nil, nil];
    [alert show];
    [alert release];
}

-(void)makeCall
{
    NSURL *phoneNumberURL = [NSURL URLWithString:[NSString stringWithFormat:@"tel:%@", self]];
    NSLog(@"make call, URL=%@", phoneNumberURL);
    [[UIApplication sharedApplication] openURL:phoneNumberURL];
}

-(void)sendSMS
{
    NSURL *phoneNumberURL = [NSURL URLWithString:[NSString stringWithFormat:@"sms:%@", self]];
    NSLog(@"send sms, URL=%@", phoneNumberURL);
    [[UIApplication sharedApplication] openURL:phoneNumberURL];
}

-(void)sendEmail
{
    NSURL *emailURL = [NSURL URLWithString:[NSString stringWithFormat:@"mailto:%@", self]];
    NSLog(@"send sms, URL=%@", emailURL);
    [[UIApplication sharedApplication] openURL:emailURL];
}
@end
```

通过扩展 NSString 的类别，可以直接使用其实例调用这些方法，具体如下：

```
-(IBAction)testStringAlert:(id)sender
{
    NSString* alertString = @"通过 Category 弹出";
    [alertString alert];
}

-(IBAction)testStringSMS:(id)sender
{
    NSString* phoneNum = @"186-0123-0123";
    [phoneNum sendSMS];
}

-(IBAction)testStringTel:(id)sender
{
    NSString* phoneNum = @"186-0123-0123";
    [phoneNum makeCall];
}

-(IBAction)testStringEmail:(id)sender
{
    NSString* phoneNum = @"186-0123-0123";
    [phoneNum sendEmail];
}
```

程序运行结果如图 2-2 所示。

（a）主要功能界面　　　（b）使用 NSString 类别的弹出框

图 2-2　类别运行界面

2.2.3　扩展 NSDictionary

上一小节我们演示了通过类别扩展 NSString 的方法。除此之外，NSDictionary 也可以通过类别进行扩展，使其支持写入文件的功能，例如把 NSDictionary 里面的内容写到 Plist 文件中。

具体的实现方法如下：

RTDictionary.h
```objc
#import <Foundation/Foundation.h>
@interface NSDictionary(RTDictionary)
-(void)writeToPlistFile:(NSString*)fileName;
@end
```

RTDictionary.m
```objc
#import "RTDictionary.h"

@implementation NSDictionary(RTDictionary)
-(void)writeToPlistFile:(NSString*)fileName
{
    NSArray* paths = NSSearchPathForDirectoriesInDomains( NSDocumentDirectory , NSUserDomainMask , YES );
    NSString* documentsDirectory = [paths objectAtIndex:0];
    documentsDirectory = [documentsDirectory stringByAppendingPathComponent:fileName];
    NSFileManager* manager = [NSFileManager defaultManager];
    if([manager fileExistsAtPath:documentsDirectory])
    {
        [manager removeItemAtPath:documentsDirectory error:nil];
    }
    [self writeToFile:documentsDirectory atomically:YES];
}
@end
```

代码里使用了 NSDictionary 自带的 writeToFile 方法，将其数据写到 Plist 文件里。调用时先创建一个 NSDictionary，然后通过实例调用 writeToPlistFile 方法，并指定一个文件名，代码如下：

```objc
-(IBAction)testDictionaryCategory:(id)sender
{
    NSDictionary* dic = [NSDictionary dictionaryWithObjectsAndKeys:@"object1",@"key1", @"object2",@"key2", @"object3", @"key3", @"object4",@"key4", nil];
    [dic writeToPlistFile:@"dictionary.plist"];
}
```

运行后，可以在模拟器的工程目录下看到 dictionary.plist 文件，打开该文件，可以看到内容如图 2-3 所示。

图 2-3　dictionary.plist 文件内容

2.2.4 扩展 NSArray

除了可以对 NSDictionary 进行扩展，使其具备写入文件的功能，也可以扩展 NSArray 的方法，使之能将自身的元素保存到 Plist 文件里面，代码如下：

RTArray.h
```
#import <Foundation/Foundation.h>

@interface NSArray(RTArray)
-(void)writeToPlistFile:(NSString*)fileName;
@end
```

RTArray.m
```
#import "RTArray.h"

@implementation NSArray(RTArray)
-(void)writeToPlistFile:(NSString*)fileName
{
    NSArray* paths = NSSearchPathForDirectoriesInDomains( NSDocumentDirectory , NSUserDomainMask , YES );
    NSString* documentsDirectory = [paths objectAtIndex:0];
    documentsDirectory = [documentsDirectory stringByAppendingPathComponent:fileName];
    NSFileManager* manager = [NSFileManager defaultManager];
    if([manager fileExistsAtPath:documentsDirectory])
    {
        [manager removeItemAtPath:documentsDirectory error:nil];
    }
    [self writeToFile:documentsDirectory atomically:YES];
}
@end
```

同样，调用的方法也很简单。首先引入 RTArray.h，然后创建一个 NSArray 实例，调用 writeToPlistFile 方法。

引用 RTArray.h 的代码如下：

```
#import "RTArray.h"

@implementation NSArray(RTArray)
-(void)writeToPlistFile:(NSString*)fileName
{
    NSArray* paths = NSSearchPathForDirectoriesInDomains( NSDocumentDirectory , NSUserDomainMask , YES );
    NSString* documentsDirectory = [paths objectAtIndex:0];
    documentsDirectory = [documentsDirectory stringByAppendingPathComponent:fileName];
    NSFileManager* manager = [NSFileManager defaultManager];
    if([manager fileExistsAtPath:documentsDirectory])
    {
        [manager removeItemAtPath:documentsDirectory error:nil];
    }
    [self writeToFile:documentsDirectory atomically:YES];
}
@end
```

创建一个 NSArray 的实例，然后调用 writeToPlistFile 方法，代码如下：

```
-(IBAction)testArrayCategory:(id)sender
{
    NSArray* array = [[NSArray alloc] initWithObjects:@"Array1", @"Array2", @"Array3", @"Array4", nil];
    [array writeToPlistFile:@"array.plist"];
}
```

运行代码，可以在模拟器的运行目录下看到 array.plist 文件里的内容，如图 2-4 所示。

图 2-4 array.plist 文件内容

可以看出，使用类别可以对已经存在的类进行扩展，使这个类的功能更加强大。事实上，除了上面列举的 3 种方法，还有很多其他的扩展方法，例如常用的 JSON 解析器 SBJSON 就是使用类别的方法对 NSString、NSDictionary、NSArray 进行扩展，进而强化其对 JSON 字符串的解析和转换功能。总之，有了类别这一利器，可以让我们在开发应用时更加方便。

2.2.5 Object-C 与 C++混合编程

我们知道，现在比较流行的面向对象编程语言有 Java、C++等。在 PC 或服务器软件市场，这两种语言更是占据了很大份额。很多软件产品、软件开源库、软件的设计思想都是基于这两种语言。而随着后 PC 时代的来临，很多 PC 上面的产品正在向手机、平板计算机演变，那么之前在 PC 上面的软件产品、好的设计思想就这样白白丢弃了吗？答案当然是否定的。我们要学会利用现有的产品，站在这些巨人的肩上可以看得够远，也走得够远。那么，应如何使用这些 PC 上面的软件成果呢？答案就是移植！

目前的软件产品，尤其是比较偏底层的，大部分是用 C 或 C++编写的。如果工程比较小，对运算的效率要求比较高，一般 C 语言就能够胜任。但是如果工程很庞大，功能很复杂，继续用 C 语言编写会比较吃力，而且容易出现各种各样的问题。毕竟 C 语言是面向过程的语言，并不是一门现代化的语言。此时 Object-C 也会显得比较乏力。这种情况下，可以使用 C++来管理我们的工程。与此同时，又会出现一个很大的问题，那就是 C++和 Object-C 是两种不同的面向对象的语言。虽然 Object-C 本身支持标准 C 语言，但 C++和标准 C 语言还是有很多差异，因为 C++支持的类的关键字是 class，而 Object-C 里类的关键字是 interface。这个时候就需要做一些处理，让我们的工程也支持 C++编程。本小节通过实例来说明如何通过封装的方法在工程中使用 C++的编程语法来编写代码并成功运行。

> ★提示 由于 Object-C 支持与 C++混合编程，我们知道，C 语言可以直接在 .m 文件里使用。如果程序里要用到 C++的话，则要将文件后缀名改为 .mm。在调用动态库时，如果动态库中有 C++的内容，那么调用文件也要改成 .mm。因为文件后缀名和文件的属性有关系，常见的文件类型如图 2-5 所示。

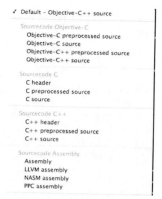

图 2-5 文件类型

下面我们用一个简单的实例，说明如何在 Object-C 中调用 C++的代码。

1 给工程创建 C++类 BaseMath，用于完成两个数相加和相减的算术运算，其中头文件为 BaseMath.h，类执行体为 BaseMath.mm，代码如下：

BaseMath.h
```
#ifndef BaseLib_BaseMath_h
#define BaseLib_BaseMath_h
class BaseMath
{
public:
    BaseMath();
    ~BaseMath();
    int add(int a, int b);
    int sub(int a, int b);
};

#endif
```

BaseMath.mm
```
#include <iostream>
#include "BaseMath.h"
BaseMath::BaseMath()
{

}

BaseMath::~BaseMath()
{

}

int BaseMath::add(int a, int b)
{
    return a + b;
}
int BaseMath::sub(int a, int b)
{
    return a - b;
}
```

2 创建 ObjectC 类 BaseObject,其中头文件为 BaseObject.h,执行体为 BaseObject.mm,代码如下:

BaseObject.h
```
#import <Foundation/Foundation.h>

@interface BaseObject : NSObject
{

}
-(int)add:(int)a with:(int)b;
-(int)sub:(int)a with:(int)b;
@end
```

BaseMath.mm
```
#import "BaseObject.h"
#import "BaseMath.h"

@implementation BaseObject
-(int)add:(int)a with:(int)b
{
    BaseMath math;
    return math.add(a,b);
}
-(int)sub:(int)a with:(int)b
{
    BaseMath math;
    return math.sub(a, b);
}

- (void)dealloc
{
    NSLog(@"ObjC Eng");
    [super dealloc];
}
@end
```

可以看出,代码里是通过 Object-C 调用了 C++类 BaseMath 的 add 和 sub 方法。

2.2.6 静态库

在实际的编程过程中,经常会把一些公用函数提取出来,制作成函数库,以供其他程序使用,这样做主要有两方面的好处:一是提高了代码的复用;二是提搞了核心技术的保密程度。所以在实际的项目开发中,会经常用到函数库。

函数库的提供方式分为静态库和动态库两种。这里的所谓静态和动态是相对编译期和运行期而言的。如果是静态库,在程序编译时会被链接到目标代码中,程序运行时不再需要;如果是动态库,程序编译时并没有被链接到目标代码中,只有在程序运行时才被载入。

由于 iPhone 官方只支持静态库联编,本小节仅介绍静态库的具体用法。下面就来创建一个自己的静态函数库,具体过程如下:

（1）新建一个工程

选择 XCode 的 File →New → New Project，在 iOS 下选择 Framework & Library，然后选择右侧的"Cocoa Touch Static Library"后单击【Next】按钮，创建一个静态库工程，命名为"BaseLib"。创建静态库工程界面如图 2-6 所示。

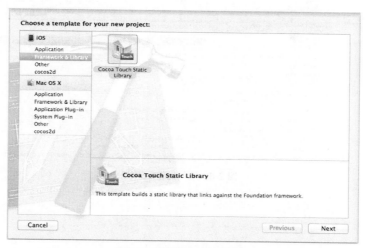

图 2-6　创建静态库工程界面

（2）创建函数库

以之前生成的 BaseMath 和 BaseObject 为例，将这两个文件加入到静态库工程中，编译生成静态库。

在生成静态库时，需要增加 armv6 处理器架构的支持，并分别对真机和模拟器生成不同的静态库，以供调用。

① 增加 armv6 处理器架构的支持。现在，苹果提供的 XCode 版本越来越高，而现在用的版本是 XCode4.2.1，如果读者也是使用比较高的版本，有一个 XCode 的设置细节需要调整，那就是编译选项中的处理器架构，默认的处理器架构是 armv7，一般需要增加 armv6 的支持，否则在提交应用到 AppStore 的时候，会提示错误信息。增加的方法如下：

1 找到 TARGETS 下面的文件，选中后选择 Build Settings 选项卡，然后找到 Architectures 选项，会看到只有 armv7 这一选项，如图 2-7 所示。

图 2-7　设置处理器架构

❷ 选中 armv7 这一行，在弹出的如图 2-8 所示的窗口中，选中 Other…这一选项，会弹出如图 2-9 所示的窗口。

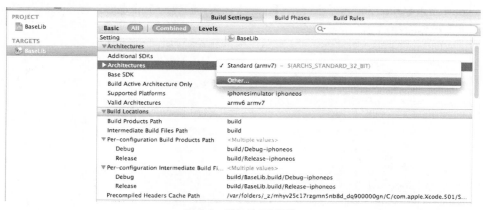

图 2-8　增加处理器架构

图 2-9　增加处理器架构 armv6

❸ 在如图 2-9 所示的窗口中，点击【+】（增加）按钮后，在输入框里输入"armv6"，然后单击【Done】按钮，这样就为工程增加了 armv6 的支持。

② 解决模拟器和真机的处理问题。大家都知道，模拟器是运行在苹果计算机上面的，它的处理器是基于 x86 架构的，而 iPhone 或 iPad 是基于 arm 架构的，两种架构模式是不同的。因此，只有先为真机和模拟器分别生成动态库，才能在两种架构上完美运行。具体的方法如下：

❶ 生成 iPhone 真机上面所需的静态库 BaseLib-sim.a。回到我们的工程，选择工程编译的 Target 为 iOS Device，如图 2-10 所示。

❷ 进行编译。编译成功后，会生成 libBaseLib.a 文件，它是生成 iPhone 真机运行所需要的静态库文件。在工程 Projects 目录下右键单击该文件,在弹出菜单中选择"Show in Finder"能够获得其存储位置，如图 2-11 所示。

图 2-10　查找目标文件的存储位置

图 2-11　查找编译的目标文件位置

同样的方法，选择 iPhone 模拟器目标，也会生成一个 libBaseLib.a 文件，该文件在另一个文件夹中，可以通过查找生成真机 iPhone 的静态库的方法定位到文件夹，然后跳转到父目录：iPhone 真机设备目录 Debug-iphoneos 和 iPhone 模拟器的目录 Debug-iphonesimulator，如图 2-12 所示。

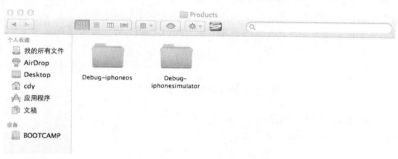

图 2-12　编译的目标文件夹目录

其中，第一个文件夹是 iPhone 真机设备所需要的静态库文件夹，里面有 libBaseLib.a 文件。

第二个文件夹是 iPhone 模拟器所需要的静态库文件夹，里面也有一个 libBaseLib.a 文件。打开后可以看到该文件，如图 2-13 所示。

图 2-13　编译的目标文件具体位置

我们可以复制这个文件，然后将其重命名为"libBaseLib-sim.a"；同样，把 Debug-iphoneos 文件夹下面的文件重命名为"libBaseLib-device.a"。

（3）使用已生成的静态库

还是使用之前的工程 Base，不过在使用静态库之前，一定要记住把 BaseAppDelegate.m 改成 BaseAppDelegate.mm，因为动态库里包含了 C++代码，而 Object-C 中只有.mm 源文件才能支持 C++ 与 Object-C 的混编。为此需要先将两个静态库加入到工程中，然后把静态库的头文件 BaseObject.h 也加到工程中。

下面写一个测试例子，在程序加载过程中调用静态库里的方法。首行加入头文件，代码如下：

```
#import "BaseObject.h"
- (BOOL)application:(UIApplication *)application didFinishLaunchingWithOptions:(NSDictionary *)launchOptions
{
    self.window = [[[UIWindow alloc] initWithFrame:[[UIScreen mainScreen] bounds]] autorelease];
    // Override point for customization after application launch.
    self.viewController = [[[BaseViewController alloc] initWithNibName:@"BaseViewController" bundle:nil] autorelease];
    self.window.rootViewController = self.viewController;
    [self.window makeKeyAndVisible];

    BaseObject* object = [[BaseObject alloc] init];
    int sum = [object add:3 with:5];
    int sub = [object sub:5 with:3];
    NSLog(@"%d", sum);
    NSLog(@"%d", sub);
    return YES;
}
```

在模拟器下编译运行，可以看到类似如下的运行结果：

```
2011-12-08 23:00:10.265 Base[1814:f803] 8
2011-12-08 23:00:10.266 Base[1814:f803] 2
```

【结束语】

在 iPhone 开发过程中，主要使用的语言是 Object-C。通过本章的介绍，我们知道除了 Object-C 语言，也可以使用标准 C 或者 C++。借助标准 C 可移植性强、C++适于管理复杂工程的优点，更好地组织功能模块，更有效地控制软件开发周期，从而圆满完成软件开发任务。

第 3 章 MVC 设计和 Push 消息

模型-视图-控制器（Model-View-Controller，MVC）是 Xerox PARC 在 20 世纪 80 年代为编程语言 Smalltalk—80 发明的一种软件设计模式，至今已广泛应用于用户交互应用程序中。每个 MVC 应用程序都包含 Model、View 和 Controller 三部分。我们知道，事件（Event）导致 Controller 改变 Model 或 View，或者同时改变二者，并且只要 Controller 改变了 Models 里面的数据或属性，所有依赖于这个 Model 的 View 都会自动更新。同样地，只要 Controller 改变了 View，View 就会从潜在的 Model 中获取数据来刷新自己。

MVC 模式为我们提供了解决常见问题的一些标准化方法：委托、协议和消息中心（通知中心）。这 3 种方法都是基于本地应用，是在当前应用程序内部的回调函数，也就是这个应用程序不能退出，只能在前台运行。如果我们想从外部给 iPhone 的应用程序发送消息，若这个应用程序没有打开或者在后台挂起，那就要使用 Push 消息。苹果公司提供了一整套关于 Push 消息的流程，下面我们就来一起研究这一切是如何工作的吧！

3.1 MVC 框架设计

本节我们在了解 MVC 设计思想的基础上，将介绍 iPhone 开发中的 MVC，进而学习如何在 iPhone 中实现 MVC。

3.1.1 MVC 设计思想

在 MVC 框架下，应用程序的输入、处理和输出被强制性地按照 Model、View、Controller 的方式进行分离，应用程序也被相应地分为模型层、视图层和控制层。使用 MVC 的目的是将 M（模型）和 V（视图）的实现代码分离，从而使同一个程序可以使用不同的表现形式。比如一批统计数据可以分别用柱状图、饼图来表示。C（控制器）存在的目的则是确保 M 和 V 的同步，一旦 M 改变，V 应该同步更新。

1）应用程序的 3 个层次

（1）模型（Model）层

在该层次下，完成的主要工作是业务流程/状态的处理以及业务规则的制订。业务流程的处理过程对其他层来说是黑箱操作，模型接受视图请求的数据，并返回最终的处理结果。业务模型的设计可以说是 MVC 的核心。它从应用技术实现的角度对模型做了进一步的划分，以便充分利用现有的组件，但它不能作为应用设计模型的框架。它仅仅告诉开发者按这种模型设计就可以直接利用某些技术组件，从而减少了工作上的困难，可以专注于业务模型的设计。MVC 设计模式告诉我们，把应用的模型按一定的规则抽取出来时，抽取的层次很重要，这也是判断开发人员是否优秀的重要依据。抽象与具体不能隔得太远，也不能太近。MVC 并没有提供模型的设计方法，只是告诉开发者应该组织管理这些模型，以便于模型的重构并提高其重用性。我们可以用对象编程来做比喻，MVC 定义了一个顶级类，告诉它的子类你只能做这些，但没法限制你能做这些。这点对开发人员非常重要。

业务模型还有一个很重要的模型,那就是数据模型。数据模型主要指实体对象的数据保存(持续化)。比如将一张订单保存到数据库,需要时从数据库获取订单。我们可以将这个模型单独列出,所有有关数据库的操作只限制在该模型中。

(2)视图(View)层

视图即为用户交互界面。对于 Web 应用来说,可以是 HTML 界面,也有可能是 XHTML、XML 和 Applet 界面。随着应用复杂程度和规模的提升,界面的处理也变得越来越有挑战性。一个应用可能有很多不同的视图,MVC 仅限于视图上数据的采集、处理以及用户的请求,而不包括视图上业务流程的处理。业务流程交由模型(Model)处理。比如一个订单的视图只接受来自模型的数据并进行显示,以及将用户界面的输入数据和请求传递给控制器和模型。

(3)控制器(Controller)层

控制器主要负责从用户接收请求,并将模型与视图整合在一起,共同完成相关任务。它像一个分发器,清楚地告诉开发者,可以选择什么样的模型和什么样的视图,完成什么样的用户请求。控制层本身不做任何的数据处理,例如用户点击一个链接,控制层接受请求后,并不处理业务信息,只是把用户的信息传递给模型,告诉模型做什么,然后选择符合要求的视图返回给用户。因此,一个模型可能对应多个视图,一个视图也可能对应多个模型。

2)MVC 的优点

MVC 要求对应用分层,虽然会增加额外的工作,但产品的结构清晰,其应用通过模型可以得到更好的体现。具体表现如下:

① 具有多个视图对应一个模型的能力。在目前用户需求快速变化的情况下,可能希望通过多种方式访问应用。例如,订单模型可能有本系统的订单,也有网上订单,或者其他系统的订单,不管是哪种,对订单的处理都是一样的,也就是说订单的处理是一致的。按 MVC 设计模式,一个订单模型及多个视图即可解决问题。这样既减少了代码的重复,又减少了代码的维护量,一旦模型发生改变,也易于维护。

② 由于模型返回的数据不带任何显示格式,为此这些模型也可直接应用于接口。

③ 由于一个应用被分离为三层,因此有时仅改变其中的一层就能满足应用的变化需求。当应用的业务流程或者业务规则改变时只需改动 MVC 的模型层,其他两层可保持不变。

④ 由于控制层是把不同的模型和不同的视图组合在一起完成不同的请求,因此,控制层可以说是包含了用户请求权限的概念。

⑤ MVC 模式有利于软件工程化管理。由于不同的层各司其职,每一层的不同应用间具有某些相同的特征,有利于通过工程化、工具化产生管理程序代码。

3)MVC 的不足

MVC 的不足体现在以下几个方面:

① 增加了系统结构和实现的复杂性。对于简单的界面,如果严格遵循 MVC 模式,使模型、视图与控制器分离,会增加结构的复杂性,并可能产生过多的更新操作,降低运行效率。

② 视图与控制器的联系仍过于紧密。视图与控制器是既相互分离又确实联系紧密的部件,没有控制器,视图的应用会很有限,反之亦然,这样就妨碍了它们的独立重用。

③ 视图对模型数据的访问效率比较低。依据模型操作接口的不同,视图可能需要多次调用才能获得足够的显示数据。对未变化数据的不必要的频繁访问,也降低了操作性能。

④ 当前多数高级的界面工具或构造器不支持 MVC 模式。改造这些工具以适应 MVC 需要，及建立分离的部件的代价是很高的，从而造成使用 MVC 的困难。

3.1.2 iPhone 开发中的 MVC

MVC 模式是一个复杂的架构模式，其实现方法非常复杂。但是，我们已经总结出了很多可靠的设计模式，将这些设计模式结合在一起，会使 MVC 模式的实现变得相对简单易行。Views 可以看作一棵树，显然可以用 Composite Pattern 来实现。Views 和 Models 之间的关系可以用 Observer Pattern 体现。Controller 控制 Views 的显示，可以用 Strategy Pattern 实现。Model 通常是一个调停者，可采用 Mediator Pattern 来实现。

具体来说，视图组件由 UIView 类的子类及其相关的 UIView-Controller 类来提供；控制器行为通过 3 种关键技术来实现，分别是委托、目标操作和通知；模型方法通过数据库和数据含义等协议提供数据，同时需要由控制器触发的回调方法。

从 MVC 三大组成部分的分工来看，模型部分定义应用程序的数据引擎，负责维护数据的完整性；视图部分定义应用程序的用户界面，对显示在用户界面上的数据出处则没有清楚的认识；控制器部分则充当模型和视图的桥梁，帮助实现数据的显示和更新。

在 MVC 设计过程中，应遵从如下规则：

① Model 和 View 永远不能相互通信，只能通过 Controller 传递。

② Controller 可以直接与 Model 对话（读写调用 Model），Model 通过 Notification 和 KVO（Key-Value Observer）机制与 Controller 间接通信。

③ Controller 可以直接与 View 对话（通过 outlet，直接操作 View，outlet 直接对应到 View 中的控件），View 通过 action 向 Controller 报告事件的发生（如用户点击事件）。Controller 是 View 的直接数据源（数据很可能是 Controller 从 Model 中取得并经过加工的）。Controller 是 View 的代理（delegate），以同步 View 与 Controller。

> **提示** delegate 是一组协议，用于在程序将要或者已经处于某种状态时，对 View 进行调整，以对用户有个交代。例如系统内存不足了，约定是不是相应地降低 view 的质量以节省内存。它不是对应 xcode 为我们创建的 XXAppDelegate 文件，此文件不属于 MVC 中的任何一部分，虽然与 MVC 有联系。苹果文档里说 A 是 B 的代理的时候，通常是指 A 中有 B 的引用，A 可以直接操作 B。

3.1.3 iPhone 中 MVC 的实现

在 iPhone 程序开发中，所有的控件、窗口等都继承自 UIView，对应 MVC 中的 V。UIView 及其子类主要负责 UI 的实现，而 UIView 所产生的事件都可以采用委托的方式，交给 UIViewController 实现。对于不同的 UIView，有相应的 UIViewController，对应 MVC 中的 C。例如在 iOS 上常用的 UITableView，它所对应的 Controller 就是 UITableViewController。至于 MVC 中的 M，就需要用户根据自己的需求来实现了。

下面介绍自定义 UIView 的结构。这之前要认识一下 Objective-C 中的几个重要的关键字，这些关键字会在第 4 章详细介绍。

- @interface——定义一个类。这个很容易和 Java 中的 interface 混淆，它其实是 Java 中的 class。
- @protocol——定义一个协议。可以把它理解成一个接口，相当于 Java 中的 interface。
- Objective-C——只支持单继承，但可以实现多个协议（接口），示例代码如下：

```
@interface Child : Parent <Protocol1,Protocol2>
{
    //成员变量定义
}
//成员方法、类方法、属性定义
@end
```

1）定义 UIView

有了这样的知识后，我们就可以定义自己的 UIView 了。

1 定义一个 UIView 的子类。Objective-c 代码如下：

```
@interface MyUIView : UIView
{
    //定义一些控件
    id<MyUIViewDelegate> delegate; //这个定义会在后面解释，它是一个协议，用来实现委托
}

@property id<MyUIViewDelegate> delegate; //定义一个属性，能够用来进行 get set 操作

//定义一些控件设置方法

@end
```

2 定义一个 Protocol。按照 Cocoa 的习惯，一般以 delegate 结尾，熟悉 C#的读者应该知道它的意义。其实不论是接口、委托，还是回调函数，本质上都做了一件事情，即定义了一个操作契约，然后由用户自己来实现它的具体内容。

定义 Protocol 的 Objective-c 代码如下：

```
@protocol MyUIViewDelegate    //这里只需要声明方法
- (void)func1
- (int)func2:(int)arg
@end
```

3 设计自己的 UIViewController。一般简单的做法，可以让这个 Controller 来实现上面定义的 MyUIViewDelegate。在 Cocoa 框架中，很多控件和它的 Controller 都采用这种方式。具体代码如下：

```
#import <UIKit/UIKit.h>
#import "MyUIViewDelegate.h"
@interface MyUIViewController : UIViewController<MyUIViewDelegate>
{

}
@end
```

定义都完成了，到这里其实还看不出这三者是怎么联系起来的。接下来是 MyUIView 和 MyUIViewController 的具体实现。

2）MyUIView 和 MyUIViewController 的实现

假设 MyUIView 在发生某个事件后会调用 doSometing 方法。这里是当用户点击 MyUIView 后手指抬起时触发如下方法：

```objectivec
- (void)touchesEnded:(NSSet *)touches withEvent:(UIEvent *)event
```

我们在这个方法里调用 doSomething 方法，具体的实现代码如下：
Objective-c 代码

```objectivec
- (id)initWithFrame:(CGRect)frame
{
    self = [super initWithFrame:frame];
    if (self) {
        // Initialization code
        self.backgroundColor = [UIColor greenColor];
    }
    return self;
}

-(void)doSomething
{
    if(delegate != nil )   //这里的 delegate 就是 UIView 定义时的一个委托对象
    {
        [delegate func1];
        //[]表示对一个对象发消息，如果在 Java 中会写成 delegate.func1()
    }
}

- (void)touchesEnded:(NSSet *)touches withEvent:(UIEvent *)event
{
    [self doSomething];
}
```

上面的代码中，nil 相当于 Java 中的 null，这里的意思就很明显了，如果 delegate 委托对象不为空，则调用相应的方法，但是这个委托对象的方法在哪里实现呢？可以看一下 MyUIViewController 的定义，它实现了 MyUIViewDelegate。所以这个方法当然是由它来实现。代码如下：

```objectivec
- (void)viewDidLoad
{
    [super viewDidLoad];
    self.title = @"MVC 演示一";
    CGRect frame = CGRectMake(0, 360, 320, 100);
    MyUIView* view = [[MyUIView alloc] initWithFrame:frame];
    view.delegate = self;
    [self.view addSubview:view];
    [view release];
    // Do any additional setup after loading the view from its nib.
}

- (void)func1
{
    NSLog(@"MyUIViewController MyUIView touchEnded!");
    self.view.backgroundColor = [UIColor blueColor];
}
```

这样一来，整个代码的思路就明白了：

① MyUIViewController 初始化。

② MyUIViewController 初始化完成时，初始化创建 MyUIView 的实例 view，并把 MyUIView 实例加到 MyUIViewController 的 view 上面。这里我们设置 MyUIView 的颜色为绿色，可以在程序里看到它是一片绿色的区域。MyUIViewController 将自己作为委托对象赋值给 MyUIView。

③ 当用户点击 MyUIView 事件发生时，MyUIView 的如下方法被调用，代码如下：

```
- (void)touchesEnded:(NSSet *)touches withEvent:(UIEvent *)event
{
    [self doSomething];
}
```

④ 在上述方法被调用的过程中，也就调用了 doSomething 方法：

```
-(void)doSomething
{
    if(delegate != nil )   //这里的 delegate 就是 UIView 定义时的一个委托对象
    {
        [delegate func1];
        //[]表示给一个对象发消息，如果在 Java 中会写成 delegate.func1()
    }
}
```

⑤ 在 doSomething 方法里，调用了 delegate 委托对象的方法，其实就是调用 MyUIViewController 的方法。代码如下：

```
- (void)func1
{
    NSLog(@"MyUIViewController MyUIView touchEnded!");
    self.view.backgroundColor = [UIColor blueColor];
}
```

⑥ 于是改变了 MyUIViewController 的 view 的背景颜色为蓝色。这样，整个 MVC 流程就走完了。运行的效果图如图 3-1 所示。

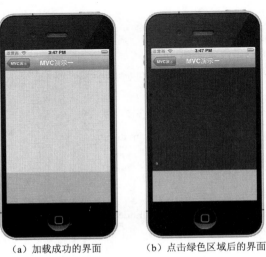

（a）加载成功的界面　　（b）点击绿色区域后的界面

图 3-1　使用 MVC 流程的界面

3.2 通知中心

在某个时间触发某个事件想通知别的类进行相应的处理时,方法有很多,常用的方法之一是使用通知(Notification)。本节我们就来介绍NSNotification类及其在使用该类的过程中经常出现的问题。

3.2.1 NSNotification 类

NSNotification 是提供给观察者(observer)的信息包裹,该对象有两个重要的成员变量:name 和 object,还有一个用来传递更多通知信息的 userInfo。NSNotification 类头文件代码如下:

```
@interface NSNotification : NSObject <NSCopying, NSCoding>

- (NSString *)name;
- (id)object;
- (NSDictionary *)userInfo;
//我们想要notification 对象传递更多的信息时,就通过 userInfo 这个字典来传递
@end

@interface NSNotification (NSNotificationCreation)

+ (id)notificationWithName:(NSString *)aName object:(id)anObject;
+ (id)notificationWithName:(NSString *)aName object:(id)anObject userInfo:(NSDictionary *)aUserInfo;

@end
```

在需要发送通知的时候,通知的消息存放在 NSNotification 中。有了消息内容,就要讨论一下这些消息是如何传递给接收者以及接收者是如何处理通知的。

每个运行中的 iPhone 应用都有一个 NSNotificationCenter 的成员变量,它的功能类似于公共栏,是一个全局单例变量。对象注册关注某个确定的 notification(比如有人丢了一支笔,这个人就会关注谁捡到一支笔这个通知,他也会将丢笔的事告诉通知中心)。我们把这些注册对象叫做 observer(观察者,即丢笔的人),其他的一些对象会给 center 发送 notifications(比如有人捡到一支笔,会告诉通知中心我捡到了一支笔)。通知中心会将该 notification 转发给所有注册对该 notification 感兴趣的对象,我们把这些发送 notification 的对象叫做 poster(发送者,即捡到笔的人)。

很多标准的 Cocoa 类会发送 notifications,比如在改变 size 的时候,Window 会发送 notification;选择 tableview 中的一行,tableview 也会发送 notification。我们可以在在线帮助文档中看到标准的 Cocoa 对象发送的 notification。

NSNotificaitonCenter 是架构的大脑,它允许我们注册 observer 对象,发送 notification,撤消 observer 对象注册。代码如下:

```
+ (id)defaultCenter;
//返回 notification center 的类方法,返回全局对象,单例模式。Cocoa 的很多全局对象都是通过类似方法实现
- (void)addObserver:(id)observer selector:(SEL)aSelector name:(NSString *)aName object:(id)anObject;
 如果 notificationName 为 nil,那么 notification center 将 anObject 发送的所有 notification 转发给 observer
 如果 anObject 为 nil,那么 notification center 将所有名字为 notificationName 的 notification 转发给 observer
```

- (void)postNotification:(NSNotification *)notification;
- (void)postNotificationName:(NSString *)aName object:(id)anObject;
- (void)postNotificationName:(NSString *)aName object:(id)anObject userInfo:(NSDictionary *)aUserInfo;

- (void)removeObserver:(id)observer;
- (void)removeObserver:(id)observer name:(NSString *)aName object:(id)anObject;

注册通知的对象，在此对象释放前，我们必须从 notification center 移除注册的 observer。一般我们会在 dealloc 方法中做这件事，具体步骤如下：

1 定义一个方法，当接收到消息时调用此方法进行处理。代码如下：

```
-(IBAction)output
{
}
```

2 对象注册，并附带信息。代码如下：

[[NSNotificationCenter defaultCenter] addObserver:self selector:@selector(output) name:@"Method" object:nil]

3 发送通知信息，代码如下：

[[NSNotificationCenter defaultCenter] postNotificationName:@"Method" object:nil];

3.2.2 Notifications 的常见误解

当开发者们听到 notification center 的时候，可能会联想到 IPC（进程间通信），并认为它们是在一个程序中创建一个 observer，然后在另外一个程序中发送一个 notification。事实上，这样的设计是没有办法工作的。notification center 允许同一个程序中的不同对象互相通信，但是不能跨越程序（Notification 就是设计模式中的观察者模式，Cocoa 为我们实现了该模式，就像 Java 也有同样的实现一样）。

下面通过实例来说明通知和通知中心的使用方法。假定我们希望通过点击按钮发送一个通知，在收到通知后，改变当前界面的背景颜色。运行效果如图 3-2 所示。

（a）原始界面　　　　（b）收到通知后的界面

图 3-2　使用 Notifaction 改变界面背景颜色

发送 notification 是其中最简单的步骤，我们只要在按钮按下的事件处理中加入发送通知的代码即可：

```objc
#import <UIKit/UIKit.h>
extern NSString * const BNRColorChangedNotification;
@interface NotificationViewController : UIViewController
{

}
-(IBAction)sendNotification:(id)sender;//点击按钮，发送通知
-(void)notiChangeBackgroundColor:(NSNotification*)notify;
@end
```

```objc
- (void)viewDidLoad
{
    [super viewDidLoad];
    //注册通知
    [[NSNotificationCenter defaultCenter] addObserver:self selector:@selector(notiChangeBackgroundColor:) name:BNRColorChangedNotification object:nil];
}

//接收通知的注册函数,此函数打印消息并改变当前视图的背景
-(void)notiChangeBackgroundColor:(NSNotification*)notify
{
    NSLog(@"notiChangeBackgroundColor");
    NSDictionary* userInfo = notify.userInfo;
    NSLog(@"userInfo description = %@", [userInfo description]);
    self.view.backgroundColor = [UIColor darkGrayColor];
}
//按钮按下后发送通知的函数
-(IBAction)sendNotification:(id)sender
{
    NSDictionary* userInfo = [NSDictionary dictionaryWithObjectsAndKeys:@"value1", @"key1", @"value2", @"key2", nil];
    [[NSNotificationCenter defaultCenter] postNotificationName:BNRColorChangedNotification object:nil userInfo:userInfo];
}
```

我们将 notification 命名为@"BNRColorChanged" 并使用一个全局常量来指定（有经验的开发者会使用一个前缀，这样可以避免和其他组件定义的 notification 混淆）。打开 NotificationViewController.h 添加下面的的外部申明：

```objc
extern NSString * const BNRColorChangedNotification;
```

在.m 中定义常量：

```objc
NSString * const BNRColorChangedNotification = @"BNRColorChanged";
```

在 NotificationViewController.m 修改 changeBackgroundColor:方法。

综合上面的介绍，可以发现通知处理的具体步骤如下：

1 注册成为 Observer，并在销毁对象时注销观察者。要注册一个 observer，必须提供几个要素：要成为 observer 的对象、所感兴趣的 notification 的名字和当 notification 发送时要调用的方法。我们也可以指定要关注某个对象的 notification，例如特定 window 的 resize 的 notification。

在 NotificationViewController 类的 viewDidLoad 方法中添加如下代码：

```
[[NSNotificationCenter defaultCenter] addObserver:self selector:@selector(notiChangeBackgroundColor:)
name:BNRColorChangedNotification object:nil];
```

同时在 dealloc 方法中将 MyDocument 从 notification center 中移除：

```
- (void)dealloc
{
    NSNotificationCenter *nc = [NSNotificationCenter defaultCenter];
    [nc removeObserver:self];
    [super dealloc];
}
```

2 发送通知，代码如下：

```
//按钮按下后发送通知的函数
-（IBAction）sendNotification:（id）sender
```

3 处理 Notification。当一个 notification 发生时，notiChangeBackgroundColor 方法将被调用。notification 对象的 object 变量是 poster，如果我们想要 notification 对象传递更多的信息，可以使用 user info dictionary。每个 notification 对象有一个变量叫 userInfo，它是一个 NSDictionary 对象，用来存放用户希望随着 notification 一起传递到 observer 的其他信息。

3.3 Push 机制

前面我们学习了 MVC 和通知的处理流程，但是仅仅了解这些是不够的，因为通知只能在应用程序运行的过程中发挥作用。当应用程序关闭后，需要使用 Push 消息来完成相应的任务，其工作机制如图 3-3 所示。

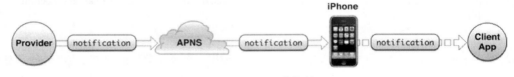

图 3-3　Push 工作机制

其中，Provider 指某个 iPhone 软件的 Push 服务器，是需要我们自己实现的，这个服务器和 APNS 进行通信；APNS 是 Apple Push Notification Service（Apple Push 服务器）的缩写，下文统一使用该缩写。

1) Push 消息的工作过程

下面以大家常用的聊天客户端 BeejiveIM（一款支持多账户登录和 Push 消息的 iPhone 聊天客户端，支持 MSN、Google Talk 等）为例说明 Push 消息的工作过程。

在这个例子中，Provider 为 BeejiveIM 服务器，我们在 BeejiveIM 上登录 MSN，其实是先把登录信息发送到 BeejiveIM 服务器，再通过服务器来登录 MSN。因此，即使关闭了 BeejiveIM，BeejiveIM 服务器仍会继续登录 MSN，此时如果有人对该 MSN 账户发送了消息，那么就会触发 Push 消息。接下来的工作过程如下：

① BeejiveIM 服务器把要发送的消息、目的 iPhone 的标识等信息进行打包，发给 APNS。

② APNS 在自身的已注册 Push 服务的 iPhone 列表中，查找相应标识的 iPhone，并把消息发到 iPhone。

③ iPhone 把发来的消息传递给相应的应用程序，并且按照设定弹出 Push 通知。

2）Push 认证

Push 消息传递过程中所进行的认证实际上包含两个方面：一个是物理连接上的认证（Connection trust），另一个是涉及 iPhone 设备令牌的认证（token trust）。

（1）物理连接上的认证

这里的物理连接采用的是 SSL/TLS 方式，如图 3-4 所示。

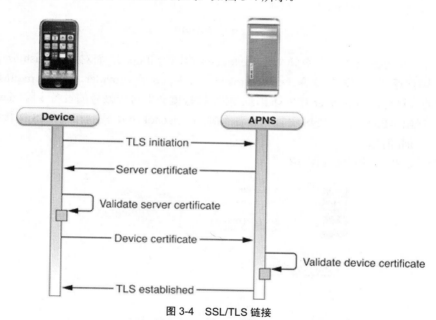

图 3-4 SSL/TLS 链接

iPhone 在开启 Push 的时候，会连接 APNS 建立一条 TLS 加密链接。每一台正常的 iPhone 都有一个独有的设备证书（iPhone 激活时由 APNS 分配，破解会丢失这个证书），而 APNS 也有一个服务器证书。两者建立连接的时候，会验证彼此证书的有效性。

TLS 链接一旦建立，在没有数据的情况下，只需每隔 15 分钟进行一次保活的握手，因此几乎不占流量。而一旦因为意外原因导致链接中断，iPhone 会不断尝试建立 TLS 链接，直到成功。

（2）基于 token（令牌）的认证

这是更高一个层次的认证。前面曾提到，APNS 判断 Push 推送消息该发送给哪台 iPhone 时，依据的是一个"目的 iPhone 的标识"，这个标识就是 device token（设备令牌）。

设备令牌是怎么生成的呢？每次建立 TLS 链接时，由 APNS 将前一层次（TLS 层）提到的每台正常的 iPhone 都具有的唯一的设备证书（unique device certificate），用令牌密钥（token key）加密生成，如图 3-5 所示（实际上是通过设备证书生成，然后通过 token key 加密传输给 Device）。

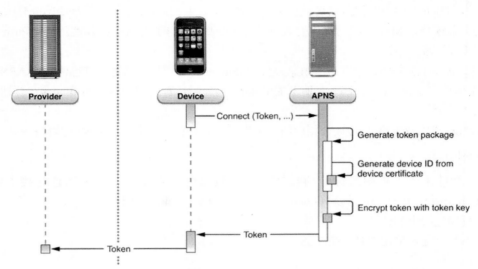

图 3-5　生成设备令牌

令牌生成后，APNS 会把设备令牌（device token）返回给 iPhone，而对应的 Push 应用程序（如 BeejiveIM），则把返回来的设备令牌（device token）直接发送给 Provider（如 BeejiveIM 服务器）（这个是必须的）。这样，当 Provider 有 Push 消息要发送时，就会把对应帐号的设备令牌（device token）和消息一起发送给 APNS，而 APNS 再依据设备令牌（device token），找到相应 TLS 链接的 iPhone，并发送相应的 Push 消息。

以上复杂的流程可以归纳为图 3-6。

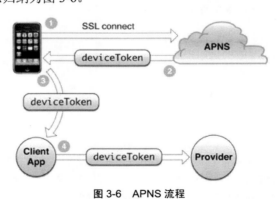

图 3-6　APNS 流程

其中，Client App 是 iPhone 上的 Push 应用程序。（图 3-6 中缺了当有 Push 消息时由 Provider 到 APNS 的链接）。

3）其他要点补充

有关 Push 机制，除了上面介绍的，还需掌握的其他重要内容如下：

① 每一个 Provider 需要一个唯一的证书和 private cryptographics（私有密钥），前者由 Apple 提供，即通过开发者证书到网站上注册（其中的 Topic 信息很重要，就是 Client application 的 Bundle ID）后得生成的证书。该证书在与 APNS 建立链接时需要用到。一个链接只能为一个 application

传输数据（topic）。

② 需要在 client 代码中注册 Push 服务，当程序安装时，系统会把应用程序的这个请求发给 APNS，APNS 产生一个设备令牌，加密后再回传给 client，client 需要把这个令牌发送给 provider，因为 provider 每次 notification 都必须带有这个令牌。

③ FeedBack 和 QoS。FeedBack 是指当 APNS 发现被推送的设备上的目标程序已经被卸载后，会给 provider 返回一个 list 列表，provider 需要将这些设备去除。Qos 是指当 APNS 收到一个 push 请求却发现目标 device 没有启动时候，会将这个请求缓存下来，等待 device 再次建立连接后再发送。

3.3.1 Push 消息需要的条件

前面我们了解了 Push 的机制，本小节从 APP 开发基础设置和 Push Notificationservice 设置两方面来介绍 Push 消息需要注意的条件。

1）APP 开发基础设置

具体步骤如下：

❶ 在 iPhone Provisioning Portal 中建立好 APP ID 和 Device。

❷ 在 Keychain Access.app 中生成证书请求：

CertificateSigningRequest.certSigningRequest（菜单 > Keychain Access > Certificate Assistant > Request a Certificate From a Certificate Authority…）。

❸ 在 iPhone Provisioning Portal > Certificates 中请求一个证书：

点击 Request Certificate，上传 CertificateSigningRequest.certSigningRequest。

❹ 请求完成后，将证书文件（developer_identity.cer）下载，双击导入到 KeyChain 中。

❺ 在 iPhone Provisioning Portal > Provisioning 中新建一个 Profile，选择指定的 APP ID 和 Devices 后生成。

❻ 将刚刚生成的 Profile 下载为 *_profile.mobileprovision，双击该文件，将 profile 加载到 iPhone 中。

2）Push Notification service 设置

具体步骤如下：

❶ 在 iPhone Provisioning Portal > App IDs 中选择需要 Push 服务的 AppID，进入 Configure。

❷ 确认 Enable for Apple Push Notification service，配置 Development Push SSL Certificate，上传步骤 2 生成的证书请求。

❸ 下载生成的 aps_developer_identity.cer，完成 Push 服务配置。

❹ 双击 aps_developer_identity.cer，保存到 Key Chain，生成 php Push Notification sender 需要的证书文件。

❺ 在 Keychain Access.app 里选定这个新证书（Apple Development Push Services*），导出到桌面，保存为 Certificates.p12。

❻ 运行如下命令，获得 php Push Notification sender 所需的设备令牌。

① openssl pkcs12 -clcerts -nokeys -out cert.pem -in Certificates.p12。

② openssl pkcs12 -nocerts -out key.pem -in Certificates.p12。

③ openssl rsa -in key.pem -out key.unencrypted.pem。

④ cat cert.pem key.unencrypted.pem > ck.pem。

3.3.2 在代码中使用 Push 消息

通过前面的学习我们知道，如果要向 iPhone 的一个应用发送 Push 消息，必须有这个应用的设备令牌（device token）。下面通过实例来说明如何获得设备令牌（device token）。

新建一个 View-based Application 项目，命名为 APNTest，在 APNTestAppDelegate.m 中修改以下函数：

```
- (BOOL)application:(UIApplication *)application didFinishLaunchingWithOptions:(NSDictionary *)launchOptions
{
    [self.window addSubview:viewController.view];
    [self.window makeKeyAndVisible];
    [self alertNotice:@"" withMSG:@"Initiating Remote Noticationss Are Active" cancleButtonTitle:@"Ok" otherButtonTitle:@""];
    [[UIApplication sharedApplication] registerForRemoteNotificationTypes:(UIRemoteNotificationTypeAlert | UIRemoteNotificationTypeBadge |UIRemoteNotificationTypeSound)];

    return YES;
}
```

其中，重要的一条代码是：

```
[[UIApplication sharedApplication] registerForRemoteNotificationTypes:(UIRemoteNotificationTypeAlert | UIRemoteNotificationTypeBadge |UIRemoteNotificationTypeSound)];
```

即应用加载完成后，就向苹果服务器请求设备令牌（device token），如果苹果 APNS 服务器正常返回，则下面这个函数被调用：

```
- (void)application:(UIApplication *)app didRegisterForRemoteNotificationsWithDeviceToken:(NSData *)deviceToken
{
    NSString* strToken = [NSString stringWithFormat:@"devToken=%@",deviceToken];
    NSLog(@"%@", strToken);
    [self alertNotice:@"" withMSG:strToken cancleButtonTitle:@"Ok" otherButtonTitle:@""];
}
```

在这个回调函数里，我们可以将获得的设备令牌保存起来，以便向应用发送消息。一般我们会将设备令牌上传到服务器，由服务器管理。

如果 APNS 没有正常返回设备令牌，则如下失败的函数被调用：

```
- (void)application:(UIApplication *)app didFailToRegisterForRemoteNotificationsWithError:(NSError *)err
{
    NSLog(@"Error in registration. Error: %@", err);
    [self alertNotice:@"" withMSG:[NSString stringWithFormat:@"Error in registration. Error: %@", err] cancleButtonTitle:@"Ok" otherButtonTitle:@""];
}
```

3.3.3 通过 Mac 发送 Push 消息

在 Mac 中发送 Push 消息比较简单，主要是使用 aps_developer_identity.cer 证书文件来请求 APNS 服务器，建立 Push 连接，然后根据设备令牌（device token）发送 Push 消息。

下面以国外的 Stefan Hafeneger 编写的 PushMeBaby 的 Cocoa 应用为例说明如何通过 Mac 发送

Push 消息。该应用的具体代码如下:

```objc
- (id)init
{
    self = [super init];
    if(self != nil)
    {
        self.deviceToken = @"8f5d2a9a 4c238216 72165714 bc2f4059 ca4fc4a7 ec8ca7ce 86ba550c 5ca3911a";//cdy iTouch
        self.payload = @"{\"aps\":{\"alert\":\"Send Push Message From Mac.\"},\"forum_id\":\"88\",\"topic_id\":\"999\"}";
        self.certificate = [[NSBundle mainBundle] pathForResource:@"aps_developer_identity" ofType:@"cer"];
    }
    return self;
}
```

1 通过获得的设备令牌（device token）和证书进行初始化工作。初始化完成之后，使用证书进行 Push 服务器的连接，代码如下：

```objc
- (void)connect {
    if(self.certificate == nil) {
        return;
    }
    
    // Define result variable.
    OSStatus result;
    
    // Establish connection to server.
    PeerSpec peer;
    result = MakeServerConnection("gateway.sandbox.push.apple.com", 2195, &socket, &peer);
    NSLog(@"MakeServerConnection(): %d", result);
    
    // Create new SSL context.
    result = SSLNewContext(false, &context);
    NSLog(@"SSLNewContext(): %d", result);
    
    // Set callback functions for SSL context.
    result = SSLSetIOFuncs(context, SocketRead, SocketWrite);
    NSLog(@"SSLSetIOFuncs(): %d", result);
    
    // Set SSL context connection.
    result = SSLSetConnection(context, socket);
    NSLog(@"SSLSetConnection(): %d", result);
    
    // Set server domain name.
    result = SSLSetPeerDomainName(context, "gateway.sandbox.push.apple.com", 30);
    NSLog(@"SSLSetPeerDomainName(): %d", result);
    
    // Open keychain.
    result = SecKeychainCopyDefault(&keychain);
```

iOS 开发实战体验

```
    NSLog(@"SecKeychainOpen(): %d", result);

    // Create certificate.
    NSData *certificateData = [NSData dataWithContentsOfFile:self.certificate];
    CSSM_DATA data;
    data.Data = (uint8 *)[certificateData bytes];
    data.Length = [certificateData length];
    result = SecCertificateCreateFromData(&data, CSSM_CERT_X_509v3, CSSM_CERT_ENCODING_BER, &certificate);
    NSLog(@"SecCertificateCreateFromData(): %d", result);

    // Create identity.
    result = SecIdentityCreateWithCertificate(keychain, certificate, &identity);
    NSLog(@"SecIdentityCreateWithCertificate(): %d", result);

    // Set client certificate.
    CFArrayRef certificates = CFArrayCreate(NULL, (const void **)&identity, 1, NULL);
    result = SSLSetCertificate(context, certificates);
    NSLog(@"SSLSetCertificate(): %d", result);
    CFRelease(certificates);

    // Perform SSL handshake.
    do {
        result = SSLHandshake(context);
        NSLog(@"SSLHandshake(): %d", result);
    } while(result == errSSLWouldBlock);
}
```

如果想要断开连接，使用以下代码：

```
- (void)disconnect {

    if(self.certificate == nil) {
        return;
    }

    // Define result variable.
    OSStatus result;

    // Close SSL session.
    result = SSLClose(context);
    NSLog(@"SSLClose(): %d", result);

    // Release identity.
    CFRelease(identity);

    // Release certificate.
    CFRelease(certificate);

    // Release keychain.
```

```objc
        CFRelease(keychain);
        
        // Close connection to server.
        close((int)socket);
        
        // Delete SSL context.
        result = SSLDisposeContext(context);
        NSLog(@"SSLDisposeContext(): %d", result);
}
```

2 点击【Push】按钮发送,实现代码如下:

```objc
- (IBAction)push:(id)sender
{
    if(self.certificate == nil)
    {
        return;
    }
    
    // Validate input.
    if(self.deviceToken == nil || self.payload == nil) {
        return;
    }
    
    // Convert string into device token data.
    NSMutableData *deviceToken = [NSMutableData data];
    unsigned value;
    NSScanner *scanner = [NSScanner scannerWithString:self.deviceToken];
    while(![scanner isAtEnd])
    {
        [scanner scanHexInt:&value];
        value = htonl(value);
        [deviceToken appendBytes:&value length:sizeof(value)];
    }
    
    // Create C input variables.
    char *deviceTokenBinary = (char *)[deviceToken bytes];
    char *payloadBinary = (char *)[self.payload UTF8String];
    size_t payloadLength = strlen(payloadBinary);
    
    // Define some variables.
    uint8_t command = 0;
    char message[293];
    char *pointer = message;
    uint16_t networkTokenLength = htons(32);
    uint16_t networkPayloadLength = htons(payloadLength);
    
    // Compose message.
    memcpy(pointer, &command, sizeof(uint8_t));
    pointer += sizeof(uint8_t);
    memcpy(pointer, &networkTokenLength, sizeof(uint16_t));
```

```
    pointer += sizeof(uint16_t);
    memcpy(pointer, deviceTokenBinary, 32);
    pointer += 32;
    memcpy(pointer, &networkPayloadLength, sizeof(uint16_t));
    pointer += sizeof(uint16_t);
    memcpy(pointer, payloadBinary, payloadLength);
    pointer += payloadLength;

    // Send message over SSL.
    size_t processed = 0;
    OSStatus result = SSLWrite(context, &message, (pointer - message), &processed);
    NSLog(@"SSLWrite(): %d %d", result, processed);
}
```

运行效果如图 3-7 所示。

图 3-7　PushMeBaby 运行界面

3 点击【Push】按钮进行发送，如果发送成功，iOS 设备收到 Push 消息后会将其弹出，如图 3-8 所示。

图 3-8　iOS 设备收到 Push 消息的界面

Push 消息发行成功后，如果点击【Close】按钮，关闭当前 Push 消息；如果点击【Launch】按钮，则启动 Push 消息对应的应用。启动应用时，还可以通过如下代码处理 Push 消息中的内容：

```
- (void)application:(UIApplication *)application didReceiveRemoteNotification:(NSDictionary *)userInfo
{

}
```

> **提 示**　Push 消息的内容都在 userInfo 字典里。

3.3.4　通过 iPhone 发送 Push 消息

　　前面介绍了如何通过 Mac 上面的软件发送消息。但是有时候，我们可能只有一台嵌入式的互联网终端，比较常见的是运行嵌入式 Linux 的终端。在这样的情况下，如何让这台设备给我们的 iOS 设备发送 Push 消息呢？除了上面介绍的方法外，还有两种方法：第一种是搭建服务器，通过 PHP 给苹果消息服务器（APNS）发送 Push 消息，这种方法互联网上资源很多，这里就不做介绍了；第二种则不需要搭建服务器，直接让终端给苹果消息服务器发送 Push 消息，这种方法互联网上面介绍得比较少，不过应用的地方却比较多。下面就着重介绍如何在终端中直接给 APNS 发送 Push 消息，用 APNS 完成 Push 发送过程。

　　我们知道，嵌入式设备经常使用的开发语言是 C 语言，那么今天所讨论的其实就是如何通过 C 语言来完成 Push 消息发送。由于 iPhone 上面运行的系统其实就是裁剪过的 UNIX 系统，手机本来就是嵌入式设备，因此，我们可以直接使用 iPhone 手机来发送 Push 消息。下面通过实例说明具体的实现过程。

1 创建一个支持 Push 消息的证书（Certificates），并且让应用能够接收通知。

　　这个方法在前面已经介绍过，这里不再具体描述。

2 生成使用第三方的开源库 openssl 连接 APNS 需要的 3 个文件。

　　安装完证书以后需要将证书导出，与普通方法不一样的是，使用 openssl 连接 APNS 需要如下 3 个文件：

- apns-dev-cert.pem。
- apns-dev-key.pem。
- aps_developer_identity.cer。

　　这 3 个文件用来建立 SSL 连接，代码如下：

```
NSString* rsacert = [[NSBundle mainBundle] pathForResource:@"apns-dev-cert" ofType:@"pem"];
NSString* rsakey= [[NSBundle mainBundle] pathForResource:@"apns-dev-key" ofType:@"pem"];
NSString* cerStr = [[NSBundle mainBundle] pathForResource:@"aps_developer_identity" ofType:@"cer"];
printf("%s\n",[rsacert UTF8String]);
printf("%s\n",[rsakey UTF8String]);
printf("%s\n",[cerStr UTF8String]);
const char* chRSA = [rsacert UTF8String];
const char* chKEY = [rsakey UTF8String];
const char* chCER = [cerStr UTF8String];
SSL_Connection *sslcon = ssl_connect("gateway.push.apple.com", 2195, chRSA, chKEY, chCER);
```

　　下面生成以上 3 个文件：

　　导入支持 Push 的证书，即 aps_developer_identity.cer 后，打开钥匙串访问"Keychain Assistant"软件应用，打开方式为：应用程序→实用工具→钥匙串访问。打开软件，找到"我的证书"，其显示界面如图 3-9 所示。

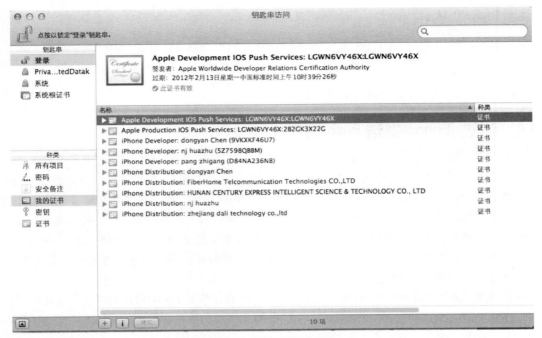

图 3-9 找到钥匙串中证书

选择 Push 证书 "Apple Development Push Services"，右键单击选择 "导出 Apple Development IOS Push Services:…"，如图 3-10 所示。

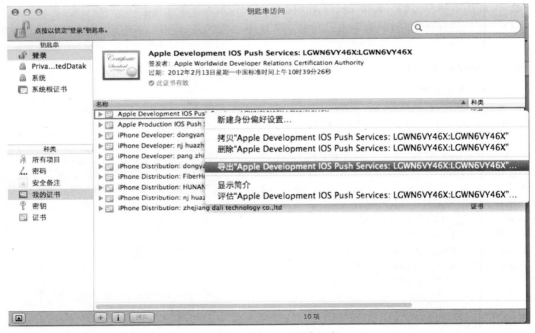

图 3-10 导出 Push 服务证书

将导出文件保存为 "apns-dev-cert.p12"，选择可以访问的位置。此时会弹出一个窗口要求输入密码，如图 3-11 所示。

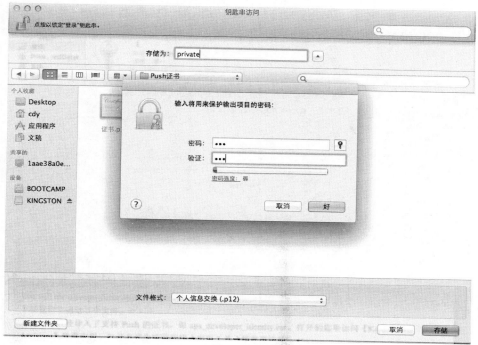

图 3-11 输入密码

使用同样的办法导出私有密匙（Private Key）。在刚才的 Apple Development IOS Push Services 最前面有一个三角形，单击会出现下拉选项，如图 3-12 所示。

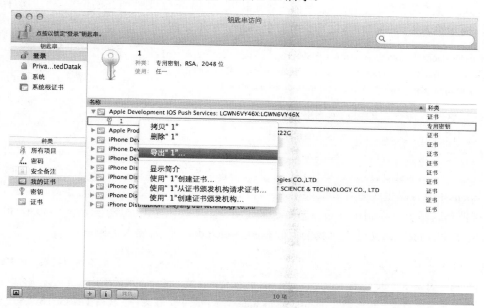

图 3-12 导出私有密匙

在私有密匙即"1"上面右键导出，保存文件名为"apns-dev-key.p12"，选择一个能访问的位置后选择导出"1"…，此时也会弹出一个窗口要求输入密码，输入密码进行保存，如图 3-13 所示。

图 3-13 保存密码

有了上面两个导出的文件，就可以生成 SSL 通信需要的 3 个文件。生成的方法是使用终端控制台。打开终端控制台软件，使用命令行命令定位到导出的 p12 文件所在的位置，然后运行下面三行命令，提示输入密码时就输入之前设置好的密码。

openssl pkcs12 -clcerts -nokeys -out apns-dev-cert.pem -in apns-dev-cert.p12
openssl pkcs12 -nocerts -out apns-dev-key-enc.pem -in apns-dev-key.p12
openssl rsa -in apns-dev-key-enc.pem -out apns-dev-key.pem

运行完这三行命令，即可得到 SSL 通信需要的 3 个文件。

❸ 使用 iPhone 给其 App 发送 Push 消息。

我们直接在先前 MVC 的工程里新建一个 ViewController，增加按钮事件，专门用来处理 Push 消息的发送。使用 SSL 通信，这里使用的是第三方的开源库 openssl。互联网上已经详细介绍了如何使用 openssl 的源码生成适合 iPhone 模拟器和 iPhone 真机设备 SSL 通信的静态库，这里不再赘述，直接把互联网上已经制作好的静态库拿来使用，主要是两个静态库——libcrypto.a、libssl.a 和 openssl 头文件的 include 文件夹。我们把静态库的 include 文件夹导入工程中。

★提示 导入静态库和头文件后，调用 openssl 的头文件时，经常会报头文件找不到的错误。引起这个错误的原因是 XCode 不能自动定位 openssl 的头文件位置，需要手动设置。设置的方法为：以工程文件为当前目录，然后定位 openssl 的 include 目录；选中工程文件，找到 TARGETS，并选中下面的选项，然后选择 "Build Settings" 选项卡，在搜索框中输入 "Header Search"，找到 Header Search Paths 并输入 include 文件夹路径。因为这个工程中 include 文件夹和工程文件夹在同一级目录，因此直接输入 include 就可以了，如果是在工程文件上一层文件夹，则要输入 ../include。具体效果如图 3-14 所示。

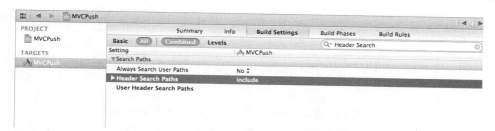

图 3-14　设置 include 目录

下面是 Push 消息的具体实现：

```
typedef struct {
    /* The Message that is displayed to the user */
    char *message;

    /* The name of the Sound which will be played back */
    char *soundName;

    /* The Number which is plastered over the icon, 0 disables it */
    int badgeNumber;

    /* The Caption of the Action Key the user needs to press to launch the Application */
    char *actionKeyCaption;

    /* Custom Message Dictionary, which is accessible from the Application */
    char* dictKey[5];
    char* dictValue[5];
} Payload;

-(IBAction)doPush:(id)sender
{
    const char          *deviceTokenHex = NULL;//设备令牌
    deviceTokenHex = "31a21c2e 4c88110d 4296dbc9 fe220874 f59ff456 9485b0dd ab9804f1 938c6fed";
    Payload *payload = (Payload*)malloc(sizeof(Payload));
    init_payload(payload);

    // This is the message the user gets once the Notification arrives
    payload->message = "Mobile Device Message!";

    // This is the red numbered badge that appears over the Icon
    payload->badgeNumber = 1;

    // This is the Caption of the Action key on the Dialog that appears
    payload->actionKeyCaption = "Caption of the second Button";

    // These are two dictionary key-value pairs with user-content
    payload->dictKey[0] = "Key1";
    payload->dictValue[0] = "Value1";

    payload->dictKey[1] = "Key2";
    payload->dictValue[1] = "Value2";
```

```c
    /* Send the payload to the phone */
    printf("Sending APN to Device with UDID: %s\n", deviceTokenHex);
    send_remote_notification(deviceTokenHex, payload);
}
```

由 send_remote_notification 函数接受设备令牌和 Push 消息内容，代码如下：

```c
int send_remote_notification(const char *deviceTokenHex, Payload *payload)
{
        char messageBuff[MAXPAYLOAD_SIZE];
        char tmpBuff[MAXPAYLOAD_SIZE];
        char badgenumBuff[3];
        strcpy(messageBuff, "{\"aps\":{");
        if(payload->message != NULL)
        {
            strcat(messageBuff, "\"alert\":");
            if(payload->actionKeyCaption != NULL)
            {
                sprintf(tmpBuff, "{\"body\":\"%s\",\"action-loc-key\":\"%s\"},", payload->message, payload->actionKeyCaption);
                strcat(messageBuff, tmpBuff);
            }
            else
            {
                sprintf(tmpBuff, "{\"%s\"},", payload->message);
                strcat(messageBuff, tmpBuff);
            }
        }
        if(payload->badgeNumber > 99 || payload->badgeNumber < 0)
            payload->badgeNumber = 1;
        sprintf(badgenumBuff, "%d", payload->badgeNumber);
        strcat(messageBuff, "\"badge\":");
        strcat(messageBuff, badgenumBuff);
        strcat(messageBuff, ",\"sound\":\"");
        strcat(messageBuff, payload->soundName == NULL ? "default" : payload->soundName);
        strcat(messageBuff, "\"}");
        int i = 0;
        while(payload->dictKey[i] != NULL && i < 5)
        {
            sprintf(tmpBuff, "\"%s\":\"%s\"", payload->dictKey[i], payload->dictValue[i]);
            strcat(messageBuff, tmpBuff);
            if(i < 4 && payload->dictKey[i + 1] != NULL)
            {
                strcat(messageBuff, ",");
            }
            i++;
        }
        strcat(messageBuff, "}");
        printf("Sending %s\n", messageBuff);
        //messageBuff = ;
    char testms[300];
    //strcat(testms,"{\"aps\":{\"alert\":\"lvyile has responded to your subscribed topic.\"},\"forum_id\":\"88\",\"topic_id\":\"999\"}");
```

```
    send_payload(deviceTokenHex, "{\"aps\":{\"alert\":\"Send Push Message From iPhone!\"},\"forum_id\":\"88\",
\"topic_id\":\"999\"}"/*messageBuff*/, strlen("{\"aps\":{\"alert\":\"Send Push Message From iPhone!\"},\"forum_id\":
\"88\",\"topic_id\":\"999\"}"));
    return 0;
}

int send_payload(const char *deviceTokenHex, const char *payloadBuff, size_t payloadLength)
{
    int rtn = 0;
    NSString* rsacert = [[NSBundle mainBundle] pathForResource:@"apns-dev-cert" ofType:@"pem"];
    NSString* rsakey= [[NSBundle mainBundle] pathForResource:@"apns-dev-key" ofType:@"pem"];
    NSString* cerStr = [[NSBundle mainBundle] pathForResource:@"aps_developer_identity" ofType:@"cer"];
    printf("%s\n",[rsacert UTF8String]);
    printf("%s\n",[rsakey UTF8String]);
    printf("%s\n",[cerStr UTF8String]);
    const char* chRSA = [rsacert UTF8String];
    const char* chKEY = [rsakey UTF8String];
    const char* chCER = [cerStr UTF8String];
    SSL_Connection *sslcon = ssl_connect("gateway.push.apple.com", 2195, chRSA, chKEY, chCER);
    if(sslcon == NULL)
    {
        printf("Could not allocate memory for SSL Connection");
        exit(1);
    }
    if (sslcon && deviceTokenHex && payloadBuff && payloadLength)
    {
        uint8_t command = 0; /* command number */
        char binaryMessageBuff[sizeof(uint8_t) + sizeof(uint16_t) + DEVICE_BINARY_SIZE + sizeof(uint16_t)
+ MAXPAYLOAD_SIZE];

        /* message format is, |COMMAND|TOKENLEN|TOKEN|PAYLOADLEN|PAYLOAD| */
        char *binaryMessagePt = binaryMessageBuff;
        uint16_t networkOrderTokenLength = htons(DEVICE_BINARY_SIZE);
        uint16_t networkOrderPayloadLength = htons(payloadLength);
        /* command */
        *binaryMessagePt++ = command;
        /* token length network order */
        memcpy(binaryMessagePt, &networkOrderTokenLength, sizeof(uint16_t));
        binaryMessagePt += sizeof(uint16_t);

        /* Convert the Device Token */
        int i = 0;
        int j = 0;
        int tmpi;
        char tmp[3];
        char deviceTokenBinary[DEVICE_BINARY_SIZE];
        while(i < strlen(deviceTokenHex))
        {
            if(deviceTokenHex[i] == ' ')
            {
                i++;
            }
            else
```

```
            {
                tmp[0] = deviceTokenHex[i];
                tmp[1] = deviceTokenHex[i + 1];
                tmp[2] = '\0';
                sscanf(tmp, "%x", &tmpi);
                deviceTokenBinary[j] = tmpi;
                i += 2;
                j++;
            }
        }

        /* device token */
        memcpy(binaryMessagePt, deviceTokenBinary, DEVICE_BINARY_SIZE);
        binaryMessagePt += DEVICE_BINARY_SIZE;

        /* payload length network order */
        memcpy(binaryMessagePt, &networkOrderPayloadLength, sizeof(uint16_t));
        binaryMessagePt += sizeof(uint16_t);

        /* payload */
        memcpy(binaryMessagePt, payloadBuff, payloadLength);
        binaryMessagePt += payloadLength;
        if (SSL_write(sslcon->ssl, binaryMessageBuff, (binaryMessagePt - binaryMessageBuff)) > 0)
        {
            rtn = 1;
            printf("%s\n", "------------------SSL_Write Success!------------------");
        }
    }
    ssl_disconnect(sslcon);
    return rtn;
}
```

运行上述代码，效果如图 3-15 所示，图 3-15（a）是 iPhone 发送 Push 消息的应用界面，图 3-15（b）是接受 Push 消息的应用设置的 Push 相关信息的界面。在 iOS 5.0 以后，通知消息不仅可以设置打开和关闭，还可以设置显示通知信息的条数、显示的样式等。

（a）发送 Push 消息　　　（b）设置 Push 消息显示样式

图 3-15　通过 iPhone 发送 Push 消息

设置完成之后，获得设备令牌，就可以发送通知消息了。如果发送正常，iPhone 手机会提示收到一条通知消息，并根据设置好的方式进行显示，可以在屏幕的顶部直接显示，也可以弹出一个提示框单独显示。图 3-16 是在屏幕的顶部出现一个通知提醒，用户可以向下滑动查看所有的通知消息。

（a）iPhone 收到 Push 消息　　　　（b）打开 Push 消息集合

图 3-16　iPhone 接受 Push 消息

至此，通过 iPhone 发送通知消息就全部介绍完了。

【结束语】

随着 iOS 设备的不断更新换代，iOS 系统也在持续更新，苹果为 iOS 增加了越来越多新的特性。开发者只有迅速了解这些新的特性，并学习使用苹果提供的 API 来体现这些新特性，才能为用户提供更好的体验，为自己的项目找到更好的解决方案。MVC 模式和通知消息虽然已经是非常成熟的应用，但苹果一直在努力改进。相信苹果会坚持追求完美的一贯作风，推出更多新的特性和产品。让我们共同期待苹果为我们创造下一个奇迹，也用我们的双手创造更多优秀的应用程序。

第 4 章　视图高级使用技巧

iPhone 开发有很大一部分时间是在开发界面，而界面中使用最多的是系统提供的各种控件。本章就来介绍如何最大程度地利用苹果公司提供的这些控件，及如何扩展系统控件的样式，实现系统风格以外的效果。

4.1　界面工具 Interface Builder

Interface Builder（简称 IB）是苹果公司提供给我们在 Mac OS X 平台下进行用户界面（GUI）设计和测试的官方开发工具。在 Xcode4.0 以前，它是一个单独的应用程序；Xcode4.0 及以后，其被作为 Xcode 中的一个插件，集成到了开发工具里面。

当然，生成界面的方式有多种，IB 并不是必需的。事实上，Mac OS X 下所有的用户界面元素都可以使用代码直接生成，但 IB 通常能够让开发者通过简单的拖拽（drag-n-drop）操作快捷地开发出符合 Mac OS X 规范的 GUI。其界面如图 4-1 所示。

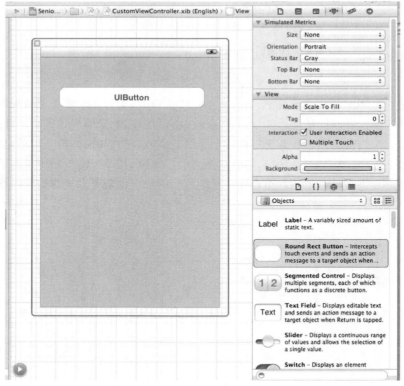

图 4-1　Interface Builder 界面

IB 使用 Nib 文件储存 GUI 资源，同时适用于 Cocoa 和 Carbon 程序。在需要的时候，Nib 文件可以被快速地载入内存。

4.2 定制基础控件

苹果为开发者提供了丰富的控件，比如按钮（UIButton）、静态文本框（UILabel）、开关控件（UISwitch）、单行输入框（UITextField）等。这些控件可以直接在 IB 中拖拽到想要的位置，并根据需要调整大小。系统本身也提供了一些方法来改变控件的外观，同时增加了控件的事件处理。

通常，由于系统风格的控件界面无法满足界面设计上的特殊要求，而且定制后的基础控件可以重复使用，所以需要对基础控件进行定制。下面主要介绍几款常用控件的定制方法。

4.2.1 定制 UIButton

UIButton 是 iPhone 开发当中用得比较多的控件，几乎无处不在。通过定制，可以改变 UIButton 的显示界面，也可以实现其他 iPhone 中没有的控件，例如 CheckBox 控件、RadioButton 控件等。

我们知道，系统提供的默认的 UIButton 是蓝白风格，如图 4-2 所示。

（a）Normal 状态下的按钮　　　　　　　（b）选中状态下的按钮

图 4-2　系统默认的 UIButton 风格

有时候，我们希望使用自己的图片作为按钮的背景，如图 4-3 所示。

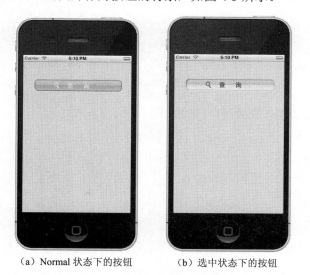

（a）Normal 状态下的按钮　　　　（b）选中状态下的按钮

图 4-3　自定义背景图片的按钮

这种效果是如何做到的呢？下面为大家介绍常用的方法。

1）定制 UIButton 显示界面的方法

方法 1　直接在 Interface Builder 里定制。

这种方法是系统主要支持的，可以在 Interface Builder 里更改 Inspector 中 UIButton 的如下属性：

- Type——按钮的类型。有 Rounded Rect、Detail Disclosure 等类型。
- State Config——按钮的状态。选择一个状态，下面定制的属性都是此状态下的属性。

- Title——按钮上面的文字。
- Image——按钮显示的图片。如果图片有效，则 Title 上面的文字不显示。
- Background——按钮的背景图片。与 Image 属性不同的是，如果图片有效，Title 上面的文字也会显示。
- Font——Title 的字体。
- Text Color——Title 的字体颜色。
- Shadow Color——Title 的字体的阴影颜色。
- Background Color——背景颜色。

使用 Interface Builder 定制方法，UIButton 在不同状态下的显示界面会改变。

方法 2 使用继承 UIButton 类的代码定制。

直接在 Interface Builder 里定制控件有一个缺点，就是每一个控件都要重新定制一遍，不能重复使用。假如有很多页面都要使用这种类型的按钮，就需要反复重新定制。当然，可以直接使用复制粘贴方法。不过，除此之外，还有一个更好的办法，就是重写 UIButton，实现 UIButton 的子类，通过代码实现 UIButton 的加载，具体步骤如下：

1 新建一个继承自 UIButton 的类，命名为 SearchButton。
2 导入背景图片，一张为 Normal 状态，另一张为选中状态。
3 重写 UIButton 中的方法。
4 使用代码创建 Button 或者使用 Interface Builder 设置 Button 的类型。

创建的按钮效果如图 4-4 所示。

（a）橙色为 Normal 状态　　　　　　　　（b）绿色为选中状态

图 4-4　继承 UIButton 的子类的按钮效果

继承 UIButton 的子类的按钮效果，代码如下：

```
SearchButton.h
#import<Foundation/Foundation.h>

@interfaceSearchButton : UIButton

@end
```

```
SearchButton.m
#import"SearchButton.h"
@implementationSearchButton

- (void)awakeFromNib
{
    UIImage *image = [UIImageimageNamed:@"button_search_normal.png"];
    UIImage *selImage = [UIImageimageNamed: @"button_search_selected.png"];
    [selfsetBackgroundImage:imageforState:UIControlStateNormal];
    [selfsetBackgroundImage:selImageforState:UIControlStateHighlighted];
}
```

@end

实现上面的代码以后，重新从 Interface Builder 中拖拽出一个 Button。因为我们的图片背景本身是带文字的，所以应该去掉 Button 上面的 Title 文字。然后，通知 Interface Builder 我们使用了定制类型的 Button：打开 Interface Builder 的属性管理器，将 UIButton 的 Type 改为 Custom，然后 Custom Class 改为定制的类名 "SearchButton"，如图 4-5 所示。

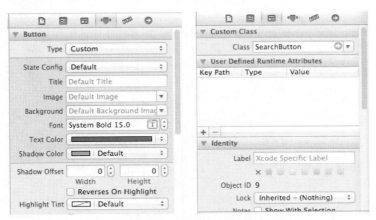

图 4-5　改变 Interface Builder 中的 Button 控件属性

此时重新运行程序，可以看到按钮的背景就是刚刚添加的图片的背景。

2）系统提供的 UIButton 样式

系统提供的 UIButton 的样式如图 4-6 下半部分所示。这些样式可以直接在 Interface Builder 中通过改变 Type 类型进行定制，开发中可根据需要进行选用。

（a）CheckBox 未选中状态　　　　　（b）CheckBox 选中状态

图 4-6　UIButton 定制成 CheckBox 样式

3）定制 iPhone 中没有的控件的方法

我们自己也可以定制除了按钮以外的功能，例如将 UIButton 定制成为 CheckBox 样式，如图 4-6 所示。

实现的方法主要是继承 UIButton，使用一个变量记录当前的状态，并根据当前状态改变 button 的背景图片，可以通过在 UIButton 的 addTarget 方法中增加事件处理函数实现。实现 CheckBox 的代码如下：

CheckBox.h

```
#import<Foundation/Foundation.h>

@interfaceCheckBox : UIButton
{
boolisChecked;
}
@property(nonatomic, assign) boolisChecked;
-(void)setChecked;
@end
```

Checkbox.m

```
#import"CheckBox.h"

@implementationCheckBox
@synthesizeisChecked;
- (void)awakeFromNib
{
    UIImage *image = [[UIImageimageWithContentsOfFile:[[[NSBundlemainBundle] resourcePath]
    stringByAppendingPathComponent:@"uncheck.png"]]
    stretchableImageWithLeftCapWidth:6.0topCapHeight:0.0];
    [selfsetBackgroundImage:imageforState:UIControlStateNormal];
    isChecked = false;
    [selfaddTarget:selfaction:@selector(setChecked) forControlEvents:UIControlEventTouchUpInside];
}

-(void)setChecked
{
    isChecked = !isChecked;
    if(isChecked)
    {
        [selfsetImage:[UIImageimageNamed:@"checked.png"] forState:UIControlStateNormal];
        [selfsetImage:[UIImageimageNamed:@"checked.png"] forState:UIControlStateSelected];
        [selfsetImage:[UIImageimageNamed:@"checked.png"] forState:UIControlStateHighlighted];
    }
    else
    {
        [selfsetImage:[UIImageimageNamed:@"uncheck.png"] forState:UIControlStateNormal];
        [selfsetImage:[UIImageimageNamed:@"uncheck.png"] forState:UIControlStateSelected];
        [selfsetImage:[UIImageimageNamed:@"uncheck.png"] forState:UIControlStateHighlighted];
    }
```

}
@end

使用的方法和前面使用 Interface Builder 拖拽后，使用类的名字定制的方法一致。如果觉得 CheckBox 的图片不好看，可以直接更换图片，非常方便。

另外，也可以使用 UIButton 定制 RadioButton，只需要自己去实现单选按钮的效果，这个就给大家自己研究了。

4.2.2 定制 UIPickerView 以实现隐藏功能

由于系统提供的 UIPickerView 只能实现用户选择数据的功能，所以当用户选择完之后，该控件不能隐藏消失，操作不够方便，从而影响了用户体验。为此，需要对 UIPickerView 进行定制，让用户操作完之后，可以隐藏当前的 UIPickerView 界面。前后界面对比如图 4-7 所示。

（a）系统默认样式的 UIPickerView　　（b）经过定制的 UIPickerView

图 4-7　UIPickerView 界面

1）系统默认样式的实现方法

UIPickerView 系统默认样式的实现方法如下：

1 从 Interface Builder 拖拽 UIPickerView。

2 实现 UIPickerView 的 UIPickerViewDelegate 和 UIPickerViewDataSource，添加数据。

3 确定显示方式。加载的时候，设置 UIPickerView 的位置为（0, 480, 320, 216），当需要显示的时候，将 UIPickerView 的 frame.origin.y 向上移动 216 个像素，以实现弹出的效果。再加上动画，就有键盘弹出的动画效果了。

① 在界面加载时，设置 UIPickerView 的数据源（sourceArray）和位置，并将 UIPickerView 加到 self.view 上面。

- (void)viewDidLoad
{

```objc
    [superviewDidLoad];
    NSArray* array2 = [[NSArrayalloc]initWithObjects:
                                @"iOS 应用软件开发",
                                @"iOS 企业 OA 开发",
                                @"iOS 定制应用",
                                @"iOS 游戏开发", nil];

    [selfsetSourceArray:array2];
    [array2release];
    CGRectpickerFrame = CGRectMake(0, 460, 320, 216);
    pickerView.frame = pickerFrame;
    [self.viewaddSubview:pickerView];
}

//UIPickerView 的数据源和委托实现:

- (NSString *)pickerView:(UIPickerView *)pickerViewtitleForRow:(NSInteger)row
            forComponent:(NSInteger)component
{
    return [self.sourceArrayobjectAtIndex:row];
}

- (NSInteger)numberOfComponentsInPickerView:(UIPickerView *)pickerView
{
    return1;
}

- (NSInteger)pickerView:(UIPickerView *)pickerViewnumberOfRowsInComponent:(NSInteger)component
{
    return [self.sourceArraycount];;
}
```

② 添加显示 UIPickerView 的事件处理代码:

```objc
-(IBAction)searchButtonClick:(id)sender
{
    CGRectpickFrame = pickerView.frame;
    [UIViewbeginAnimations:nilcontext:self];
    [UIViewsetAnimationDelegate:self];
    [UIViewsetAnimationDuration:0.4f];
    [UIViewsetAnimationCurve:UIViewAnimationCurveEaseInOut];
    [UIView setAnimationTransition:UIViewAnimationTransitionNone
                    forView:[pickerViewsuperview]
                        cache:YES];

    //应该根据应用动态计算需要的位置
    pickFrame.origin.y -= pickFrame.size.height;
    [pickerViewsetFrame:pickFrame];
    [UIViewcommitAnimations];
}
```

③ 将从 xib 视图中拖拽出来的 UIPickerView 和代码里的 UIPickerView 引用进行关联,并将 xib

的 UIPickerView 的 UIPickerViewDelegate 和 UIPickerViewDataSource 设置为当前 ViewController 的 File's Owner。点击运行，就可以看到如图 4-7（a）所示的效果。

2）通过定制实现 UIPickerView 隐藏

使用 UIPickerView 的过程中有一个问题，就是使用该控件操作完数据后，它还在当前的位置，如何将它隐藏呢？或者像虚拟键盘一样，当点击回车按钮时，可以让键盘自动隐藏起来。有两种方法：一种是在界面的某个位置添加一个按钮或其他控件，通过操作其他控件来隐藏 UIPickerView；另一种是重新定制 UIPickerView，在其左上角和右上角各添加 1 个按钮，使它看起来可以通过点击按钮进行隐藏，但整体仍旧是 1 个控件。其中，定制方法的主要实现思路是在控件上面添加控件，这里使用的是 UIActionSheet，因为它有系统界面特有的渐变效果。当然，也可以使用普通的 UIView 进行定制，原理是一样的。其实现过程为：在界面加载完成的时候，创建一个带有 UPickerView 的 UIActionSheet，并将其隐藏起来，实现 UIPickerView 的数据源和委托，然后添加用于隐藏 UIActionSheet 这个整体控件的按钮，并为该按钮增加事件处理代码。这样，在点击按钮的时候，就可以将整体控件的位置设置为不可见。事实上，在这个界面没有销毁之前，这个 UIActionSheet、UIPickerView 还有两个 UIButton 按钮都是存在的，只不过对用户而言是不可见的。

下面在-（void）viewDidLoad 中实现上述功能。

头文件的代码如下：

```
@interfaceRealToolPickerViewController : UIViewController<UIPickerViewDelegate, UIPickerViewDataSource>
{
    UIActionSheet* pickerSheet;
    boolisPickerShow;
    UIPickerView* picker;
    NSArray* sourceArray;
}

@property(nonatomic, retain)UIActionSheet* pickerSheet;
@property(nonatomic, retain)UIPickerView* picker;
@property(nonatomic)boolisPickerShow;
@property(nonatomic, retain) NSArray* sourceArray;
-(IBAction)realToolPickerTest;
-(void)pickerShow;
-(void)pickerHideOK;
-(void)pickerHideCancel;
@end
```

源文件的代码如下：

```
- (void)viewDidLoad
{
    [superviewDidLoad];
    NSArray* array2 = [[NSArrayalloc]initWithObjects:
                        @"iOS 应用软件开发",
                        @"iOS 企业 OA 开发",
                        @"iOS 定制应用",
                        @"iOS 游戏开发", nil];
    [selfsetSourceArray:array2];
    [array2release];
```

```objc
    CGRect frame = CGRectMake(0, 480, 320, 320);
    pickerSheet = [[UIActionSheet alloc] initWithFrame:frame];
    CGRect btnFrame = CGRectMake(10, 5, 60, 30);
    UIButton* cancelButton = [UIButton buttonWithType:UIButtonTypeRoundedRect];
    [cancelButton awakeFromNib];
    [cancelButton addTarget:self action:@selector(pickerHideCancel)
                forControlEvents:UIControlEventTouchUpInside];
    [cancelButton setFrame:btnFrame];
    cancelButton.backgroundColor = [UIColor clearColor];
    [cancelButton setTitle:@"取消" forState:UIControlStateNormal];
    [pickerSheet addSubview:cancelButton];

    CGRect btnOKFrame = CGRectMake(250, 5, 60, 30);
    UIButton* okButton = [UIButton buttonWithType:UIButtonTypeRoundedRect];
    [okButton awakeFromNib];
    [okButton addTarget:self action:@selector(pickerHideOK) forControlEvents:UIControlEventTouchUpInside];
    [okButton setFrame:btnOKFrame];
    okButton.backgroundColor = [UIColor clearColor];
    [okButton setTitle:@"完成" forState:UIControlStateNormal];
    [pickerSheet addSubview:okButton];

    CGRect pickerFrame = CGRectMake(0, 40, 320, 216);
    picker=[[UIPickerView alloc] initWithFrame:pickerFrame];
    picker.autoresizingMask=UIViewAutoresizingFlexibleWidth;
    picker.showsSelectionIndicator = YES;
    picker.delegate=self;
    picker.dataSource=self;
    picker.tag = 101;
    picker.hidden = NO;
    [pickerSheet addSubview:picker];
    [self.view addSubview:pickerSheet];
}

//点击按钮弹出 UIPickerView、确定、取消按钮的事件处理代码如下:
//弹出 UIPickerView 的方法:
-(void)pickerShow
{
    if(!isPickerShow)
    {
        CGRect pickFrame = pickerSheet.frame;
        [UIView beginAnimations:nil context:self];
        [UIView setAnimationDelegate:self];
        [UIView setAnimationDuration:0.4f];
        [UIView setAnimationCurve:UIViewAnimationCurveEaseInOut];
        [UIView setAnimationTransition:UIViewAnimationTransitionNone
                        forView:[pickerSheet superview]
                           cache:YES];
        pickFrame.origin.y -= pickFrame.size.height - 40;//应该根据应用动态计算需要的位置
        [pickerSheet setFrame:pickFrame];
        [UIView commitAnimations];
        isPickerShow = TRUE;
```

```objc
    }
}

//选择完数据后,单击确定按钮隐藏控件的方法
-(void)pickerHideOK
{
    if(isPickerShow)//首先要隐藏,然后发送网络请求
    {
        CGRectpickFrame = pickerSheet.frame;
        [UIViewbeginAnimations:nilcontext:self];
        [UIViewsetAnimationDelegate:self];
        [UIViewsetAnimationDuration:0.4f];
        [UIView
        setAnimationCurve:UIViewAnimationCurveEaseInOut];
        [UIView
        setAnimationTransition:UIViewAnimationTransitionNone
        forView:[pickerSheetsuperview] cache:YES];
        //应该根据应用动态计算需要的位置
        pickFrame.origin.y += pickFrame.size.height - 40;
        [pickerSheetsetFrame:pickFrame];
        [UIViewcommitAnimations];
        isPickerShow = FALSE;
    }
}

//单击取消按钮隐藏控件的方法
-(void)pickerHideCancel
{
    if(isPickerShow)
    {
        CGRectpickFrame = pickerSheet.frame;
        [UIViewbeginAnimations:nilcontext:self];
        [UIViewsetAnimationDelegate:self];
        [UIViewsetAnimationDuration:0.4f];
        [UIView
        setAnimationCurve:UIViewAnimationCurveEaseInOut];
        [UIView
        setAnimationTransition:UIViewAnimationTransitionNone
        forView:[pickerSheetsuperview] cache:YES];
        
        //应该根据应用动态计算需要的位置
        pickFrame.origin.y += pickFrame.size.height - 40;
        [pickerSheetsetFrame:pickFrame];
        [UIViewcommitAnimations];
        isPickerShow = FALSE;
    }
}
```

其他的控件也可以定制,主要方法是通过 Interface Builder 的属性设置工具或者代码改变控件的相关属性。控件的定制可以参考苹果公司提供的"UICatalog",它给出了大部分控件的例子,如图4-8所示。

图 4-8 UICataLog 提供的控件效果

4.3 动画特效

iPhone 中的动画主要有 3 种实现方式：第一种是普通动画，使用 UIViewAnimation 实现；第二种是使用公有 CATransition 的动画效果；第三种是使用私有 CATransition 的动画效果。3 种方式分别可以实现的动画效果如图 4-9 所示。本节将依次介绍各自的实现方法。

图 4-9 iPhone 中可以实现的动画种类

4.3.1 UIViewAnimation 动画

UIViewAnimation 的主要动画效果有如下几种：

- UIViewAnimationTransitionFlipFromLeft——从左向右翻转。
- UIViewAnimationTransitionFlipFromRight——从右向左翻转。
- UIViewAnimationTransitionCurlUp——从下向上翻页。
- UIViewAnimationTransitionCurlDown——从上向下翻页。

相关的实现代码如下：

```
-(IBAction)doUIViewAnimation:(id)sender
{
    [UIView beginAnimations:@"animationID" context:nil];
```

```
[UIView setAnimationDuration:0.5f];
[UIViewsetAnimationCurve:UIViewAnimationCurveEaseInOut];
[UIViewsetAnimationRepeatAutoreverses:NO];
        UIButton *theButton = (UIButton *)sender;
switch (theButton.tag)
{
    case 0:
    [UIView setAnimationTransition:UIViewAnimationTransitionFlipFromLeft
                    forView:self.view
                        cache:YES];
    break;
    case 1:
    [UIView setAnimationTransition:UIViewAnimationTransitionFlipFromRight
                    forView:self.view
                        cache:YES];
    break;
    case 2:
    [UIView setAnimationTransition:UIViewAnimationTransitionCurlUp
                    forView:self.view
                        cache:YES];
    break;
    case 3:
    [UIView setAnimationTransition:UIViewAnimationTransitionCurlDown
                    forView:self.view
                        cache:YES];
    break;
    default:
    break;
}

[self.view exchangeSubviewAtIndex:1 withSubviewAtIndex:0];
[UIView commitAnimations];
}
```

可以通过 UIViewAnimation 实现想要的动画功能，最常见的是实现 iPhone 的 safari 浏览器的多个窗口切换效果，如图 4-10 所示。

（a）第一个 page 页面　　　　（b）第二个 page 页面

图 4-10　Safari 自带的多窗口切换的动画效果

safari 提供的效果是单击【New Page】（新窗口）按钮，创建一个新的窗口，选择"查看多窗口"按钮，切换到如图 4-10 所示界面，可以滑动查看所有的窗口；单击当前的窗口，窗口会最大化。

接下来我们模仿 safari 多窗口效果，制作一个多窗口界面，并带有放大缩小功能，主要使用 UIViewAnimation 动画，滑动效果使用 UIScrollView 控件。动画效果如图 4-11 所示。

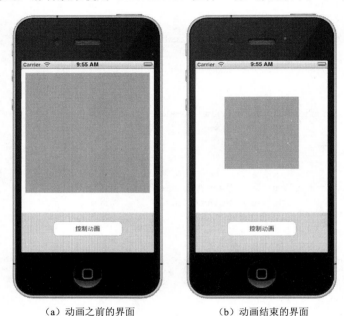

（a）动画之前的界面　　　　　（b）动画结束的界面

图 4-11　动画效果

实现该效果的步骤如下：

1 加载界面完成后，创建需要的控件 UIScrollView，并设置好 frame 和 contentSize；然后创建 UIScrollView 的子视图 UIView，并添加到 UIScrollView 上面去。

2 实现按钮的事件处理。在事件里，通过 UIViewAnimation 动画控制 UIScrollView 上面 UIView 的大小，使用 UIViewAnimation 动画。

3 实现 UIView 还原处理。如果单击 UIScrollView 子视图上面的按钮，将 UIScrollView 上面的 UIView 还原。

下面看具体的实现代码：

```
//加载
- (void)viewDidLoad
{
    [super viewDidLoad];
    CGRect scrollFrame = CGRectMake(0, 0, 320, 360);
    bgView = [[UIScrollView alloc] initWithFrame:scrollFrame];
    bgView.frame = scrollFrame;
    bgView.contentSize = CGSizeMake(320 * 4, 320);
    bgView.backgroundColor = [UIColor grayColor];

    CGRect viewFrame = CGRectMake(10, 10, 300, 300);
    firstView = [[UIView alloc] initWithFrame:viewFrame];
```

```
    firstView.backgroundColor = [UIColororangeColor];
    viewFrame.origin.x += 320;
    sndView = [[UIViewalloc] initWithFrame:viewFrame];
    sndView.backgroundColor = [UIColororangeColor];
    viewFrame.origin.x += 320;
    thirdView = [[UIViewalloc] initWithFrame:viewFrame];
    thirdView.backgroundColor = [UIColororangeColor];
    viewFrame.origin.x += 320;
    fourthView = [[UIViewalloc] initWithFrame:viewFrame];
    fourthView.backgroundColor = [UIColororangeColor];

    [bgViewaddSubview:firstView];
    [bgViewaddSubview:sndView];
    [bgViewaddSubview:thirdView];
    [bgViewaddSubview:fourthView];
    bgView.backgroundColor = [UIColorcolorWithRed:244.0 / 255.0green:245.0 / 255.0blue:246.0 / 255.0alpha:1];
    bgView.pagingEnabled = YES;
    [self.viewaddSubview:bgView];

// Do any additional setup after loading the view from its nib.
}

-(IBAction)animationControl:(id)sender
{
    [UIViewbeginAnimations:nilcontext:nil];
    [UIViewsetAnimationDelegate:self];
    [UIViewsetAnimationDuration:0.7f];
    [UIViewsetAnimationCurve:UIViewAnimationCurveEaseInOut];
    [UIViewsetAnimationTransition:UIViewAnimationTransitionNoneforView:firstViewcache:YES];
    intnum = 60;
    if(isAni)
    {
        num = -num;
    }
    CGRect frame = firstView.frame;
    frame.origin.x += num;
    frame.origin.y += num;
    frame.size.width -= 2 * num;
    frame.size.height -= 2 * num;
    firstView.frame = frame;//动画执行的最终结果
    [UIViewcommitAnimations];
    isAni = !isAni;
}
```

4.3.2 使用公有 CATransition 实现动画效果

使用公有 CATransition 能够实现的动画效果如图 4-12 所示。

图 4-12 公有 CATransition 实现的动画效果

实现代码如下：

```
- (IBAction)doPublicCATransition:(id)sender{
    CATransition *animation = [CATransition animation];
  //animation.delegate = self;
    animation.duration = 0.5f;
    animation.timingFunction = UIViewAnimationCurveEaseInOut;
    animation.fillMode = kCAFillModeForwards;
  //animation.removedOnCompletion = NO;
    UIButton *theButton = (UIButton *)sender;
    /*kCATransitionFade; kCATransitionMoveIn; kCATransitionPush; kCATransitionReveal; */
    /*kCATransitionFromRight; kCATransitionFromTop; kCATransitionFromBottom;*/
    switch (theButton.tag)
    {
        case 0:
            animation.type = kCATransitionPush;
            animation.subtype = kCATransitionFromTop;
            break;
        case 1:
            animation.type = kCATransitionMoveIn;
            animation.subtype = kCATransitionFromTop;
            break;
        case 2:
            animation.type = kCATransitionReveal;
            animation.subtype = kCATransitionFromTop;
            break;
        case 3:
            animation.type = kCATransitionFade;
            animation.subtype = kCATransitionFromTop;
            break;
        default:
            break;
```

}
[self.view.layeraddAnimation:animationforKey:@"animation"];
}

4.3.3 使用私有 CATransition 实现动画效果

使用私有 CATransition 能够实现的动画效果如图 4-13 所示。

图 4-13　私有 CATransition 实现的动画效果

实现代码如下：

```
-(IBAction)doPrivateCATransition:(id)sender
{
    CATransition *animation = [CATransition animation];
    animation.delegate = self;
    animation.duration = 0.5f * slider.value;
    animation.timingFunction = UIViewAnimationCurveEaseInOut;
    animation.fillMode = kCAFillModeForwards;
    animation.endProgress = slider.value;
    animation.removedOnCompletion = NO;
    UIButton *theButton = (UIButton *)sender;
    switch (theButton.tag)
    {
        case 0:     animation.type = @"cube";      break;
        case 1:     animation.type = @"suckEffect";     break;
        case 2:     animation.type = @"oglFlip";     break;
        case 3:     animation.type = @"rippleEffect";     break;
        case 4:     animation.type = @"pageCurl";     break;
        case 5:     animation.type = @"pageUnCurl";     break;
        case 6:     animation.type = @"cameraIrisHollowOpen ";     break;
        case 7:     animation.type = @"cameraIrisHollowClose ";     break;
        default:    break;
    }
    [self.view.layeraddAnimation:animationforKey:@"animation"];
```

```
self.lastAnimation = animation;
[self.view exchangeSubviewAtIndex:1 withSubviewAtIndex:0];
}
```

> **提示** 苹果公司提供的上述动画效果中，UIViewAnimation 和公有 CATransition 动画是比较常用的，使用的时候不会有什么问题。私有 CATransition 动画则使用了苹果的私有 API，这些动画效果只能自己使用，如果应用要提交到苹果的 AppStore，会被苹果审核打回，无法成功发布。

4.4 页面布局——横竖屏处理

页面布局中需要处理的是横屏和竖屏的布局。在两种显示模式切换时，需要重新对当前的页面进行排版，达到最佳的显示效果。

1）页面布局的操作流程

页面布局的操作流程如下：

1 设置当前的 UIViewController 是否支持自动屏幕切换，如果支持则返回 YES。代码如下：

```
-(BOOL)shouldAutorotateToInterfaceOrientation:(UIInterfaceOrientation)interfaceOrientation
{
    returnYES;
}
```

2 屏幕模式改变后，调用系统的委托方法，实现代码如下：

```
-(void)willRotateToInterfaceOrientation:(UIInterfaceOrientation)toInterfaceOrientation
duration:(NSTimeInterval)duration
{
    if(toInterfaceOrientation==UIInterfaceOrientationLandscapeLeft||
    toInterfaceOrientation==UIInterfaceOrientationLandscapeRight)
    {
    }
    else
    {
    }
}
```

判断当前转到的方向然后进行处理，将界面的元素重新进行排版，达到最佳的显示效果。转动的方向可能是：

- UIInterfaceOrientationLandscapeLeft
- UIInterfaceOrientationLandscapeRight
- UIInterfaceOrientationPortrait
- UIInterfaceOrientationPortraitUpsideDown

2）实现 4 张图片在竖屏和横屏下的自适应显示

4 张图片在竖屏和横屏下的自适应显示效果如图 4-14 所示。

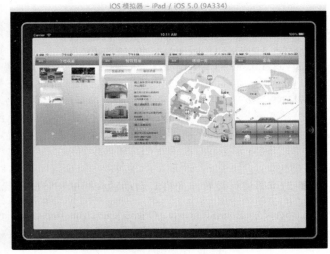

（a）竖屏下的显示效果　　　　　　　　　（b）横屏下的显示效果

图 4-14　4 张图片的自适应显示效果

具体的实现过程如下：

1 在 AutoLayoutViewController.h 中进行界面加载，代码如下：

```
@interface AutoLayoutViewController : UIViewController
{
    UIImageView* imgView1;
    UIImageView* imgView2;
    UIImageView* imgView3;
    UIImageView* imgView4;
}

@property(nonatomic, retain) IBOutlet UIImageView* imgView1;
@property(nonatomic, retain) IBOutlet UIImageView* imgView2;
@property(nonatomic, retain) IBOutlet UIImageView* imgView3;
@property(nonatomic, retain) IBOutlet UIImageView* imgView4;

@end
```

2 界面加载完成之后，在 AutoLayoutViewController.m 中创建用于显示 4 张图片的 UIImageView，代码如下：

```
AutoLayoutViewController.m
- (void)viewDidLoad
{
    [super viewDidLoad];
    self.view.backgroundColor = [[UIColor alloc] initWithRed:213.0 / 255.0 green:216.0 / 255.0 blue:223.0 / 255.0 alpha:1];
    imgView1 = [[UIImageView alloc] initWithImage:[UIImage imageNamed:@"IMG_1.png"]];
    imgView2 = [[UIImageView alloc] initWithImage:[UIImage imageNamed:@"IMG_2.png"]];
    imgView3 = [[UIImageView alloc] initWithImage:[UIImage imageNamed:@"IMG_3.png"]];
    imgView4 = [[UIImageView alloc] initWithImage:[UIImage imageNamed:@"IMG_4.png"]];
```

```
        imgView1.frame = CGRectMake(40, 60, 240,360);
        imgView2.frame = CGRectMake(488, 60, 240,360);
        imgView3.frame = CGRectMake(40, 460, 240,360);
        imgView4.frame = CGRectMake(488, 460, 240,360);

        [self.view addSubview:imgView1];
        [self.view addSubview:imgView2];
        [self.view addSubview:imgView3];
        [self.view addSubview:imgView4];
}
```

3 对屏幕进行设置，允许其自动适应横屏和竖屏，代码如下：

```
-(BOOL)shouldAutorotateToInterfaceOrientation:(UIInterfaceOrientation)interfaceOrientation
{
        return YES;
}
```

4 当屏幕旋转之后，对界面上的元素重新排版，代码如下：

```
- (void)willRotateToInterfaceOrientation:(UIInterfaceOrientation)toInterfaceOrientation
duration:(NSTimeInterval)duration
{
        if(toInterfaceOrientation==UIInterfaceOrientationLandscapeLeft||
        toInterfaceOrientation==UIInterfaceOrientationLandscapeRight)
        {
                imgView1.frame = CGRectMake(10, 60, 240,360);
                imgView2.frame = CGRectMake(260, 60, 240,360);
                imgView3.frame = CGRectMake(510, 60, 240,360);
                imgView4.frame = CGRectMake(760, 60, 240,360);
        }
        else
        {
                imgView1.frame = CGRectMake(40, 60, 240,360);
                imgView2.frame = CGRectMake(488, 60, 240,360);
                imgView3.frame = CGRectMake(40, 460, 240,360);
                imgView4.frame = CGRectMake(488, 460, 240,360);
        }
}
```

运行程序，改变屏幕的方向（如果使用模拟器，可以用【Command】+ 方向键改变模拟器的方向），可以看到在竖屏和横屏下面界面被重新排版了。

【结束语】

iOS 软件开发过程中，界面设计是很重要的组成部分。能够在有限的空间里为用户展现最丰富、体验最好的界面，是每个开发人员的目标。为了实现这个目标，当 SDK 提供的方法不能满足要求时，就需要自己动手去开发工具。苹果创造了 iPhone、iPad 和 App Store，而开发者创造了今天苹果整个生态系统里的元素。亲爱的读者，让我们一起继续努力去创造吧。

第 5 章 数据持久化

在进行 iOS 开发时，需要经常使用数据持久化。首先，它能保存用户的设置，不需要用户每次都做相同的操作，从而提升用户的体验；其次，它还能帮助用户记录自己的操作习惯，定制适合自己的个性化操作和界面；最后，也是最主要的，它提供了保存用户数据的方法，避免每次都重新获取数据，从而节省了大量的时间等。这方面，苹果公司已经充分考虑到用户的需求和开发人员的需要，我们不需要做太多的事情就可以达到用户的要求。

对于 iPhone，实现数据持久化有 4 种方式，分别是 Plist 文件、NSUserDefaults、SQLite 数据库和 CoreData，如图 5-1 所示。本章就来依次学习这些很实用的 API。

图 5-1 数据持久化

5.1 Plist 文件操作

属性列表（Property List）文件是一种用来存储串行化后的对象的文件，其扩展名为 .plist，因此通常被称为 Plist 文件。Plist 文件大多用于储存用户的设置或捆绑的信息，其文件格式为 xml。它使用节点来保存数据，实现的是序列化与反序列化的工作。那么我们先来了解什么是序列化与反序列化。

1）序列化与反序列化

序列化（serialization）是将对象的状态信息转换为可以存储或传输的字节序列的过程。序列化能够以某种存储形式使自定义对象持久化，还能将对象从一个地方传递到另一个地方，增强了程序的可维护性。

在序列化期间，对象将其当前状态写入到临时或持久性存储区。以后可以通过从存储区中读取或反序列化对象的状态，重新创建该对象。序列化使其他代码可以查看或修改那些不序列化便无法访问的对象实例数据。确切地说,代码执行序列化需要特殊的权限,即指定了 SerializationFormatter 标志的 SecurityPermission。在默认策略下,通过 Internet 下载的代码或 Intranet 代码不会授予该权限,只有本地计算机上的代码才被授予该权限。

通常,对象实例的所有字段都会被序列化,这意味着数据会被表示为实例的序列化数据。这样,能够解释该格式的代码有可能能够确定这些数据的值,而不依赖于该成员的可访问性。类似地,反序列化从序列化的表示形式中提取数据,并直接设置对象状态,这也与可访问性规则无关。

对于任何可能包含重要的安全性数据的对象,如果可能,应该使该对象不可序列化。如果它必须为可序列化的,请尝试生成特定字段来保存不可序列化的重要数据。如果无法实现这一点,则应注意该数据会被公开给任何拥有序列化权限的代码,并确保不让任何恶意代码获得该权限。

与序列化相对的是反序列化,前者是将对象转换为字节序列的过程,后者则是根据字节序列恢复对象的过程。这两个过程结合起来,可以轻松地存储和传输数据。

反序列化时,首先创建一个对象输入流,它可以包装一个其他类型的源输入流,例如文件输入流;然后通过对象输入流的 readObject()方法读取对象。

2)使用 Plist 文件实现 Object-C 对象的序列化和反序列化

从上面的介绍我们知道,序列化是将内存对象转换为存储介质,例如文本文件、多媒体文件等。而反序列化则是从存储介质里读取内容,转换为内存对象。由此,将 Object-C 对象转换为 Plist 文件是序列化的过程,而读 Plist 文件则是反序列化的过程。

Plist 文件是以 xml 格式存储数据的,我们新建一个工程时,Xcode 会自动帮助我们添加一个 Plist 文件,找到这个 Plist 文件,使用工具 Dashcode 打开(单击鼠标右键,弹出菜单中选择打开方式→Dashcode),会看到里面的数据格式和下面的是一样的:

```
<?xml version="1.0" encoding="UTF-8"?>
<!DOCTYPE plist PUBLIC "-//Apple//DTD PLIST 1.0//EN" "http://www.apple.com/DTDs/PropertyList-1.0.dtd">
<plist version="1.0">
<dict>
    <key>CFBundleDevelopmentRegion</key>
    <string>en</string>
    <key>CFBundleDisplayName</key>
    <string>${PRODUCT_NAME}</string>
    <key>UISupportedInterfaceOrientations</key>
    <array>
        <string>UIInterfaceOrientationPortrait</string>
        <string>UIInterfaceOrientationLandscapeLeft</string>
        <string>UIInterfaceOrientationLandscapeRight</string>
    </array>
</dict>
</plist>
```

可以看出,Plist 文件就是一个 XML 文件,它遵守 XML 的书写规则。虽然在使用过程中我们并不关心数据的存储格式,但作为一个优秀的开发人员,了解程序内部的运行细节是很有必要的。

下面我们就来建立自己的 Plist 文件,并使用它实现数据操作。

方法 1 使用可视化工具。

Plist 文件操作界面如图 5-2 所示。

图 5-2 Plist 文件操作界面

（1）建立 Plist 文件

1 打开 Xcode 的菜单 File → New File…，在弹出界面中选择 iOS→Resource→Property List，如图 5-3 所示。

图 5-3 创建 Plist 文件

2 单击【Next】按钮后，将新建的 Plist 文件命名为"Data"，并将其存放到我们的工程目录下。这样工程里就有了 Data.plist 文件，选中该文件，代码区显示一片空白，因为文件里还没有任何数据，但在头部多了一行，如图 5-4 所示。其中，Key、Type 和 Value 分别定义了数据的名字、值类型和数值。

图 5-4 增加的 Plist 文件

3 在图 5-4 的空白区域单击右键并选择 Add Row，会弹出如图 5-5 所示窗口。其中，Key 是字符串，Value 会根据 Type 进行填充。单击 Type 列时，可以在如图 5-6 所示的界面中进行类型选择。

图 5-5 增加数据

图 5-6 选择 Type

可以看到，有 5 种基本类型和 2 种集合类型，将它们加载到内存后，会分别生成与系统对应的类型，见表 5-1。

表 5-1 Type 选项及其系统对应类型

Type 选项	系统对应类型	Type 选项	系统对应类型
Array	NSArray	Date	NSDate
Dictionary	NSDictionary	Number	NSNumber
Boolean	NSNumber	String	NSString
Data	NSData		

★提示　Boolean 和 Number 都对应 NSNumber，对于 Boolean 加载到内存的 NSNumber 需要使用 boolValue 方法类进行转换。

新建文件后，系统默认添加了字典（NSDictionary）类型，所以添加的数据都是 Key/Value 的形式。如果数据是有层次的，比如字典里面的值的数据类型还是字典或是数组，那么我们就添加 Dictionary 或 Array 类型的数据。

（2）反序列化操作

使用可视化的方法添加完数据以后，就可以用代码读取 Plist 文件里面的内容，也就是完成我们所说的反序列化操作。

因为我们的 Plist 文件是直接放到 Bundle 包里的，所以可以使用 NSBundle 的方法获取文件路径并读取数据，代码如下：

```
-(IBAction)readBundlePlist:(id)sender
{
    NSString *plistPath = [[NSBundle mainBundle] pathForResource:@"Data" ofType:@"plist"];
    NSDictionary *dictionary = [NSDictionary dictionaryWithContentsOfFile:plistPath];
    NSLog(@"plistContent=%@",[dictionary description]);
}
```

执行完上面的代码以后，运行结果如下：

2012-02-19 10:34:25.177 Database[14705:fb03] plistContent={
    Key1 = Value1;

```
    Key2 = Value2;
}
```

可以看出，我们得到一个 NSDictionary 类型的对象 dictinary，它包含的数据就是我们之前添加的数据。有了这个字典以后，就可以做一些处理，比如赋值给程序的其他对象、初始化等。但在操作字典的时候要注意，字典里的数据类型在前面设置后就固定下来了，取出的数据类型要使用匹配的方法进行操作，不然会因为数据类型不匹配而造成应用程序崩溃。

方法 2 使用代码。

前面是用可视化工具来创建 Plist 文件并添加数据，也可以直接使用代码来创建 Plist 文件并添加数据，操作步骤如下：

❶ 创建 Plist 的数据内容，比如创建一个 NSDictionary 对象。
❷ 指定 Plist 文件的存储路径，一般放在 Documents 文件夹下面，因为这个目录可读写。
❸ 使用基础数据类型（如 NSData、NSDictionary）提供的 writeToFile 方法将数据写到指定路径的 Plist 文件下面。

实现代码如下：

```
-(IBAction)createPlist:(id)sender
{
    //创建数据
    NSMutableDictionary* dic = [NSMutableDictionary dictionaryWithCapacity:10];
    [dic setObject:@"RealTool Studio" forKey:@"organizer"];
    [dic setObject:[NSNumber numberWithInt:1] forKey:@"age"];
    [dic setObject:[NSArray arrayWithObjects:@"ChenDongyan" , @"ZhangDawei" , @"ChenDongchao", nil] forKey:@"members"];
    [dic setObject:[NSNumber numberWithBool:YES] forKey:@"isReady"];
    NSArray* paths = NSSearchPathForDirectoriesInDomains( NSDocumentDirectory , NSUserDomainMask , YES );
    NSString* documentsDirectory = [paths objectAtIndex:0];
    NSString* plistPath = [NSString stringWithFormat:@"%@/createdPlist.plist", documentsDirectory];
    [dic writeToFile:plistPath atomically:YES];
}
```

如果想查看 Plist 是否创建成功，可以使用读取 Plist 文件的方法将刚才创建的文件读取出来，代码如下：

```
-(IBAction)readDocumentPlist:(id)sender
{
    NSArray* paths = NSSearchPathForDirectoriesInDomains( NSDocumentDirectory , NSUserDomainMask , YES );
    NSString* documentsDirectory = [paths objectAtIndex:0];
    NSString* plistPath = [NSString stringWithFormat:@"%@/createdPlist.plist", documentsDirectory];
    NSDictionary* dic = [NSDictionary dictionaryWithContentsOfFile:plistPath];
    NSLog(@"createdPlist=%@", [dic description]);
}
```

代码运行之后，单击界面上的【使用代码创建 Plist 文件】按钮，并单击【读取代码创建的 Plist 文件内容】，在控制台窗口打印出来的内容如下：

```
2012-02-19 11:06:43.330 Database[15296:fb03] createdPlist={
    age = 1;
    isReady = 1;
    members = (
        ChenDongyan,
        ZhangDawei,
        ChenDongchao
    );
    organizer = "RealTool Studio";
}
```

可以看到，Plist 文件创建成功，并且正确写入了数据。

3）编辑 Plist 文件

有了 Plist 文件，也知道如何读取，还有一种常用的功能，就是 Plist 文件的编辑，比如修改 Plist 文件中的数据，这里有一个地方需要注意，就是不能编辑 Bundle 包中的文件，因为 Bundle 包中的文件为只读类型，所以如果想要编辑 Plist 文件或者其他类型的文件，需要把文件放到支持读写的目录中，比如 Documents 文件夹中。我们使用上面通过代码创建的 Plist 文件的路径，即 Documents 文件夹。编辑 Plist 文件的步骤如下：

❶ 获取 Plist 文件的路径。

❷ 读取 Plist 文件的内容，生成基础数据类型，如 NSMutableDictionary，因为要编辑，所以使用可变数据类型。

❸ 操作 NSMutableDictionary 对象，修改数据。

❹ 回写 NSMutableDictionary 对象到 Plist 文件中。

具体的实现代码如下：

```
-(IBAction)editPlist:(id)sender
{
    NSArray* paths = NSSearchPathForDirectoriesInDomains( NSDocumentDirectory , NSUserDomainMask , YES );
    NSString* documentsDirectory = [paths objectAtIndex:0];
    NSString* plistPath = [NSString stringWithFormat:@"%@/createdPlist.plist", documentsDirectory];
    NSMutableDictionary* dic = [NSMutableDictionary dictionaryWithContentsOfFile:plistPath];
    [dic setObject:[NSNumber numberWithInt:100] forKey:@"age"];//改变 age 的值
    [dic writeToFile:plistPath atomically:YES];
}
```

在程序的运行界面中单击【使用代码创建 Plist 文件】按钮后，单击【读取代码创建的 Plist 文件内容】按钮，再单击【修改 Plist 文件】按钮，改变 age 的值，最后单击【读取代码创建的 Plist 文件内容】按钮，控制台的打印信息如下：

```
012-02-19 11:06:43.330 Database[15296:fb03] createdPlist={
    age = 1;
    isReady = 1;
    members =     (
        ChenDongyan,
        ZhangDawei,
        ChenDongchao
```

```
    );
    organizer = "RealTool Studio";
}
2012-02-19 12:32:36.246 Database[15296:fb03] createdPlist={
    age = 100;
    isReady = 1;
    members =     (
        ChenDongyan,
        ZhangDawei,
        ChenDongchao
    );
    organizer = "RealTool Studio";
}
```

可以看到，Plist 文件中的 age 的值被更改了。

5.2 NSUserDefaults 操作

NSUserDefaults 对数据的存储方式和 Plist 是相同的。不过在使用 NSUserDefaults 操作数据时，通常不会像 Plist 一样，先创建新的数据文件，而是使用系统已经有的。程序启动后，这个对象已经创建好了，在未做任何操作前，这个对象里已经有那些数据了，包括语言、软件设置等信息。代码如下：

```
NSUserDefaults* def =   [NSUserDefaults standardUserDefaults];
NSLog(@"%@" , [def dictionaryRepresentation]);
```

NSUserDefaults 提供了和字典一样的方法：

```
- (id)objectForKey:(NSString *)defaultName;
- (void)setObject:(id)value forKey:(NSString *)defaultName;
- (void)removeObjectForKey:(NSString *)defaultName;
```

同时提供了针对常用数据类型的方法：

```
- (NSString *)stringForKey:(NSString *)defaultName;
- (NSArray *)arrayForKey:(NSString *)defaultName;
- (NSDictionary *)dictionaryForKey:(NSString *)defaultName;
- (NSData *)dataForKey:(NSString *)defaultName;
- (NSArray *)stringArrayForKey:(NSString *)defaultName;
- (NSInteger)integerForKey:(NSString *)defaultName;
- (float)floatForKey:(NSString *)defaultName;
- (double)doubleForKey:(NSString *)defaultName;
- (BOOL)boolForKey:(NSString *)defaultName;
- (NSURL *)URLForKey:(NSString *)defaultName;

- (void)setInteger:(NSInteger)value forKey:(NSString *)defaultName;
- (void)setFloat:(float)value forKey:(NSString *)defaultName;
- (void)setDouble:(double)value forKey:(NSString *)defaultName;
- (void)setBool:(BOOL)value forKey:(NSString *)defaultName;
- (void)setURL:(NSURL *)url forKey:(NSString *)defaultName;
```

在使用过程中，我们可以像使用 NSDictionary 一样使用 NSUserDefaults，代码如下：

```
NSUserDefaults* def =  [NSUserDefaults standardUserDefaults];
NSLog(@"%@" , [def dictionaryRepresentation]);
[def setInteger:10 forKey:@"test set Integer"];
[def setBool:YES forKey:@"test set Bool"];
NSLog(@"%@" , [def valueForKey:@"test set Integer"]);
NSLog(@"%@" , [def valueForKey:@"test set Bool"]);
NSLog(@"%@" , [def dictionaryRepresentation]);
```

5.3 SQLite 数据库操作

前面分别介绍了 Plist 文件操作和 NSUserDefaults 操作，二者只能在数据比较少、关系比较简单的情况下使用。如果数据量比较大，关系比较复杂，使用这两种方法就不适合了，反而会让数据维护起来很麻烦，而应使用 iPhone 中的数据库 SQLite。本节就来介绍这款 iPhone 上自带的数据库是如何工作的。

SQLite 是一款轻型的、遵守 ACID 的关联式数据库管理系统。它的设计目标是嵌入式的，目前已经在很多嵌入式产品中使用。它占用系统资源低，在嵌入式设备中，可能只需要几百 KB 的内存就够了。它能够支持 Windows、Linux、UNIX 等主流操作系统，同时能够与很多程序语言相结合，比如 Tcl、PHP、Java 等，还有 ODBC 接口。比起 MySQL、PostgreSQL 这两款世界著名的开源数据库管理系统，它的处理速度快很多。SQLite 的功能如图 5-7 所示。

图 5-7 SQLite 操作功能

1）iPhone 中使用 SQLite 的流程

iPhone 中使用 SQLite 的流程大致如下：
① 创建数据库文件和表格。
② 添加必须的库文件（FMDB for iPhone、libsqlite3.0.dylib）。
③ 通过 SQLite 提供的接口的方法使用 SQLite 数据库。

创建 SQLite 数据库文件有如下两种办法：

方法 1　直接在 Mac 系统下面的终端控制台中通过 sqlite3 命令创建，代码如下：

```
$ sqlite3 sample.db
sqlite>Create Table TEST(id INTEGER PRIMARY KEY, name VARCHAR(255));
```

简单地使用上面的语句生成数据库文件后，用一个图形化 SQLite 管理工具如 Lita，可以看到我们创建的数据库文件和表格，然后将文件（sample.db）添加到工程中。

方法 2　不创建数据库文件，执行 SQLite 代码的时候，iOS 会默认为我们创建一个数据库文件

2）使用 SQLite 操作数据库

1 新建一个工程，在工程里面添加必须的库文件 libsqlite3.0.dylib。新建一个含有 xib 文件的 UIViewController 类，命名为 SqliteController。添加"增加表格数据"、"查询表格数据"、"删除表格数据"等按钮来实现操作 SQLite 数据库的方法。再在界面的底部添加一个表格视图 UITableView，

用来显示数据库中数据的变化，具体的 Interface Builder 创建界面如图 5-8 所示。

数据库操作的具体流程如下：

① 调用 sqlite3_open 打开一个数据库。如果没有数据库文件，则创建一个数据库文件。

② 调用 sqlite3_prepare()将 SQL 语句编译为 SQLite 内部一个结构体（sqlite3_stmt），该结构体中包含了将要执行的 SQL 语句的信息。如果需要传入参数，在 SQL 语句中用 "?" 作为占位符，再调用 sqlite3_bind_XXX()函数将对应的参数传入。

③ 调用 sqlite3_step()，这时 SQL 语句才真正执行。注意该函数的返回值，SQLITE_DONE 和 SQLITE_ROW 都表示执行成功，不同的是 SQLITE_DONE 表示没有查询结果，像 UPDATE、INSERT 这些 SQL 语句都是返回 SQLITE_DONE。SELECT 查询语句在查询结果不为空的时候返回 SQLITE_ROW，在查询结果为空的时候返回 SQLITE_DONE。每次调用 sqlite3_step()时，只返回一行数据，使用 sqlite3_column_XXX()函数来取出这些数据。要取出全部的数据需要反复调用 sqlite3_step()。

图 5-8 SQLite 功能的 Interface Builder 创建界面

★ 提示　在 bind 参数的时候，参数列表的 index 从 1 开始，而取出数据的时候，列表的 index 从 0 开始。

④ 在 SQL 语句使用完了之后要调用 sqlite3_finalize()来释放 stmt 占用的内存。该内存是在 sqlite3_prepare()时分配的，然后调用 sqlite3_close 将数据库关闭。如果 SQL 语句需要重复使用，可以调用 sqlite3_reset()来清除已经绑定的参数。

2 初始化 SQLite 数据库。打开 Documents 文件下面的名为 sample.db 的数据库文件，并创建一张 USER 表，代码如下：

```objc
-(void)openSQLiteDB
{
    NSArray *paths = NSSearchPathForDirectoriesInDomains(NSDocumentDirectory, NSUserDomainMask, YES);
    NSString *documentsDirectory = [paths objectAtIndex:0];
    NSString* dbFileName = @"sample.db";
    NSString *dataFilePath = [documentsDirectory stringByAppendingPathComponent:dbFileName];
    if (sqlite3_open([dataFilePath UTF8String], &database) != SQLITE_OK)
    {
        sqlite3_close(database);
        UIAlertView* alert = [[UIAlertView alloc] initWithTitle: @""
                                                       message: @"打开数据库文件失败"
                                                      delegate: nil
                                             cancelButtonTitle: @"确定"
                                             otherButtonTitles: nil];
        [alert show];
        [alert release];
    }
}

//创建 USER 表格
- (void)initDB
```

```
{
    char *errorMsg;
    NSString *sql = @"CREATE TABLE IF NOT EXISTS USER (USER_ID INTEGER PRIMARY KEY,USERNAME TEXT,PASSWORD TEXT);";
    if (sqlite3_exec(database, [sql UTF8String], NULL, NULL, &errorMsg) != SQLITE_OK)
    {
        sqlite3_close(database);
    }
}
```

3 向 USER 表格中添加数据。前面曾经提到，如果打开的数据库文件不存在，iOS 会为我们新建一个数据库文件。有了数据库文件并创建完表格后，就可以向表格里添加数据了，添加数据使用 SQL 语言插入数据。根据传入的参数 username 和 password 插入数据到 USER 表中，代码如下：

```
- (void)insertUsername:(NSString *)username insertPassword:(NSString *)password
{
    [self openSQLiteDB];//调用打开库
    [self initDB];//调用创建表
    char *update = "INSERT OR REPLACE INTO USER (USERNAME,PASSWORD) VALUES (?,?);";//添加语句
    sqlite3_stmt *statement;
    if (sqlite3_prepare_v2(database, update, -1, &statement, nil) == SQLITE_OK)
    {
        sqlite3_bind_text(statement, 1, [username UTF8String], -1, SQLITE_TRANSIENT);
        sqlite3_bind_text(statement, 2, [password UTF8String], -1, SQLITE_TRANSIENT);
    }
    if (sqlite3_step(statement) != SQLITE_DONE)
    {
        UIAlertView* alert = [[UIAlertView alloc] initWithTitle: @""
                                                        message: @"执行数据库操作失败"
                                                        delegate: nil
                                              cancelButtonTitle: @"确定"
                                              otherButtonTitles: nil];
        [alert show];
        [alert release];
    }
    else
    {
        UIAlertView* alert = [[UIAlertView alloc] initWithTitle: @""
                                                        message: @"执行数据库操作成功"
                                                        delegate: nil
                                              cancelButtonTitle: @"确定"
                                              otherButtonTitles: nil];
        [alert show];
        [alert release];
    }
    sqlite3_finalize(statement);
    sqlite3_close(database);
}
```

4 添加按钮的事件处理函数。界面上有两个添加数据的按钮，一个是添加 username 为 RealTool 的按钮，另一个是添加 username 为 Studio 的按钮，添加的数据不同，按钮的事件函数也不同，各

自的代码如下:

```
-(IBAction)addRealTool:(id)sender
{
    NSString* userName = @"RealTool";
    NSString* password = @"PasswordRealTool";
    [self insertUsername:userName insertPassword:password];
}

-(IBAction)addStudio:(id)sender
{
    NSString* userName = @"Studio";
    NSString* password = @"PasswordStudio";
    [self insertUsername:userName insertPassword:password];
}
```

5 使用 SQLite 的查询操作查看表数据，以确认数据是否添加成功。使用查询语言 SELECT，将 USER 表中的元素全部查询出来，并添加到 ViewController 的成员变量 dataSource_ 可变数组中，以便在表格视图中显示，代码如下：

```
- (void)getUserInfo
{
    [self openSQLiteDB];//调用打开库
    [self initDB];//调用创建表
    [dataSource_ removeAllObjects];
    sqlite3_stmt *statement = nil;
    char *sql = "SELECT * FROM USER";
    if (sqlite3_prepare_v2(database, sql, -1, &statement, NULL) != SQLITE_OK)
    {
        NSLog(@"Error: failed to prepare statement with message:get channels.");
    }
    //查询结果集中一条一条地遍历所有的记录，这里的数字对应的是列值
    while (sqlite3_step(statement) == SQLITE_ROW)
    {
        char* userName = (char*)sqlite3_column_text(statement, 1);
        char* password = (char*)sqlite3_column_text(statement, 2);
        NSString* userNameStr= [NSString stringWithUTF8String:userName];
        NSString* passwordStr = [NSString stringWithUTF8String:password];
        NSLog(@"userName=%@   password=%@", userNameStr, passwordStr);
        NSDictionary* dic = [NSDictionary dictionaryWithObjectsAndKeys:userNameStr,
@"username",passwordStr,@"password", nil];
        [dataSource_ addObject:dic];//添加到 dataSource_可变数组中，作为表格的数据源。
    }
    sqlite3_finalize(statement);
    sqlite3_close(database);
}
-(IBAction)searchTable:(id)sender
{
    [self getUserInfo];
    [table_ reloadData];
}
```

单击【添加 RealTool】按钮后再单击【查询】按钮，运行结果如图 5-9 所示。单击【添加 Studio】按钮，运行效果如图 5-10 所示。

图 5-9 添加 RealTool 后的界面

图 5-10 添加 Studio 后的界面

❻ 添加完表数据之后，再来使用删除操作将不需要的数据删除。删除同样属于数据更新操作，可以调用 SQL 语言中的 DELETE 实现。我们希望删除 USERNAME 为 RealTool 的表数据，为此先将表格的数据添加为两条 RealTool 和两条 Studio，然后调用下列代码完成删除操作：

```
-(void)deleteUser
{
    [self openSQLiteDB];
    [self initDB];
    NSString *sql =   @"DELETE FROM USER WHERE USERNAME=?;";//删除语句
    sqlite3_stmt *statement;
    NSString* username = @"RealTool";
    if (sqlite3_prepare_v2(database, [sql UTF8String], -1, &statement, nil) == SQLITE_OK)
    {
        sqlite3_bind_text(statement, 1, [username UTF8String], -1, SQLITE_TRANSIENT);
        
    }
    if (sqlite3_step(statement) != SQLITE_DONE)
    {
        UIAlertView* alert = [[UIAlertView alloc] initWithTitle: @""
                                                        message: @"执行删除数据库操作失败"
                                                       delegate: nil
                                              cancelButtonTitle: @"确定"
                                              otherButtonTitles: nil];
        [alert show];
        [alert release];
    }
    else
    {
```

```
            UIAlertView* alert = [[UIAlertView alloc] initWithTitle: @""
                                                     message: @"执行删除数据库操作成功"
                                                    delegate: nil
                                             cancelButtonTitle: @"确定"
                                             otherButtonTitles: nil];
        [alert show];
        [alert release];
    }
    sqlite3_finalize(statement);
    sqlite3_close(database);
}
-(IBAction)deleteSQLiteExe:(id)sender
{
    [self deleteUser];
    [table_ reloadData];
}
```

删除 Vser=Real Tool 前、后的界面如图 5-11 和图 5-12 所示。

图 5-11　删除 Vser=Real Tool 前的界面

图 5-12　删除 User=RealTool 后的界面

在删除操作中，调用的 SQL 删除语句为 "DELETE FROM USER WHERE USERNAME=?;"；// 删除语句"，USERNAME 的值由 "sqlite3_bind_text（statement, 1, [username UTF8String], -1, SQLITE_TRANSIENT）;" 函数绑定。单击按钮执行删除数据操作后刷新表格，可以看到，USERNAME 为 RealTool 的数据元素已被从 USER 表格中删除了，说明函数执行成功。

5.4　Core Data 文件操作

Core Data 是一个小型的数据库，数据的存储和 SQLite 很相似，但在使用方面却方便很多。系统为我们提供了可视化的编辑工具以及数据到对象的无缝转换。对于对象生命周期管理、对象图管理等日常任务，Core Data 也提供了广泛且自动化的解决方案。本节我们就来一步步地学习如何使用它。

5.4.1 CoreData 特性

CoreData 的特性有如下几点：

① 对 key-value coding 和 key-value observing 提供了完整且自动化的支持，除了为属性整合 KVC 和 KVO 的访问方法外，还整合了适当的集合访问方法来处理多值关系。

② 自动验证属性（property）值。

③ 支持跟踪修改和撤消操作。

④ 管理数据的变化传播，包括维护对象间关系的一致性。

⑤ 在内存中和界面上分组、过滤、组织数据。

⑥ 自动支持对象存储在外部数据仓库。

⑦ 不需要动手去写复杂的 SQL 语句，就可以创建复杂的数据请求。

⑧ 使用延迟加载（lazy loading）的方式减少内存负载。

⑨ 内置了版本跟踪和乐观锁定（optimistic locking）来解决多用户写入时的冲突。

⑩ Core Data 的 schema migration 工具可以简化由数据库结构改变带来的开发与资源管理方面的任务，而且在某些情况下，允许执行高效率的数据库原地迁移。

⑪ 可选择针对程序 Controller 层的集成来支持 UI 的同步显示，Core Data 在 iOS 之上提供 NSFetchedResultsController 对象来做相关工作，在 Mac OS X 上，可用 Cocoa 提供的绑定（Binding）机制来完成。

5.4.2 为何要使用 Core Data

使用 Core Data 有很多原因，其中最简单的一条就是：它能让开发者为 Model 层写的代码的行数减少为原来的 50%~70%。这归功于之前提到的 Core Data 特性。更妙的是，对于上述特性开发者既不用去测试，也不用花功夫去优化。

Core Data 拥有成熟的代码，这些代码通过单元测试来保证品质。使用 Core Data 的程序每天被世界上几百万用户使用。经过了几个版本的发布，已经被高度优化。它能利用 Model 层的信息和运行时的特性，而不通过程序层的代码实现。除了提供强大的安全支持和错误处理外，它还提供了最优的内存扩展性，可实现有竞争力的解决方案。不使用 Core Data 的话，开发者需要花很长时间来起草自己的方案，解决各种问题，这样做效率不高。

除了 Core Data 本身的优点外，使用它还有其他的好处：它很容易和 Mac OS X 系统的 Tool chain 集成；利用 Model 设计工具可以按图形化方式轻松创建数据库的结构；还可以利用 Instruments 的相关模板来测试 Core Data 的效率并进行调试。在 Mac OS X 的桌面程序中，Core Data 还和 Interface Builder 集成，按照 model 来创建 UI 变得更简单了。这些功能能更进一步地帮助开发者缩短设计、开发、测试程序的周期。

5.4.3 关于 Core Data 的常见误解

除了知道前面的内容，我们还需要了解一下关于 Core Data 常见的误解：

① Core Data 不是一个关系型数据库，也不是关系型数据库管理系统（RDBMS）。它支持数据变更管理、对象存储、对象读取恢复等，使用 SQLite 作为持久化存储的类型。它本身并不是一个数据库，这点很重要，比如我们可以使用 Core Data 来记录数据变更和管理数据，但并不能用它向文件内存储数据。

② Core Data 并不能取代开发者写代码的工作。虽然可以纯粹使用 XCode 的数据建模工具和 Interface Builder 来编写复杂程序，但在更多的程序中，都是需要自己动手写代码。

③ Core Data 并不依赖于 Cocoa Bindings。尽管联合使用 Core Data 和 Cocoa Binding，可以减少代码的数量，但 Core Data 完全可以在没有 bindings 的条件下使用。例如，可以编写一个没有 UI，但包含 Core Data 的程序。

5.4.4 建立数据库模型

使用 Core Data 和使用其他数据是相同的，需要先建立表，步骤如下。

1 打开工程，新建数据库文件。依次选择 File→New File… → iOS → Core Data → Data Model，然后单击【Next】按钮，并将数据库文件命名为"CoreDataBooks"，系统会自动加上后缀名，完成后的界面如图 5-13 所示。

图 5-13　新建数据库文件

2 创建表格。单击【Add Entity】按钮，在左边空白区域就多出了一个默认名为"Entity"的表格。在 Core Data 里表格被称为实体，因为表格会和一个 Objective-C 类对应上，操作这个类对象的成员时，系统会替我们操作到这个表，这是非常方便的。

图 5-13 的右边分为 3 个区域，每个区域都有一个标题，分别是 Attributes、Relationships 和 Fetched Properties。其中，Attributes 是数据，Relationships 是表和表之间的关系。这二者在表里叫做字段。Core Data 把它们分开，是为了方便管理。Fetched Properties 会在查询数据时使用，这个我们后面会讲到。

3 将 Entity 表格重命名为"Book"后添加属性。在每个区域都有 ＋ － 按钮，单击【＋】按钮可以在这个区域添加一个属性。在 Book 的 Attributes 区域添加的属性如图 5-14 所示。

图 5-14　添加 Attributes 区域的属性

5.4.5 创建实体类

数据库模型有了，建立类的实体就很简单了。选中 Book，在屏幕最上方的菜单中选择 Editor→Create NSManagedObject Subclass…，并确定文件存储的位置后，单击【Next】按钮，系统会自动添加两个类名为 Book 的文件：Book.h 和 Book.m，这和我们数据库里的实体名是一样的。Book.h 和 Book.m 的内容如下：

Book.h
```
#import <Foundation/Foundation.h>
#import <CoreData/CoreData.h>

@interface Book : NSManagedObject
@property (nonatomic, retain) NSString * author;
@property (nonatomic, retain) NSDate * copyright;
@property (nonatomic, retain) NSString * title;
@end
```
Book.m
```
#import "Book.h"
@implementation Book

@dynamic author;
@dynamic copyright;
@dynamic title;
@end
```

> **提示** Book 类和我们自己建立的类唯一不同就是属性的实现。在.m 文件里使用的是@dynamic 关键字，这是很多新手在自己写这个类时容易忽略的地方，从而导致程序出现一些很奇怪的问题。

5.4.6 数据库操作

本章前面已经介绍了数据库的增、删、改、查等操作，学习 CoreData，当然也不能漏掉这些知识。在操作数据库之前，需要先加载数据库文件。SQLite 需要的是 db 文件，而 CoreData 需要的是 momd 文件。

1）编译数据模型

数据模型是一种部署资源。在模型中，除了有实体和属性的详细信息外，用 Xcode 创建的模型还包含一些额外的视图信息，例如布局、颜色等。这些信息在运行时不是必须的。模型文件在编译时会删除这些额外信息以保证尽可能高效地加载。在使用 CoreData 时，我们创建的是 CoreData 模型文件，后缀名为 xcdatamodel，这个"源"文件会被 momc 编译器编译为 mom 的目标文件，"mom" 位于 /Library/Application Support/Apple/Developer Tools/Plug-ins/XDCoreDataModel.xdplugin/Contents/Resources/，如果我们想把它用在自己的 build 脚本中，格式是 mom source destination，其中 source 是 Core Data Model 文件，destination 是输出的 mom 文件。

2）加载数据模型

数据模型一旦被加载，文件名就没有什么意义了。也就是说，对模型文件，我们可以随意命名。如果读者想手动加载模型，有两种方法：

方法 1 使用类 mergeModelFromBundles，从指定的 bundle 集合里创建整合模型。

方法 2　使用实例方法 initWithContentsOfURL，用指定的 URL 加载单个的模型。

若不需要考虑分开加载模型，第一个类方法很适用。例如：在程序中和程序链接的 framework 里都有我们想要加载的模型。这个类方法可以很轻松地加载所有的模型，而不需要考虑模型文件的名称，也不用特定的初始化方法来保证所有的模型都被找到。但是当有多个模型要加载，特别是这些模型都代表了一个 schema 的不同版本时，知道要加载哪个模型就很重要了。合并包含相同实体的模型可能导致命名冲突和错误，我们之前"一锅端"的方法不太合适了。在这种情况下，可以采用第二个实例方法。另外，有时我们也需要将模型存储在 bundle 之外，可以用这个方法从指定的 URL 位置加载模型。

需要指出的是，我们还有一个类方法 modelByMergingModels 可以用。和 mergedModelFromBundles 方法一样，它也能合并给定的若干个模型。这样，我们就可以通过 URL 来逐一加载模型，然后在创建助理对象之前将它们整合为一个。

3）操作的工具

并非严格地说，CoreData 是对 SQLite 数据库的一个封装。SQLite 数据库操作的基本流程是：创建数据库，然后通过定义一些字段来定义表格结构，可以利用 SQL 语句向表格中插入记录、删除记录和修改记录，表格之间也可以建立联系。这个过程出现了表格的结构（schema）、由表格的结构和相互联系构成的整个数据库的模型、数据库存放的方式（可以是文件或者在内存）、数据库操作、SQL 语句（主要是查询）和表格里面的记录。下面将 SQLite 与 CoreData 的类作个对应，见表 5-2。

表 5-2　SQLite 与 CoreData 的类的对应

SQLite 数据类型	CoreData 类	SQLite 数据类型	CoreData 类
表格结构	NSEntityDescription	数据库操作	NSManagedObjectContext
数据库模型	NSManagedObjectModel	查询语句	NSFetchRequest
数据库存放方式	NSPersistentStoreCoordinator	表格的记录	NSManagedObject

重点需要注意 3 个类：NSManagedObjectModel、NSPersistentStoreCoordinator 和 NSManagedObjectContext。这 3 个类程序里使用 NSManagedObjectContext 类的对象，NSPersistentStoreCoordinator 是生成这个类对象的必要的数据，NSManagedObjectModel 是加载数据库的模型，就是我们上面用可视化方式创建的数据库，编译后数据库的后缀名变为 momd。

下面我们就来看看如何使用 CoreData 来管理数据库，对一张显示作者和书名的表进行增加、删除、修改、查询等操作，并将结果显示在 UITableView 中，程序的运行效果分别如图 5-15 和图 5-16 所示。

图 5-15　CoreData 查询结果界面

图 5-16　CoreData 修改数据后的界面

管理数据库的代码如下:

CoreDataController.h

```
#import <UIKit/UIKit.h>

@interface CoreDataController : UIViewController<UITableViewDelegate, UITableViewDataSource>
{
    NSManagedObjectModel* managedObjectModel_;
    NSPersistentStoreCoordinator* persistentStoreCoordinator_;
    NSManagedObjectContext* managedObjectContext_;
    NSMutableArray* dataSource_;//表格视图的数据源，也是 CoreData 操作后的数据结果
    UITableView* table_;//显示数据的表格视图
}

@property(nonatomic, retain) NSManagedObjectModel* managedObjectModel;
@property(nonatomic, retain) NSPersistentStoreCoordinator* persistentStoreCoordinator;
@property(nonatomic, retain) NSManagedObjectContext* managedObjectContext;
@property(nonatomic, retain) IBOutlet UITableView* table;
@property(nonatomic, retain) NSMutableArray* dataSource;


-(IBAction)searchData:(id)sender;
-(IBAction)addData:(id)sender;
-(IBAction)deleteData:(id)sender;
-(IBAction)editData:(id)sender;

@end
```

表格视图的数据源代码如下:

```
- (NSInteger)numberOfSectionsInTableView:(UITableView *)tableView
{
    return 1;
}

- (NSInteger)tableView:(UITableView *)tableView numberOfRowsInSection:(NSInteger)section
{
    if(dataSource_ != nil)
    {
        return [dataSource_ count];
    }
    return 0;
}

- (UITableViewCell *)tableView:(UITableView *)tableView cellForRowAtIndexPath:(NSIndexPath *)indexPath
{
    NSInteger row = [indexPath row];
    Book* book = [dataSource_ objectAtIndex:row];
    UITableViewCell* cell =   (UITableViewCell*)[tableView dequeueReusableCellWithIdentifier:@"UserCell"];
    if (cell == nil)
    {
        cell = [[UITableViewCell alloc] initWithStyle:UITableViewCellStyleValue1 reuseIdentifier:@"UserCell"];
```

```
    }
    cell.textLabel.text = book.author;//[dic objectForKey:@"author"];
    cell.detailTextLabel.text = book.title;//[dic objectForKey:@"title"];
    cell.accessoryType = UITableViewCellAccessoryDisclosureIndicator;
    return cell;
}
```

1 加载之前创建的数据库模型文件 CoreDataBooks. xcdatamodeld，并进行相关初始化工作，代码如下：

```
- (void)viewDidLoad
{
    [super viewDidLoad];
    NSString *modelPath = [[NSBundle mainBundle] pathForResource:@"CoreDataBooks" ofType:@"momd"];
    NSURL *modelURL = [NSURL fileURLWithPath:modelPath];
    managedObjectModel_ = [[NSManagedObjectModel alloc] initWithContentsOfURL:modelURL];

    NSURL *storeURL = nil;
    NSError *error = nil;
    persistentStoreCoordinator_ = [[NSPersistentStoreCoordinator alloc] initWithManagedObjectModel:managedObjectModel_];
    storeURL = [[[NSFileManager defaultManager] URLsForDirectory:NSDocumentDirectory inDomains:NSUserDomainMask] lastObject];
    storeURL = [storeURL URLByAppendingPathComponent:@"CoreDataBooks.sqlite"];
    [persistentStoreCoordinator_ addPersistentStoreWithType:NSSQLiteStoreType
                                              configuration:nil
                                                        URL:storeURL
                                                    options:nil
                                                      error:&error];
    managedObjectContext_ = [[NSManagedObjectContext alloc] init];
    [managedObjectContext_ setPersistentStoreCoordinator:persistentStoreCoordinator_];
    [managedObjectContext_ setMergePolicy:NSOverwriteMergePolicy];
    NSMutableArray* array = [NSMutableArray arrayWithCapacity:0];
    self.dataSource = array;
}
```

2 创建实体类的对象，代码如下：

```
NSEntityDescription* description = [NSEntityDescription entityForName: @"Book" inManagedObjectContext:managedObjectContext];
Book* book = [[[Book alloc] initWithEntity:description insertIntoManagedObjectContext:nil] autorelease];
```

> **提示** 这里会关联一个数据库实体和类。这样在操作生成的类对象时，就能自动地关联到数据库里面，这是很让人激动的事情。

3 管理数据库。数据库的4大操作是增、删、改、查，同样我们操作这个对象也有增、删、改、查的操作。其中，增、删、改的代码如下：

```
[managedObjectContext insertObject:book];// 增加
[managedObjectContext deleteObject:book];// 删除
obj.author =@"RealTool"; //修改
obj.title = @"iOS UI Design";
```

Core Data 将数据库分为内存数据库和文件数据库，上述 3 个方法都是对内存数据库做的更改，并没有写到数据库文件里去。我们一般会把要做的更改全部改好后，一次性写到文件里。将内存数据写到文件里，只要执行一个方法就可以了：

- (BOOL)save:(NSError **)error;

最后是查询操作，也是最复杂的操作，使用的最多的方法是：

- (NSArray *)executeFetchRequest:(NSFetchRequest *)request error:(NSError **)error;

NSFetchRequest 类的对象的创建代码如下：

```
NSFetchRequest *fetchRequest = [[NSFetchRequest alloc] init];
  [fetchRequest setEntity:[NSEntityDescription entityForName:@"Book"
                                     inManagedObjectContext:managedObjectContext_]];
  NSPredicate* predicate = [NSPredicate predicateWithFormat:@"(author == %@)" ,@"RealTool"];
  [fetchRequest setPredicate:predicate];
   NSArray *array = [managedObjectContext_ executeFetchRequest:fetchRequest error:&error];
```

★ 提 示　NSFetchRequest 需要指定查询数据库里的哪个实体和查询的条件 NSPredicate，这和数据库查询是类似的。查询条件非常多，array 就是查询出来的结果，里面的元素可以作为 Book 类的对象来使用。

NSManagedObjectContext 还提供一个查询方法，该方法只返回符合条件的记录的个数：

- (NSUInteger) countForFetchRequest: (NSFetchRequest *)request error: (NSError **)error;

4 在程序中添加增加新数据的方法，代码如下：

```
-(IBAction)addData:(id)sender
{
    NSEntityDescription* description = [NSEntityDescription entityForName: @"Book"
                                       inManagedObjectContext:managedObjectContext_];
    Book* obj = [[[Book alloc] initWithEntity:description insertIntoManagedObjectContext:nil] autorelease];
    obj.author = @"RealTool";
    obj.copyright = [NSDate date];
    obj.title = @"iOS Develop";
    [managedObjectContext_ insertObject:obj];
    [managedObjectContext_ save:nil];
}
```

5 查询数据，并将查询的结果添加到 dataSource_ 中，以便表格视图可以显示，代码如下：

```
-(IBAction)searchData:(id)sender
{
    [dataSource_ removeAllObjects];
    NSError* error = nil;
    NSFetchRequest *fetchRequest = [[NSFetchRequest alloc] init];
     [fetchRequest setEntity:[NSEntityDescription entityForName:@"Book"
                                        inManagedObjectContext:managedObjectContext_]];
    NSPredicate* predicate = [NSPredicate predicateWithFormat:@"(author == %@)" ,@"RealTool"];
    [fetchRequest setPredicate:predicate];
```

```
    NSArray *array = [managedObjectContext_ executeFetchRequest:fetchRequest error:&error];
    [dataSource_ addObjectsFromArray:array];
    [table_ reloadData];
}
```

6 删除数据并刷新表格视图，可以实时看到结果，代码如下：

```
-(IBAction)deleteData:(id)sender
{
    NSError* error = nil;
    NSFetchRequest *fetchRequest = [[NSFetchRequest alloc] init];
    [fetchRequest setEntity:[NSEntityDescription entityForName:@"Book"
                                        inManagedObjectContext:managedObjectContext_]];
    NSPredicate* predicate = [NSPredicate predicateWithFormat:@"(author == %@)" ,@"RealTool"];
    [fetchRequest setPredicate:predicate];
    NSArray *array = [managedObjectContext_ executeFetchRequest:fetchRequest error:&error];
    for(Book* book in array)
    {
        [managedObjectContext_ deleteObject:book];
    }
    [managedObjectContext_ save:nil];
    [self.table reloadData];
}
```

7 编辑修改数据，代码如下：

```
-(IBAction)editData:(id)sender
{
    NSError* error = nil;
    NSFetchRequest *fetchRequest = [[NSFetchRequest alloc] init];
    [fetchRequest setEntity:[NSEntityDescription entityForName:@"Book"
                                        inManagedObjectContext:managedObjectContext_]];
    NSPredicate* predicate = [NSPredicate predicateWithFormat:@"(author == %@)" ,@"RealTool"];
    [fetchRequest setPredicate:predicate];
    NSArray *array = [managedObjectContext_ executeFetchRequest:fetchRequest error:&error];
    for(Book* book in array)
    {
        book.title = @"iPhone UI Design";
    }
    [managedObjectContext_ save:nil];
    [self.table reloadData];
}
```

【结束语】

简单的工程会使用 Plist 来存储数据，数据结构稍复杂点的就需要用到 Core Data 了。Plist 比较简单，只要理解 XML，学习 Plist 就非常容易。CoreData 看起来比较复杂，但使用起来，并不比 Plist 难很多，只是查询条件复杂一些。苹果提供的 API 已经帮我们完成了大部分的工作，基本上考虑好业务逻辑即可，其他的就不用操心了。

第 6 章 TableView 使用

表格视图（Table View）是 iOS 应用中最常见的元素之一。iOS 本身的系统应用基本上都可以找到表格视图的影子，比如自带的浏览器 safari、音乐播放器界面、邮件客户端等，乃至系统的设置界面都是全部用表格视图打造的。表格视图之所以在 iOS 应用中占有非常重要的地位，是因为手机屏幕本身空间有限，不可能在上面把所有的内容都显示出来，为此需要将信息分层级显示。表格视图正是基于这种理念设计的，它可以很好地将信息按照层次关系进行显示，确保用户能够在最少的时间内定位到感兴趣的内容。具体而言，表格视图的主要作用为：让用户能通过分层的数据进行导航，把项以索引列表的形式展示出来，分类不同的项并展示其详细信息，展示选项的可选列表。iPhone 中的表格视图在系统中有一个专门的系统控件——UITableView，本章就让我们一起来学习使用这个最常用的控件。

6.1 UITableView 的组成及样式

UITableView 像按钮、静态文本框一样，可以直接通过 Interface Builder 进行拖拽。有两种主要类型：

普通类型 UITableViewStylePlain：表格视图以列表形式展示，各个表段连接在一起，如图 6-1 所示。

分组类型 UITableViewStyleGrouped：表格视图以独立分组的形式展示，如图 6-2 所示。

图 6-1　普通类型

图 6-2　分组类型

1）表格视图的构成元素

无论是普通类型，还是分组类型，表格视图都包含如下元素：

- 表头（Table Header）——表格的头部，通常用来显示表格内容的概述信息。
- 表底（Table Footer）——表格的底部，用于信息的显示，比如结束信息等。

- 表段（Table Section）——表格中独立的一个小部分，一个表格可以有多个表段。
- 表段头（Section Header）——表段的头部，可以显示这个表段的概述信息。
- 表段底（Section Footer）——表段的底部，显示表段的其他信息。
- 单元格（UITableViewCell）——表格中的一行，是表格中最基本的元素。

普通表格视图表格元素的分布如图6-3所示。分组表格视图表格元素的分布如图6-4所示。

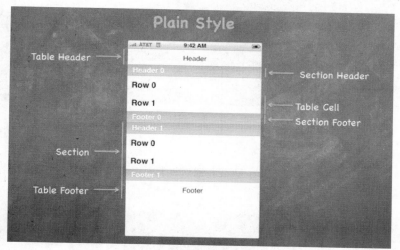

图6-3　普通表格视图表格元素的分布

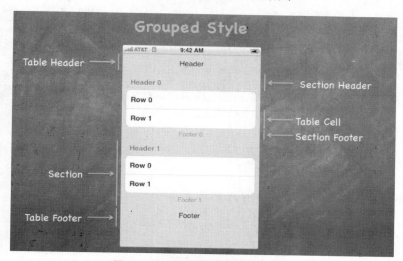

图6-4　分组表格视图表格元素的分布

2）单元格的不同样式

表格视图的单元格（UITableViewCell）具有以下几种不同的样式：
- UITableViewCellStyleDefault——普通的单元格样式。
- UITableViewCellStyleValue1——带有副标题的单元格样式。
- UITableViewCellStyleValue2——标题在左边，副标题在右边的单元格样式。
- UITableViewCellStyleSubtitle——标题在右边，副标题在左边的单元格样式。

具体样式如图6-5所示。

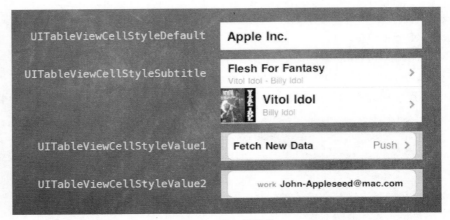

图 6-5　单元格样式

3）单元格的访问样式

如果单元格还有下一层信息，可以在最右面通过图标进行提示，系统提供了如图 6-6 所示的 3 种样式可供选择。

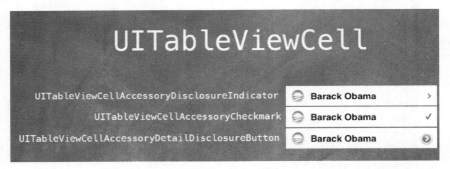

图 6-6　单元格访问样式

6.2　UITableView 的定义

打开 UITableView 定义的头文件，可以看到如下代码：

```
UIKIT_CLASS_AVAILABLE(2_0) @interface UITableView : UIScrollView <NSCoding>
{
    //这里省略若干行代码
}
```

1）滚动特性

从 UITableView 类的定义我们知道，UITableView 继承自 UIScrollView，它具有 UIScrollView 的滚动特性，所以 UITableView 才可以上下滚动。因为继承自 UIScrollView，所以它也可以动态知道滚动的位置偏移和滚动的范围。在 UIScrollView 中，可通过以下几个变量来确定位置偏移和可滚动的大小：

@property(nonatomic)　　　　　　CGPoint　　　　　　　　　　　　　contentOffset;
@property(nonatomic)　　　　　　CGSize　　　　　　　　　　　　　　contentSize;

第 6 章 TableView 使用

2）委托回调函数

当然，表格视图也具备 UIScrollView 的一些委托回调函数，能够用来判断滚动的实时情况和滚动何时结束。委托回调函数具体如下：

```
@protocol UIScrollViewDelegate<NSObject>

@optional

- (void)scrollViewDidScroll:(UIScrollView *)scrollView;                                    // any offset

- (void)scrollViewDidZoom:(UIScrollView *)scrollView
__OSX_AVAILABLE_STARTING(__MAC_NA,__IPHONE_3_2);
// called on start of dragging (may require some time and or distance to move)

- (void)scrollViewWillBeginDragging:(UIScrollView *)scrollView;
// called on finger up if the user dragged. velocity is in points/second. targetContentOffset may be changed to adjust where the scroll view comes to rest. not called when pagingEnabled is YES

- (void)scrollViewWillEndDragging:(UIScrollView *)scrollView withVelocity:(CGPoint)velocity targetContentOffset:(inout CGPoint *)targetContentOffset
__OSX_AVAILABLE_STARTING(__MAC_NA,__IPHONE_5_0);
// called on finger up if the user dragged. decelerate is true if it will continue moving afterwards

- (void)scrollViewDidEndDragging:(UIScrollView *)scrollView willDecelerate:(BOOL)decelerate;

- (void)scrollViewWillBeginDecelerating:(UIScrollView *)scrollView;      // called on finger up as we are moving

- (void)scrollViewDidEndDecelerating:(UIScrollView *)scrollView;         // called when scroll view grinds to a halt

- (void)scrollViewDidEndScrollingAnimation:(UIScrollView *)scrollView; // called when setContentOffset/scrollRectVisible:animated: finishes. not called if not animating

- (UIView *)viewForZoomingInScrollView:(UIScrollView *)scrollView;       // return a view that will be scaled. if delegate returns nil, nothing happens

- (void)scrollViewWillBeginZooming:(UIScrollView *)scrollView withView:(UIView *)view
__OSX_AVAILABLE_STARTING(__MAC_NA,__IPHONE_3_2); // called before the scroll view begins zooming its content

- (void)scrollViewDidEndZooming:(UIScrollView *)scrollView withView:(UIView *)view atScale:(float)scale; // scale between minimum and maximum. called after any 'bounce' animations

- (BOOL)scrollViewShouldScrollToTop:(UIScrollView *)scrollView;          // return a yes if you want to scroll to the top. if not defined, assumes YES

- (void)scrollViewDidScrollToTop:(UIScrollView *)scrollView;             // called when scrolling animation finished. may be called immediately if already at top

@end
```

这些委托回调函数在后面的章节中会用到，这里仅是一个简单的描述。

3）成员变量

UITableView 具有如下成员变量：

```
@property(nonatomic,readonly) UITableViewStyle          style;
@property(nonatomic,assign)    id <UITableViewDataSource> dataSource;
@property(nonatomic,assign)    id <UITableViewDelegate>   delegate;
@property(nonatomic)    CGFloat    rowHeight;              // will return the default value if unset
@property(nonatomic)    CGFloat    sectionHeaderHeight;    // will return the default value if unset
@property(nonatomic)    CGFloat    sectionFooterHeight;    // will return the default value if unset
@property(nonatomic, readwrite, retain) UIView *backgroundView
__OSX_AVAILABLE_STARTING(__MAC_NA,__IPHONE_3_2); // the background view will be automatically
resized to track the size of the table view.    this will be placed as a subview of the table view behind all cells and
headers/footers.    default may be non-nil for some devices.
// Data
```

可以看出，成员变量主要包括表格的样式、行高、表段头高、表段底高、背景视图、数据源（dataSource）和表格委托（delegate），下面将对此进行详细介绍。

6.3　UITableView 的数据源

我们知道，表格视图是用来展示数据的，那么数据从哪里来、又该如何获取呢？ 事实上，表格视图的数据源（dataSource）是由一个叫 UITableViewDataSource 的协议实现的，即开发者不需要直接控制表格的数据，而是通过该协议来为表格视图提供数据。也就是说，开发者只需要实现该协议需要的方法，在这些方法里提供数据，也就实现了表格视图的数据源。

6.3.1　UITableViewDataSource 协议

UITableViewDataSource 协议的具体代码如下：

```
@protocol UITableViewDataSource<NSObject>
@required
- (NSInteger)tableView:(UITableView *)tableView numberOfRowsInSection:(NSInteger)section;
- (UITableViewCell *)tableView:(UITableView *)tableView cellForRowAtIndexPath:(NSIndexPath *)indexPath;

@optional
- (NSInteger)numberOfSectionsInTableView:(UITableView *)tableView;            // Default is 1 if not implemented
- (NSString *)tableView:(UITableView *)tableView titleForHeaderInSection:(NSInteger)section;      // fixed font style. use custom view (UILabel) if you want something different
- (NSString *)tableView:(UITableView *)tableView titleForFooterInSection:(NSInteger)section;
- (BOOL)tableView:(UITableView *)tableView canEditRowAtIndexPath:(NSIndexPath *)indexPath;
- (BOOL)tableView:(UITableView *)tableView canMoveRowAtIndexPath:(NSIndexPath *)indexPath;
- (NSArray *)sectionIndexTitlesForTableView:(UITableView *)tableView;
// return list of section titles to display in section index view (e.g. "ABCD...Z#")
- (NSInteger)tableView:(UITableView *)tableView sectionForSectionIndexTitle:(NSString *)title
atIndex:(NSInteger)index;    // tell table which section corresponds to section title/index (e.g. "B",1))

// Data manipulation - insert and delete support
// After a row has the minus or plus button invoked (based on the UITableViewCellEditingStyle for the cell), the
```

```
dataSource must commit the change
- (void)tableView:(UITableView *)tableView commitEditingStyle:(UITableViewCellEditingStyle)editingStyle
forRowAtIndexPath:(NSIndexPath *)indexPath;

// Data manipulation - reorder / moving support
- (void)tableView:(UITableView *)tableView moveRowAtIndexPath:(NSIndexPath *)sourceIndexPath
toIndexPath:(NSIndexPath *)destinationIndexPath;
@end
```

通过上面的代码，可以很清楚地看出，要想给一个表格视图提供数据源，必须实现两个函数，即：

```
- (NSInteger)tableView:(UITableView *)tableView numberOfRowsInSection:(NSInteger)section;
- (UITableViewCell *)tableView:(UITableView *)tableView cellForRowAtIndexPath:(NSIndexPath *)indexPath;
```

其中，第一个函数用来确定指定的表段里有几行；第二个函数返回一个单元格视图。

其实，还有一个函数比较重要，但是对于表格视图并不是必须的，即表格视图有几个表段：

```
- (NSInteger)numberOfSectionsInTableView:(UITableView *)tableView;        // Default is 1 if not implemented
```

从苹果提供的注释中我们知道，如果不指定表段数量，默认返回 1 个表段。

有了这 3 个函数，我们基本上就能确定一个表格数据源的大致展示方式了，即确定表格有几个表段，每个表段里有几行，每行单元格的展示方式是什么样的。

6.3.2　表格视图的实现

下面，我们就来实现一个最基本的表格视图。假定希望创建的表格有两个表段（section），每个表段里有三行，每行的单元格显示的内容是一行文字，操作如下。

1 创建一个 UITableView 控件。可以使用代码创建或使用 Interface Builder 拖拽。如果是使用 Interface Builder 拖拽出来的，要和代码中的插座变量关联起来。

2 指定 UITableView 的委托（delegate）和数据源（dataSource）为当前的 ViewController。Interface Builder 设置的效果如图 6-7 所示。

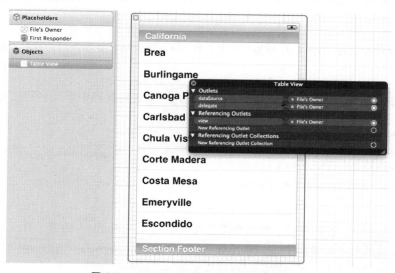

图 6-7　dataSource 和 delegate 的设置效果

3 设置了数据源（dataSource）和表格视图的委托（delegate）后，则实现数据源，具体代码如下：

```
- (NSInteger)numberOfSectionsInTableView:(UITableView *)tableView
{
    return 2;
}
- (NSInteger)tableView:(UITableView *)tableView numberOfRowsInSection:(NSInteger)section
{
    return 3;
}
```

重点是创建单元格视图函数，代码如下：

```
- (UITableViewCell *)tableView:(UITableView *)tableView cellForRowAtIndexPath:(NSIndexPath *)indexPath
{
    static NSString *CellIdentifier = @"Cell";
    UITableViewCell *cell = [tableView dequeueReusableCellWithIdentifier:CellIdentifier];
    if (cell == nil)
    {
        cell = [[[UITableViewCell alloc] initWithStyle:UITableViewCellStyleDefault reuseIdentifier:CellIdentifier] autorelease];
        cell.accessoryType = UITableViewCellAccessoryDisclosureIndicator;
    }
    cell.textLabel.text =@"表格视图测试";//定制单元格
    return cell;
}
```

该函数创建了单元格的界面。我们知道 UITableViewCell 是继承 UIView 的，所以我们用 UITableViewCell 类提供的构造函数创建了一个单元格实例，并设置它的显示文本 textLabel 的文字，然后返回。

★ 提示 关于定制 UITableViewCell 的具体信息，将在 6.6 节中进行详细介绍，暂时我们仅显示简单的文本。

该函数中的另一个数据结构是 NSIndexPath，它包含了表格视图中单元格的位置信息：

```
@interface NSIndexPath (UITableView)
+ (NSIndexPath *)indexPathForRow:(NSInteger)row inSection:(NSInteger)section;
@property(nonatomic,readonly) NSInteger section;
@property(nonatomic,readonly) NSInteger row;
@end
```

从 NSIndexPath 中，我们可以了解处理的是哪一个段（section）中的哪一行（row）。

如果设置表格的样式为普通样式，运行效果如图 6-8 所示。

如果设置表格的样式为分组样式，运行效果如图 6-9 所示。

图 6-8 普通样式运行效果　　　　图 6-9 分组样式运行效果

可以看到，如果没有表段头（section header），普通样式的表格视图是没办法区分有几个表段的，而分组表格则可以很清楚地看到各个表段。当然，我们可以设置表格视图的表段头，如下代码是具体几个函数的实现，它们指定了表段头、表段底的高度和内容。

```
- (CGFloat)tableView:(UITableView *)tableView heightForHeaderInSection:(NSInteger)section
{
    return 20;
}

- (CGFloat)tableView:(UITableView *)tableView heightForFooterInSection:(NSInteger)section
{
    return 20;
}

- (UIView *)tableView:(UITableView *)tableView viewForHeaderInSection:(NSInteger)section
{
    UILabel* label = [[[UILabel alloc] initWithFrame:CGRectMake(0, 0, 320, 20)] autorelease];
    label.text = @"表段头";
    label.textColor = [UIColor whiteColor];
    label.backgroundColor = [UIColor lightGrayColor];
    return label;
}

- (UIView *)tableView:(UITableView *)tableView viewForFooterInSection:(NSInteger)section
{
    UILabel* label = [[[UILabel alloc] initWithFrame:CGRectMake(0, 0, 320, 20)] autorelease];
    label.text = @"表段底";
    label.textColor = [UIColor whiteColor];
    label.backgroundColor = [UIColor darkGrayColor];
    return label;
}
```

如果表格是普通样式，运行效果如图 6-10 所示。
如果表格是分组样式，运行效果如图 6-11 所示。

图 6-10　普通样式表头运行效果　　　图 6-11　分组样式表头运行效果

6.3.3　表格单元

表格单元是表格视图中最重要的组成部分，它是表格丰富表现力的根基。表格单元的使用方式有多种，既有系统默认提供的几种样式，也可以自己定制表格单元，而定制表格单元格正是表格丰富的表现力的源泉。

系统提供的表格单元如图 6-12 所示，包含如下构成要素：

- textLabel——单元格的正文文本。
- imageView——单元格的图标。
- detailtextLabel——详细文本说明，即副标题。
- accessoryType——访问类型，前面已经介绍过。

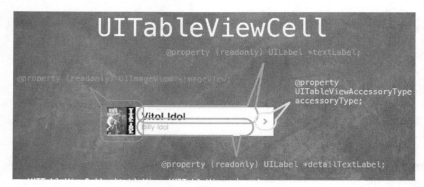

图 6-12　系统表格单元构成

如果我们希望增加一些其他控件、自定义顺序或改变表格的展现方式等，可以定制自己的表格单元格，图 6-13 和图 6-14 就是经过定制后的界面。

第 **6** 章　TableView 使用

图 6-13　系统定制样式

图 6-14　定制冒泡表格

要想实现这样的表格单元，需要定制表格视图中的数据源。我们将在下一小节进行详细介绍。

6.3.4　创建表格单元的数据源

前面已经介绍过表格视图数据源的几个函数，这里重点介绍创建表格单元格的函数，也就是如何定制表格单元格 UITableViewCell。先来看一下 UITableViewCell 的定义：

```
UIKIT_CLASS_AVAILABLE(2_0) @interface UITableViewCell : UIView <NSCoding,
UIGestureRecognizerDelegate>
{
    //这里省略若干行代码
}
//这里省略若干行代码
```

从定义里知道，UITableViewCell 是继承 UIView 的，因此可以通过向 UITableViewCell 增加子视图的方法定制 UITableViewCell 的界面。具体有两种方式，一种是直接使用 Interface Builder 进行拖拽，另一种是使用代码创建。代码创建方式一般用在界面比较简单、显示比较直观的地方，如图 6-15 所示。而当界面元素比较多时，建议使用 Interface Builder 定制，如图 6-16 所示。

图 6-15　简单的表格视图

图 6-16　定制复杂的表格视图

1）使用代码创建的方式定制表格视图

使用代码创建单元格的代码如下：

```objc
- (NSInteger)tableView:(UITableView *)tableView numberOfRowsInSection:(NSInteger)section
{
    return 3;
}
- (CGFloat)tableView:(UITableView *)tableView heightForRowAtIndexPath:(NSIndexPath *)indexPath
{
    return 60;
}

- (UITableViewCell *)tableView:(UITableView *)tableView cellForRowAtIndexPath:(NSIndexPath *)indexPath
{
    static NSString *CellIdentifier = @"Cell";

    UITableViewCell *cell = [tableView dequeueReusableCellWithIdentifier:CellIdentifier];
    if (cell == nil)
    {
        cell = [[[UITableViewCell alloc] initWithStyle:UITableViewCellStyleDefault reuseIdentifier:CellIdentifier] autorelease];
        cell.accessoryType = UITableViewCellAccessoryDisclosureIndicator;
    }
    // Configure the cell.
    UILabel* label = [[UILabel alloc] initWithFrame:CGRectMake(10, 10, 200, 40)];
    label.text = @"通过代码添加的 Label";
    [[cell contentView]addSubview:label];
    [label release];
    UISwitch* swi = [[UISwitch alloc] initWithFrame:CGRectMake(210, 15, 30, 20)];
    swi.on = YES;
    [[cell contentView] addSubview:swi];
    [swi release];
    return cell;
}
```

完成上述代码后，使用控件提供的方法创建控件，然后通过[[cell contentView] addSubView:controlView];方法添加到单元格界面上。

2）使用 Interface Builder 定制

这里定制的表格单元如图 6-17 所示。

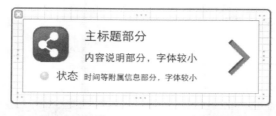

图 6-17　使用 Interface Builder 定制单元格

操作步骤如下：

1 单元格中的每个控件元素都和代码里相应的控件对应,代码如下:

```
@interface TableCell : UITableViewCell
{
    UILabel* titleLabel_;
    UILabel* descLabel_;
    UILabel* timeLabel_;
    UILabel* statusLabel_;
    UIImageView* iconView_;
    UIImageView* statusView_;
    UIImageView* rightIcon_;
}

@property(nonatomic, retain) IBOutlet UILabel* titleLabel;
@property(nonatomic, retain) IBOutlet UILabel* descLabel;
@property(nonatomic, retain) IBOutlet UILabel* timeLabel;
@property(nonatomic, retain) IBOutlet UILabel* statusLabel;
@property(nonatomic, retain) IBOutlet UIImageView* iconView;
@property(nonatomic, retain) IBOutlet UIImageView* statusView;
@property(nonatomic, retain) IBOutlet UIImageView* rightIcon;

@end
```

2 将界面上的元素使用 Interface Builder 进行关联,在 Interface Builder 设置单元格属性如图 6-18 所示。

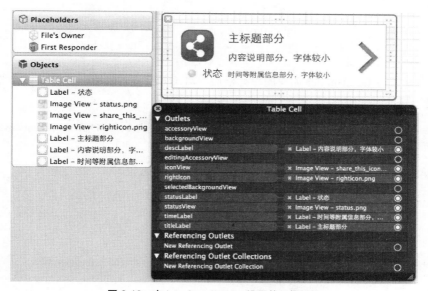

图 6-18 在 Interface Builder 设置单元格属性

单元格的实现文件 TableCell.m 中的代码如下:

```
#import "TableCell.h"

@implementation TableCell
@synthesize titleLabel = titleLabel_;
```

```objc
@synthesize descLabel = descLabel_;
@synthesize timeLabel = timeLabel_;
@synthesize statusLabel = statusLabel_;
@synthesize iconView = iconView_;
@synthesize rightIcon = rightIcon_;
@synthesize statusView = statusView_;
- (void)dealloc
{
    self.iconView = nil;
    self.titleLabel = nil;
    [titleLabel_ release];
    [descLabel_ release];
    [statusLabel_ release];
    [timeLabel_ release];
    [super dealloc];
}

- (id)initWithStyle:(UITableViewCellStyle)style reuseIdentifier:(NSString *)reuseIdentifier
{
    self = [super initWithStyle:style reuseIdentifier:reuseIdentifier];
    if (self)
    {
        // Initialization code
        self.selectionStyle = UITableViewCellSelectionStyleNone;
    }
    return self;
}

@end
```

3 有了使用 Interface Builder 创建的单元格后,对单元格进行加载,方法和加载含有 xib 文件的 UIView 是一样的,代码如下:

```objc
NSArray* array = [[NSBundle mainBundle] loadNibNamed:@"TableCell" owner:nil options:nil];
cell =    [array objectAtIndex:0];
```

因此,第二种创建表格单元的方法也就明确了,具体代码如下:

```objc
- (NSInteger)numberOfSectionsInTableView:(UITableView *)tableView
{
    return 1;
}
- (NSInteger)tableView:(UITableView *)tableView numberOfRowsInSection:(NSInteger)section
{
    return 3;
}
- (CGFloat)tableView:(UITableView *)tableView heightForRowAtIndexPath:(NSIndexPath *)indexPath
{
    return 100;
}
- (UITableViewCell *)tableView:(UITableView *)tableView cellForRowAtIndexPath:(NSIndexPath *)indexPath
{
```

```
static NSString *CellIdentifier = @"Cell";
TableCell *cell = (TableCell*)[tableView dequeueReusableCellWithIdentifier:CellIdentifier];
if (cell == nil)
{
    NSArray* array = [[NSBundle mainBundle] loadNibNamed:@"TableCell" owner:nil options:nil];
    cell =   [array objectAtIndex:0];
}
//定制单元格
cell.titleLabel.text = @"设定的标题";
cell.descLabel.text = @"新设定的内容,说明文字比较多";
cell.statusLabel.text = @"完成";
cell.timeLabel.text = @"2012-1-11 22:20";
return cell;
}
```

在创建单元格的代码里，使用了单元格的重用机制，如下段代码所示：

```
static NSString *CellIdentifier = @"Cell";
TableCell *cell = (TableCell*)[tableView dequeueReusableCellWithIdentifier:CellIdentifier];
if (cell == nil)
{
    //…
}
```

> **提示** UITableView 会缓存单元格以备后面使用，每次创建单元格之前，先从缓存里面获取一个现成的单元格，如果获取的内容为空，再去创建一个新的单元格。如果表格的单元格比较多，这种方式可以节省很大的内存空间。

6.4　UITableView 的委托

前面讲了表格视图的数据源，本节来介绍表格视图的界面显示部分。

和数据源一样，表格视图也是通过操作委托函数的方法来管理界面的，即实现 UITableViewDelegate 委托。重点需要关注的委托函数有：

（1）设置表格单元格的高度、表段头的高度和表段底的高度的函数：

```
- (CGFloat)tableView:(UITableView *)tableView heightForRowAtIndexPath:(NSIndexPath *)indexPath;
- (CGFloat)tableView:(UITableView *)tableView heightForHeaderInSection:(NSInteger)section;
- (CGFloat)tableView:(UITableView *)tableView heightForFooterInSection:(NSInteger)section;
```

（2）设置表段头和表段底的显示界面，返回的是一个 UIView 类型的对象：

```
- (UIView *)tableView:(UITableView *)tableView viewForHeaderInSection:(NSInteger)section;
- (UIView *)tableView:(UITableView *)tableView viewForFooterInSection:(NSInteger)section;
```

（3）设置单元格的缩进级别

```
- (NSInteger)tableView:(UITableView *)tableView indentationLevelForRowAtIndexPath:(NSIndexPath *)indexPath
```

（4）编辑表格的样式，包括删除和插入两种：

```
- (UITableViewCellEditingStyle)tableView:(UITableView *)tableView
```

editingStyleForRowAtIndexPath:(NSIndexPath *)indexPath

```
typedef enum {
    UITableViewCellEditingStyleNone,
    UITableViewCellEditingStyleDelete,
    UITableViewCellEditingStyleInsert
} UITableViewCellEditingStyle
```

6.5 UITableView 的编辑

前面对表格视图进行的各项操作都是在数据源固定的情况下进行的，有时我们需要编辑数据源，通常做法是在表格界面上为用户提供编辑的操作，比如添加单元格、删除单元格、移动单元格等，进而反应在改变数据源上。编辑 UITableView 包含两方面的内容：一是界面的改变，二是界面改变的同时，改变数据源。下面我们就来看看如何实现 UITableView 的编辑。

前面我们在学习表格视图的数据源的时候，曾介绍过有一个函数是设置单元格是否可编辑的，这里全部返回 YES，即所有的单元格都可以编辑。当然，也可以根据 NSIndexPath 来设置指定的 section 和 row 的单元格是否可编辑。

```
- (BOOL)tableView:(UITableView *)tableView canEditRowAtIndexPath:(NSIndexPath *)indexPath
{
    return YES;
}
```

还有一个函数是设置单元格是否可移动的：

```
- (BOOL)tableView:(UITableView *)tableView canMoveRowAtIndexPath:(NSIndexPath *)indexPath
{
    return YES;
}
```

设置完所有的单元格可编辑、可移动之后，下面设置单元格使用哪种编辑方式，是增加还是删除，代码如下：

```
//以下代理方法设置在编辑状态下，哪些行是删除功能，哪些行是添加功能
-(UITableViewCellEditingStyle) tableView:(UITableView *)tableView
editingStyleForRowAtIndexPath:(NSIndexPath *)indexPath
{
    if (indexPath.row == 0)
    {
        return UITableViewCellEditingStyleInsert;
    }
    else
    {
        return UITableViewCellEditingStyleDelete;
    }
}
```

该段代码中，设置第一行是增加，其他行是删除。

表格视图编辑中的插入和删除操作如图 6-19 所示。

表格视图编辑中的移动单元格操作如图 6-20 所示。

图 6-19　插入和删除操作　　　　图 6-20　移动单元格

完整的代码如下：

EditTableViewController.h

```
#import <UIKit/UIKit.h>
@interface EditTableViewController : UIViewController<UITableViewDelegate, UITableViewDataSource>
{
    UITableView* myTableView;
    NSMutableArray* dataSource;
}
@property(nonatomic, retain) IBOutlet UITableView* myTableView;
@property(nonatomic, retain)    NSMutableArray* dataSource;
-(IBAction)refreshData:(id)sender;
@end
```

EditTableViewController.m

```
#import "EditTableViewController.h"
@implementation EditTableViewController
@synthesize myTableView;
@synthesize dataSource;
- (id)initWithNibName:(NSString *)nibNameOrNil bundle:(NSBundle *)nibBundleOrNil
{
    self = [super initWithNibName:nibNameOrNil bundle:nibBundleOrNil];
    if (self)
    {
        // Custom initialization
    }
    return self;
}
```

```objc
#pragma mark - View lifecycle
- (void)viewDidLoad
{
    [super viewDidLoad];
    NSMutableArray* array = [[NSMutableArray alloc] initWithCapacity:0];
    [array addObject:@"A"];
    [array addObject:@"B"];
    [array addObject:@"C"];
    [array addObject:@"D"];
    [array addObject:@"E"];
    [array addObject:@"F"];
    self.dataSource = array;
    [array release];
    [myTableView setEditing:YES animated:YES];
}

- (NSInteger)numberOfSectionsInTableView:(UITableView *)tableView
{
    return 1;
}

- (NSInteger)tableView:(UITableView *)tableView numberOfRowsInSection:(NSInteger)section
{
    return [dataSource count];
}

- (UITableViewCell *)tableView:(UITableView *)tableView cellForRowAtIndexPath:(NSIndexPath *)indexPath
{
    NSInteger row = [indexPath row];
    static NSString *MyIdentifier = @"MyIdentifier";
    UITableViewCell *cell = [tableView dequeueReusableCellWithIdentifier:MyIdentifier];
    if (cell == nil)
    {
        cell = [[[UITableViewCell alloc] initWithStyle:UITableViewCellStyleDefault reuseIdentifier:MyIdentifier] autorelease];
    }
    cell.textLabel.text = [dataSource objectAtIndex:row];
    return cell;
}
- (BOOL)tableView:(UITableView *)tableView canEditRowAtIndexPath:(NSIndexPath *)indexPath
{
    return YES;
}

-(IBAction)refreshData:(id)sender
{
    [myTableView reloadData];
}

- (BOOL)tableView:(UITableView *)tableView canMoveRowAtIndexPath:(NSIndexPath *)indexPath
```

```objc
{
    return YES;
}

- (void)tableView:(UITableView *)tableView commitEditingStyle:(UITableViewCellEditingStyle)editingStyle
forRowAtIndexPath:(NSIndexPath *)indexPath
{
    if(editingStyle == UITableViewCellEditingStyleDelete)//删除单元格
    {
        [dataSource removeObjectAtIndex:indexPath.row];
        [myTableView beginUpdates];
        [myTableView deleteRowsAtIndexPaths:[NSArray arrayWithObject:indexPath] withRowAnimation:UITableViewRowAnimationNone];
        [myTableView endUpdates];
    }
    else if(editingStyle == UITableViewCellEditingStyleInsert)//增加单元格
    {
        [dataSource insertObject:@"new Cell" atIndex:indexPath.row];
        [myTableView beginUpdates];
        [myTableView insertRowsAtIndexPaths:[NSArray arrayWithObject:[NSIndexPath indexPathForRow:indexPath.row inSection:0]] withRowAnimation:UITableViewRowAnimationNone];
        [myTableView endUpdates];
    }
}

- (void)tableView:(UITableView *)tableView moveRowAtIndexPath:(NSIndexPath *)sourceIndexPath
toIndexPath:(NSIndexPath *)destinationIndexPath
{
    if (sourceIndexPath != destinationIndexPath)
    {
        id object = [self.dataSource objectAtIndex:sourceIndexPath.row];
        [object retain];
        [self.dataSource removeObjectAtIndex:sourceIndexPath.row];
        if (destinationIndexPath.row > [self.dataSource count])
        {
            [self.dataSource addObject:object];
        }
        else
        {
            [self.dataSource insertObject:object atIndex:destinationIndexPath.row];
        }
        [object release];
    }
}

- (NSIndexPath *)tableView:(UITableView *)tableView
targetIndexPathForMoveFromRowAtIndexPath:(NSIndexPath *)sourceIndexPath
toProposedIndexPath:(NSIndexPath *)proposedDestinationIndexPath
{
    return proposedDestinationIndexPath;
}
```

```
- (void)tableView:(UITableView*)tableView didEndEditingRowAtIndexPath:(NSIndexPath *)indexPath
{
    NSLog(@"didEndEditingRowAtIndexPath");
}

//以下代理方法设置在编辑状态下，哪些行是删除功能，哪些行是添加功能
-(UITableViewCellEditingStyle) tableView:(UITableView *)tableView
editingStyleForRowAtIndexPath:(NSIndexPath *)indexPath
{
    if (indexPath.row == 0)
    {
        return UITableViewCellEditingStyleInsert;
    }
    else
    {
        return UITableViewCellEditingStyleDelete;
    }
}

- (void)viewDidUnload
{
    self.myTableView = nil;
    [super viewDidUnload];
}
@end
```

6.6　UITableView 实现气泡效果的表格

　　iPhone 用户对内置的短信应用程序并不陌生，它用一个超可爱的气泡方式显示短信，如图 6-21 所示。

图 6-21　气泡效果的表格

　　现在很多的即时聊天应用（IM）也越来越多地使用这种模式，因此，我们很有必要来研究一

下它的实现方法。本节我们介绍的方法是两张图片和 UITableView 相结合。两张图片分别如图 6-22 和图 6-23 所示。其中，图 6-22 用来作为展示别人给我发送的信息内容的背景，图 6-23 作为展示我发送的信息内容的背景。

图 6-22　左边气泡图片　　　　图 6-23　右边气泡图片

我们通过创建可拉伸的 UIImageView 来使用这两张气泡图片。

1）创建气泡视图

根据信息的内容和信息是否是由我发送来创建气泡视图，代码如下：

```
- (UIView *)getBubble:(NSString *)bubbleText from:(BOOL)isSelf
{
    UIView *bgView = [[UIView alloc] initWithFrame:CGRectZero];
    bgView.backgroundColor = [UIColor clearColor];
    UIImage *bubble = [UIImage imageWithContentsOfFile:[[NSBundle mainBundle] pathForResource:isSelf?@"bubble_right":@"bubble_left" ofType:@"png"]];
    UIImageView *bubbleImageView = [[UIImageView alloc] initWithImage:[bubble stretchableImageWithLeftCapWidth:21 topCapHeight:14]];
    UIFont *font = [UIFont systemFontOfSize:12];
    CGSize size = [bubbleText sizeWithFont:font constrainedToSize:CGSizeMake(150.0f, 1000.0f) lineBreakMode:UILineBreakModeCharacterWrap];
    UILabel *bubbleTextLabel = [[UILabel alloc] initWithFrame:CGRectMake(21.0f, 14.0f, size.width+10, size.height+10)];
    bubbleTextLabel.backgroundColor = [UIColor clearColor];
    bubbleTextLabel.font = font;
    bubbleTextLabel.numberOfLines = 0;
    bubbleTextLabel.lineBreakMode = UILineBreakModeCharacterWrap;
    bubbleTextLabel.text = bubbleText;
    bubbleImageView.frame = CGRectMake(0.0f, 0.0f, 200.0f, size.height+40.0f);
    if(isSelf)
    {
        bgView.frame = CGRectMake(120.0f, 10.0f, 200.0f, size.height+50.0f);
    }
    else
    {
        bgView.frame = CGRectMake(0.0f, 10.0f, 200.0f, size.height+50.0f);
    }
    [bgView addSubview:bubbleImageView];
    [bubbleImageView release];
    [bgView addSubview:bubbleTextLabel];
    [bubbleTextLabel release];
    return [bgView autorelease];
}
```

2）获取发送信息内容

我们通过单行输入框来获取发送的信息内容。当用户输入完成并点击回车按钮发送的时候，则调用上面的函数创建气泡视图，并加到表格视图的数据源中，代码如下：

```objc
- (BOOL)textFieldShouldReturn:(UITextField *)textField
{
    UIView *chatView = [self getBubble:[NSString stringWithFormat:@"%@: %@", msgFrom?@"我":@"张三",
textField.text] from:msgFrom];
    [dataSource_ addObject:[NSDictionary dictionaryWithObjectsAndKeys:textField.text, @"text", msgFrom ?
@"self":@"other", @"speaker", chatView,@"bubbleView", nil]];
    msgFrom = !msgFrom;
    [bubbleTable_ reloadData];
    [bubbleTable_ scrollToRowAtIndexPath:[NSIndexPath indexPathForRow:[dataSource_ count]-1 inSection:0]
atScrollPosition:UITableViewScrollPositionBottom animated:NO];
    textField.text = @"";
    return YES;
}
```

3）设置 UITableView 界面

操作步骤如下：

❶ 设置背景色为亮蓝（RGB 值为 219，226，237），这个颜色与我们所使用的气泡图片比较搭配。

❷ 去掉 UITableView 单元格默认的分隔线，使之看起来不像是 TableView。

方法 1 通过 Interface Builder 设置 TableView 的 Separator 属性为 None。

方法 2 通过代码设置 UITableView，具体如下：

```objc
tableView.separatorStyle = UITableViewCellSeparatorStyleNone;
```

4）实现数据源和委托等相关代码

这样，实现了表格视图的数据源、委托，在界面上关联了输入信息需要的单行输入框，设置好它的委托，具体的代码如下：

BubbleTableController.h
```objc
#import <UIKit/UIKit.h>
@interface BubbleTableController : UIViewController<UITextFieldDelegate,UITableViewDelegate,
UITableViewDataSource>
{
    UITableView* bubbleTable_;
    NSMutableArray* dataSource_;
    BOOL msgFrom;
    UITextField* msgTextField_;
}

@property(nonatomic, retain) IBOutlet UITableView* bubbleTable;
@property(nonatomic, retain) NSMutableArray* dataSource;
@property(nonatomic, retain) IBOutlet UITextField* msgTextField;

- (UIView *)getBubble:(NSString *)bubbleText from:(BOOL)isSelf;
-(void)hideKeyboard;
@end
```

BubbleTableController.m
```objc
#import "BubbleTableController.h"
```

```objc
@implementation BubbleTableController
@synthesize bubbleTable = bubbleTable_;
@synthesize dataSource = dataSource_;
@synthesize msgTextField = msgTextField_;

- (id)initWithNibName:(NSString *)nibNameOrNil bundle:(NSBundle *)nibBundleOrNil
{
    self = [super initWithNibName:nibNameOrNil bundle:nibBundleOrNil];
    if (self) {
        // Custom initialization
    }
    return self;
}

- (void)didReceiveMemoryWarning
{
    // Releases the view if it doesn't have a superview.
    [super didReceiveMemoryWarning];

    // Release any cached data, images, etc that aren't in use.
}

#pragma mark - View lifecycle

- (void)viewDidLoad
{
    [super viewDidLoad];
    self.title = @"气泡表格";
    msgTextField_.enablesReturnKeyAutomatically = YES;
    self.navigationItem.rightBarButtonItem = [[[UIBarButtonItem alloc] initWithTitle:@"隐藏键盘"
style:UIBarButtonItemStyleBordered
target:self
action:@selector(hideKeyboard)] autorelease];
    NSMutableArray* array = [[NSMutableArray alloc] initWithCapacity:0];
    self.dataSource = array;
    [array release];
    msgFrom = YES;//刚开始是 YES，即第一条信息是自己发送的，放在右边，绿色气泡
}

-(void)hideKeyboard
{
    if([msgTextField_ isFirstResponder])
    {
        [msgTextField_ resignFirstResponder];
    }
    NSTimeInterval animationDuration = 0.30f;
    [UIView beginAnimations:@"ResizeForKeyboard" context:nil];
    [UIView setAnimationDuration:animationDuration];
    CGRect rect = CGRectMake(0.0f, 0.0f, self.view.frame.size.width, self.view.frame.size.height);
    self.view.frame = rect;
```

```objc
    [UIView commitAnimations];
}

//处理键盘弹出时会遮盖单行输入框的问题,将视图上移
- (void)textFieldDidBeginEditing:(UITextField *)textField
{
    CGRect frame = textField.frame;
    int offset = frame.origin.y + 32 - (self.view.frame.size.height - 246.0);//
    NSTimeInterval animationDuration = 0.30f;
    [UIView beginAnimations:@"ResizeForKeyBoard" context:nil];
    [UIView setAnimationDuration:animationDuration];
    float width = self.view.frame.size.width;
    float height = self.view.frame.size.height;
    if(offset > 0)
    {
        CGRect rect = CGRectMake(0.0f, -offset,width,height);
        self.view.frame = rect;
    }
    [UIView commitAnimations];
}

//点发送后,根据信息内容创建气泡视图,并添加到表格视图的数据源中
- (BOOL)textFieldShouldReturn:(UITextField *)textField
{
    NSTimeInterval animationDuration = 0.30f;
    [UIView beginAnimations:@"ResizeForKeyBoard" context:nil];
    [UIView setAnimationDuration:animationDuration];
    CGRect rect = CGRectMake(0.0f, 0.0f, self.view.frame.size.width, self.view.frame.size.height);
    self.view.frame = rect;
    [UIView commitAnimations];
    [textField resignFirstResponder];
    
    UIView *chatView = [self getBubble:[NSString stringWithFormat:@"%@: %@", msgFrom?@"我":@"张三", textField.text] from:msgFrom];
    [dataSource_ addObject:[NSDictionary dictionaryWithObjectsAndKeys:textField.text, @"text", msgFrom ?@"self":@"other", @"speaker", chatView,@"bubbleView", nil]];
    msgFrom = !msgFrom;
    [bubbleTable_ reloadData];
    [bubbleTable_ scrollToRowAtIndexPath:[NSIndexPath indexPathForRow:[dataSource_ count]-1 inSection:0] atScrollPosition:UITableViewScrollPositionBottom animated:NO];
    textField.text = @"";
    return YES;
}

//根据信息内容和信息由谁发送创建气泡视图
- (UIView *)getBubble:(NSString *)bubbleText from:(BOOL)isSelf
{
    UIView *bgView = [[UIView alloc] initWithFrame:CGRectZero];
    bgView.backgroundColor = [UIColor clearColor];
    UIImage *bubble = [UIImage imageWithContentsOfFile:[[NSBundle mainBundle] pathForResource:isSelf?@"bubble_right":@"bubble_left" ofType:@"png"]];
```

```objc
    UIImageView *bubbleImageView = [[UIImageView alloc] initWithImage:[bubble
stretchableImageWithLeftCapWidth:21 topCapHeight:14]];
    UIFont *font = [UIFont systemFontOfSize:12];
    CGSize size = [bubbleText sizeWithFont:font constrainedToSize:CGSizeMake(150.0f, 1000.0f)
lineBreakMode:UILineBreakModeCharacterWrap];
    UILabel *bubbleTextLabel = [[UILabel alloc] initWithFrame:CGRectMake(21.0f, 14.0f, size.width+10,
size.height+10)];
    bubbleTextLabel.backgroundColor = [UIColor clearColor];
    bubbleTextLabel.font = font;
    bubbleTextLabel.numberOfLines = 0;
    bubbleTextLabel.lineBreakMode = UILineBreakModeCharacterWrap;
    bubbleTextLabel.text = bubbleText;
    bubbleImageView.frame = CGRectMake(0.0f, 0.0f, 200.0f, size.height+40.0f);
    if(isSelf)
    {
        bgView.frame = CGRectMake(120.0f, 10.0f, 200.0f, size.height+50.0f);
    }
    else
    {
        bgView.frame = CGRectMake(0.0f, 10.0f, 200.0f, size.height+50.0f);
    }
    [bgView addSubview:bubbleImageView];
    [bubbleImageView release];
    [bgView addSubview:bubbleTextLabel];
    [bubbleTextLabel release];
    return [bgView autorelease];
}

- (NSInteger)numberOfSectionsInTableView:(UITableView *)tableView
{
    return 1;
}

- (NSInteger)tableView:(UITableView *)tableView numberOfRowsInSection:(NSInteger)section
{
    return [dataSource_ count];
}

- (CGFloat)tableView:(UITableView *)tableView heightForRowAtIndexPath:(NSIndexPath *)indexPath
{
    UIView *chatView = [[dataSource_ objectAtIndex:[indexPath row]] objectForKey:@"bubbleView"];
    return chatView.frame.size.height+10.0f;
}

// 创建单元格,增加气泡视图
- (UITableViewCell *)tableView:(UITableView *)tableView cellForRowAtIndexPath:(NSIndexPath *)indexPath
{
    static NSString *CellIdentifier = @"Cell";
    UITableViewCell *cell = [tableView dequeueReusableCellWithIdentifier:CellIdentifier];
    if (cell == nil)
    {
        cell = [[[UITableViewCell alloc] initWithStyle:UITableViewCellStyleDefault reuseIdentifier:CellIdentifier]
autorelease];
```

```
        cell.backgroundColor = [UIColor colorWithRed:0.859f green:0.886f blue:0.929f alpha:1.0f];
        cell.selectionStyle = UITableViewCellSelectionStyleNone;
    }
    NSDictionary *chatInfo = [dataSource_ objectAtIndex:[indexPath row]];
    for(UIView *subview in [cell.contentView subviews])
        [subview removeFromSuperview];
    [cell.contentView addSubview:[chatInfo objectForKey:@"bubbleView"]];
    return cell;
}

- (void)viewDidUnload
{
    self.bubbleTable = nil;
    self.msgTextField = nil;
    [super viewDidUnload];
}

-(void)dealloc
{
    [self.bubbleTable release];
    [self.msgTextField release];
    [self.dataSource release];
    [super dealloc];
}
- (BOOL)shouldAutorotateToInterfaceOrientation:(UIInterfaceOrientation)interfaceOrientation
{
    return (interfaceOrientation == UIInterfaceOrientationPortrait);
}
@end
```

运行的效果是一条信息是由我发出的,另一条是接收张三发的,气泡效果和间隔显示分别如图 6-24 和图 6-25 所示。

图 6-24 气泡效果的表格视图

图 6-25 间隔显示的气泡效果的表格视图

介绍到这里，我们对气泡视图有了大概的了解。不过以上介绍的方法也有缺点，比如每发一条信息就创建一个气泡 UIView，如果信息条数比较多，对内存的影响就会很大。还有一个缺点就是如果一条信息的内容比较多，出现多行，气泡视图的图片就会发生拉伸变形。关于这些问题，互联网上有一些开发者提供了解决方案，在此不再详述。

5）气泡的扩展与收缩

细心的读者可能会发现，内置短信应用的气泡大小不是固定的，而是会根据字的多少发生变化。因此，我们的消息气泡应能进行相应的扩展与收缩。在不影响气泡外观的情况下最简单的方法就是将它分成 9 个小图片，如图 6-26 所示。

如果想扩展气泡的高度，只需要在垂直方向上将中间一排的图片进行简单的延伸，如图 6-27（a）所示；如果想扩展气泡的宽度，只需要在水平方向上将中间一列的图片简单的延伸，如图 6-27（b）所示。

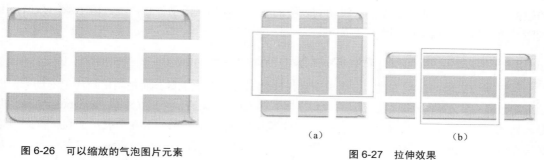

图 6-26　可以缩放的气泡图片元素　　图 6-27　拉伸效果

将要显示的消息覆盖在气泡上面就行了。具体的实现代码可以登录 http://www.devdiv.com/forum-218-1.html 进行下载。运行的效果如图 6-28 所示。

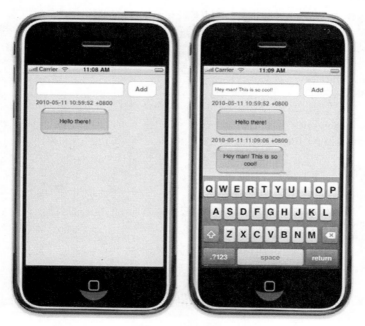

图 6-28　运行效果

6.7 UITableView 拖动以显示更多数据

我们知道，设计表格视图是为了显示数据，那么在数据非常多的时候，该如何进行数据显示呢？我们发现，新浪微博 iPhone 客户端、twitter 客户端、facebook 客户端等，在处理大批量数据的时候，都使用了分次加载的策略，即一次只加载一部分数据，用户如果需要查看更多的数据，可通过操作请求显示更多。而如果用来显示数据的视图是表格视图，请求操作基本上都是通过拖动表格视图实现的，比如新浪微博的 iPhone 客户端，可通过手指向上拖动表格，松手后加载更多新的数据，新的数据直接追加到表格的底部。本节我们就来介绍如何通过拖动 UITableView 显示更多数据。

1）基本思路

前面曾讲过，UITableView 是继承 UIScrollView 视图的，它之所以能够上下滚动，是因为 UIScrollView 支持上下滚动。拖动显示则是在判断 UITableView 滚动位置的基础上确定何时加载新的数据的。这里的基本思路是：当滚动到表格的底部时，如果滚动停止，就去请求新的数据。用来判断是否去请求新数据的回调函数如下：

(void)scrollViewDidEndDragging:(UIScrollView *)scrollView willDecelerate:(BOOL)decelerate

按照新浪微博的加载方式，表格滚动到最底部时并不马上加载，而是当用户向上拖动后，再去加载新数据。那么如何判断是否到达最底部了呢？UITableView 有一个成员变量 tableFooterView，也就是表格的表底，它是 UIView 类型的对象。可以创建这样一个视图，用它来展示加载新数据的等待状态以及加载完成后的界面。为此，创建一个基于 xib 文件的 LoadFootView，它含有一个风火轮 UIActivityIndicatorView 和一个静态文本框，用来显示当前的状态。具体代码如下：

LoadFootView.h
```
#import <UIKit/UIKit.h>
#define MORE_STRING    NSLocalizedString(@"向上拖动显示更多",@"向上拖动显示更多")
#define NO_MORE_STRING NSLocalizedString(@"已经到达列表底部",@"已经到达列表底部")
@interface LoadFootView : UIView
{
    IBOutlet UIActivityIndicatorView* activeView;
    IBOutlet UILabel* tipView;
}
@property(nonatomic,readonly) BOOL isLoading;
@property(nonatomic,readonly) UILabel* tipView;
- (void)startLoading;
- (void)stopLoading;
@end
```
LoadFootView.m
```
#import "LoadFootView.h"
@implementation LoadFootView
@synthesize tipView;
- (id)initWithFrame:(CGRect)frame
{
    self = [super initWithFrame:frame];
    if (self)
    {
```

```
        // Initialization code
    }
    return self;
}
- (void)awakeFromNib
{
    activeView.hidesWhenStopped = YES;
}
- (void)startLoading
{
    [activeView startAnimating];
    tipView.text = NSLocalizedString(@"正在加载...",nil);
}
- (void)stopLoading
{
    [activeView stopAnimating];
}
- (BOOL)isLoading
{
    return [activeView isAnimating];
}
@end
```

xib 的内容如图 6-29 所示。

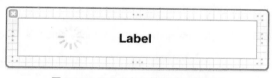

图 6-29　显示更多的等待单元格界面

2）实现过程

（1）创建并改写 UIViewController

创建一个含有 xib 文件的 UIViewController，命名为"DragMoreTableController"后，改写这个类型，代码如下：

```
DragMoreTableController.h
#import <UIKit/UIKit.h>
@class LoadFootView;
@interface DragMoreTableController : UIViewController
{
    UITableView* table_;
    LoadFootView* loadView;
    NSMutableArray* dataArray_;
    int index;
}
@property(nonatomic, retain) IBOutlet UITableView* table;
@property(nonatomic, retain) NSMutableArray* dataArray;
- (void)reloadTable;
-(void)getMoreData;
@end
```

其中，表格视图 table_ 是一个插座变量，它和 xib 文件里的表格控件关联。表底视图 loadView 是前面提到的 LoadFootView 类型，数据源 dataSource_ 是一个可变数组，用来提供表格视图的数据，因为需要添加新的数据，因此这里使用可变数组。最后一个变量是索引，主要为了区分新加的数据是第几次加载的。

（2）实现 DragMoreTableController.m 文件的内容

操作步骤如下：

1 初始化数据源、表格视图的界面等，这些工作在 viewDidLoad 中进行：

```objc
- (void)viewDidLoad
{
    [super viewDidLoad];
    self.title = @"向上拖动显示更多";
    index = 0;
    NSArray* viewArray = [[NSBundle mainBundle] loadNibNamed:@"LoadFootView" owner:nil options:nil];
    loadView = [[viewArray objectAtIndex:0] retain];
    table_.tableFooterView = loadView;
    loadView.tipView.text = [[NSString alloc] initWithString:MORE_STRING];
    NSMutableArray* array = [[NSMutableArray alloc] initWithObjects:@"表格数据", @"表格数据", @"表格数据", nil];
    self.dataArray = array;
    [array release];
}
```

2 实现表格视图的数据源和委托：

```objc
- (NSInteger)tableView:(UITableView *)tableView numberOfRowsInSection:(NSInteger)section
{
    if(dataArray_ != nil)
    {
        int count = [dataArray_ count];
        return count;
    }
    return 0;
}
- (CGFloat)tableView:(UITableView *)tableView heightForRowAtIndexPath:(NSIndexPath *)indexPath
{
    return 60.0f;
}
- (UITableViewCell *)tableView:(UITableView *)tableView cellForRowAtIndexPath:(NSIndexPath *)indexPath
{
    static NSString *CellIdentifier = @"Cell";
    UITableViewCell *cell = [tableView dequeueReusableCellWithIdentifier:CellIdentifier];
    if (cell == nil)
    {
        cell = [[[UITableViewCell alloc] initWithStyle:UITableViewCellStyleDefault reuseIdentifier:CellIdentifier] autorelease];
        cell.accessoryType = UITableViewCellAccessoryDisclosureIndicator;
    }
    cell.imageView.image = [UIImage imageNamed:@"share_this_icon.png"];
    cell.textLabel.text = [dataArray_ objectAtIndex:indexPath.row];
```

```objc
    return cell;
}
```

3 判断表格是否拖动到最后、何时加载数据以及请求的数据如何添加到数据源中，代码如下：

```objc
- (void)scrollViewDidEndDragging:(UIScrollView *)scrollView willDecelerate:(BOOL)decelerate
{
    if (loadView.isLoading)
    {
        return ;
    }
    CGSize contentSize = scrollView.contentSize;
    CGRect frame = scrollView.frame;
    CGPoint contentPos = scrollView.contentOffset;

    //表格滚动到最后，再次向上拖动时，请求新的数据
    if (contentPos.y > contentSize.height - frame.size.height)
    {
        [loadView startLoading];
        //三秒钟之后，刷新请求更多数据
        [self performSelector:@selector(getMoreData) withObject:nil afterDelay:3];
    }
}
//创建新的数据，并添加到数据源中
-(void)getMoreData
{
    index ++;
    NSString* str = [NSString stringWithFormat:@"第%d 次请求的新数据", index];
    [dataArray_ addObject:str];
    [dataArray_ addObject:str];
    [self reloadTable];
}
//重新刷新表格
- (void)reloadTable
{
    [loadView stopLoading];
    [self.table reloadData];
    loadView.tipView.text = [[NSString alloc] initWithString:MORE_STRING];
}
```

本段代码中，当满足请求加载新数据的条件后，调用延时调用函数 getMoreData 添加新的数据：

`[self performSelector:@selector(getMoreData) withObject:nil afterDelay:3];`

添加完新的数据后，刷新表格。

运行程序，可以看到表格的最底部显示"向上拖动显示更多"，如图 6-30 所示，这个就是表格的 tableFooterView 视图。当用手指向上拖动表格并松开后，tableFooterView 的状态会随之改变：左边显示的是一个旋转的风火轮，右边的文字也变为"正在加载..."，如图 6-31 所示。

当新的数据加载完成后，表格数据和界面都会被刷新，新的数据添加到表格的后面，tableFooterView 的状态还原为向上拖动显示更多，旋转的风火轮隐藏，如图 6-32 所示。该状态下说明此时可以再次拖动加载新的数据，如果再次加载并刷新表格，界面如图 6-33 所示。

图 6-30 向上拖动显示更多

图 6-31 正在加载界面

图 6-32 加载的风火轮隐藏

图 6-33 加载完成后的界面

【结束语】

本章主要介绍了表格视图的基本知识和使用方法,从表格视图的构成,如何编辑表格视图,到使用表格视图实现气泡样式的界面,最后又向大家介绍了表格视图中非常重要的一个应用——通过拖动表格显示更多数据。事实上,本章介绍的只是表格视图的冰山一角。要想真正通过表格做出精彩的应用并展现出丰富绚丽的效果,还需要我们共同的探索和努力。

第 7 章 文 件 I/O

程序运行会产生大量的数据，这些数据有些是保存在系统的内存中的，比如代码中定义的对象、变量等，它们在程序结束后被释放，程序再次运行时重新生成；还有一些数据是需要持久化的，比如应用中的预置数据，用户信息数据，用户在使用过程中下载的文档、图片或者音乐等，尽管这些数据可能类型不同，但都需要保存到程序的文件系统中。本章将从一个实例入手，依次介绍如何对文件及文件夹进行操作并获取相关的属性，从而熟悉 iOS 的文件系统。

7.1 文件系统

当应用程序运行时，操作系统会为当前应用程序分配一个路径，在这个路径下生成应用程序的文件系统。该系统包括一个应用程序包及 Documents、Libtary 和 tmp 三个文件夹，如图 7-1 所示。

图 7-1 文件系统结构

> **提 示** iPhone 应用程序只能在 iOS 操作系统为该程序创建的文件系统中读取文件，不可以去其他地方访问，此区域被成为沙盒，所以所有的非代码文件都要保存在此，例如图像、图标、声音、映像、属性列表、文本文件等。

iPhone 文件系统的几个重要目录结构如下：

1）<Home>/appName.app

应用程序束也就是 Bundle，它是应用程序本身，相当于应用的安装程序。因为安装到 iOS 设备当中的程序都有签名，所以在运行时，是不能对这个路径进行改写的，通过 iTunes 或者 iCloud 同步应用程序时，也不能对该路径下的文件进行备份。

2）<Home>/Documents/

程序的文档路径是程序数据的主要存储区，包含了程序进行读写的所有文档，用户可以在这个文件夹下面随意创建文件夹或者文件。在 iCloud 发布以后，因为涉及到云备份，所以苹果公司调整了 Documents 目录下文件的存放规则，详见 7.3 节。

3）<Home>/Library/Perferences/

包含了用来设定用户偏好的文件，与 Documents 目录不同，不能在这里创建文件，而需要通过 NSUserDefault 这个类来访问程序的偏好设置。

4）<Home>/Library/Cache/

通常把特定程序的支持文件放到这个文件夹中，程序作为缓存路径的持有者，要负责文件的添加和删除工作，这个路径下的文件在程序同步时不会被备份。

5）<Home>/tmp/

包含了程序运行时需要的临时文件，这里的文件在需用的时候需要被清除。在程序退出后，系统

iOS 开发实战体验

会自动清除，这一操作也可以由用户自己来完成。当应用程序被同步时，该路径下的文件不会被同步。

> **提示** 模拟器中允许开发者在应用程序目录下创建文件和文件夹，但是在设备中不允许，只可以在 Documents 和 Tmp 目录随意地读写数据和创建目录等。

7.2 文件管理

iOS 的文件管理主要是通过 NSFileManager 对象实现的，NSFileManager 对象包含了用来查询、创建、重命名、删除目录或者文件以及获取/设置文件属性的方法（可读、可写、创建日期、修改日期等）。

为了更好地了解 iOS 文件系统及对文件系统的操作，我们将编写一个文件浏览器（FileBrowser），实现对文件的基本操作。

这个轻量级文件浏览器支持以下功能：

① 起始文件目录为应用的根目录。
② 能够用表格列出当前目录下的所有文件，并在界面中将文件夹和文件进行区分。
③ 点击文件夹能够进入该文件夹，并显示出文件夹下的文件。
④ 点击文件能够显示文件的相关信息，并提供相应按钮点击后可以预览文件。
⑤ 在文件目录层可以自由创建和删除用户自定义文件夹。
⑥ 在文件目录层可以自由创建和删除文本文件。

该应用的主要流程为：当程序启动时进入应用的根目录，通过表格方式展现当前目录下的文件或者文件夹，每个表格的单元格前都有图标进行标识；进入到一层目录后，可以点击导航条上的增加按钮来创建一个新的文件夹或者一个新的文件；在文件目录下点击一个文件，会进入到文件详细信息的页面，详细信息页面有按钮，点击后可以对文件进行预览；同样在文件目录页面，通过滑动手势可以触发删除操作，以删除对应的文件夹或者文件。应用的主要操作流程如图 7-2 所示。

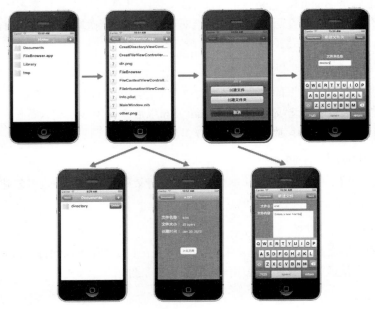

图 7-2 应用的主要操作流程

7.2.1 读取并显示对应目录下的文件

下面，我们通过读取文件目录并显示相应的文件，来说明如何对文件进行管理。

1）读取文件目录

操作步骤如下：

1 创建一个导航栏模板的工程，生成 RootViewController 及对应的应用委托。这里把 RootViewController 作为展示文件目录的视图控制器。

需要读取对应目录下的文件时，先要了解 NSFileManager 的 contentsOfDirectoryAtPath 方法：

- (NSArray *)contentsOfDirectoryAtPath:(NSString *)path error:(NSError **)error

当向这个方法传入一个 path 后，它会返回一个 NSArray 类型的数组，这个数组里面包括了当前路径下的所有文件名。文件名是 NSString 类型的，所以需要在 RootViewController 中增加对应的成员变量，保存目录下的文件名以及当前文件目录的全路径，这样在通过表格展示的时候，返回的 NSArray 数组的长度就是对应的行数。

2 在头文件中添加需要使用的成员变量：

```
//当前目录包含文件数组
NSArray *directoryArray_;
//当前路径
NSString *currentDirectoryPath_;
```

3 编写加载文件数组的方法。这个方法在 RootViewController 加载完毕时调用，且表格对应的行数就是保存文件数组的长度。代码如下：

```
//页面加载
- (void)viewDidLoad
{
    [super viewDidLoad];

    //加载目录下文件
    [self loadFilesByDirectory:[self currentDirectoryPath]];
}

//加载目录下文件
- (void)loadFilesByDirectory:(NSString *)directory
{
    NSArray *files = [[NSFileManager defaultManager] contentsOfDirectoryAtPath:directory error:nil];
    [self setDirectoryArray:files];
}

//返回表格对应的行数
- (NSInteger)tableView:(UITableView *)tableView numberOfRowsInSection:(NSInteger)section
{
    return [[self directoryArray] count];
}
```

4 实现表格的单元格显示对应文件的文件名，并且单元格能够区分文件夹和文件从而显示不同的图片。代码如下：

```
//定制表格
- (UITableViewCell *)tableView:(UITableView *)tableView cellForRowAtIndexPath:(NSIndexPath *)indexPath
{
    static NSString *CellIdentifier = @"Cell";

    UITableViewCell *cell = [tableView dequeueReusableCellWithIdentifier:CellIdentifier];
    if (cell == nil)
    {
        cell = [[[UITableViewCell alloc] initWithStyle:UITableViewCellStyleDefault reuseIdentifier:CellIdentifier] autorelease];
    }

    //获取文件名
    NSString *name = [[self directoryArray] objectAtIndex:[indexPath row]];
    [[cell textLabel] setText:name];

    //拼接路径
    NSString *path = [[self currentDirectoryPath] stringByAppendingPathComponent:name];

    //判断是否是文件夹
    BOOL isDirectory;

    //判断是文件还是文件夹来显示不同的图标
    if ([[NSFileManager defaultManager] fileExistsAtPath:path isDirectory:&isDirectory] && isDirectory)
    {
        [[cell imageView] setImage:[UIImage imageNamed:@"dir.png"]];
    }
    else
    {
        [[cell imageView] setImage:[UIImage imageNamed:@"other.png"]];
    }
    return cell;
}
```

2）显示目录下的文件

前面我们读取出了文件目录，接下来对文件目录进行显示。

（1）显示根目录的文件信息

有了以上代码，当前的这个 ViewController 已经可以显示对应目录下的文件了，但是仍然不符合要求，我们希望在初始时显示应用对应的根目录，可以通过 NSHomeDirectory()获得应用的根目录，并在根目录的 RootViewController 初始化后将根路径传给它，为此需要在应用的委托中（FileBrowserAppDelegate）对 didFinishLaunchingWithOptions 方法进行相应的编码：

```
- (BOOL)application:(UIApplication *)application didFinishLaunchingWithOptions:(NSDictionary *)launchOptions
{
    [self.window addSubview:navigationController.view];

    //获取根 ViewController
    NSArray *currentViewControllers = [navigationController viewControllers];
```

```
        RootViewController *rootViewController = (RootViewController *)[currentViewControllers objectAtIndex:0];

        //获取主目录地址
        NSString *homeDictionary = NSHomeDirectory();
        [rootViewController setCurrentDirectoryPath:homeDictionary];

        //标题
        [rootViewController setTitle:@"Home"];

        [self.window makeKeyAndVisible];
        return YES;
}
```

这样处理后，应用运行后应用委托将应用的根目录的路径传给 RootViewController，RootViewController 在页面加载完毕时加载对应路径下的文件信息并保存至成员变量，表格刷新对应的数据就可以显示根目录下的文件了，如图 7-3 所示。

（2）文件夹分层浏览

前面只能显示根目录的文件信息，若想实现一层一层的浏览，还需要对点击表格进行对应的处理，即如果点击的是文件夹，则通过导航进入到对应的文件夹，如果点击到对应的文件，则显示文件的相关信息。我们创建 FileInfomationViewController 用于显示对应的文件信息。若要实现点击操作，还需要对 RootViewController 中的 didSelectRowAtIndexPath 方法做如下处理：

图 7-3　应用根目录下文件视图

```
- (void)tableView:(UITableView *)tableView didSelectRowAtIndexPath:(NSIndexPath *)indexPath
{
        //获取点击文件名
        NSString *name = [[self directoryArray] objectAtIndex:[indexPath row]];

        //拼接路径
        NSString *path = [[self currentDirectoryPath] stringByAppendingPathComponent:name];

        //判断是否是文件夹
        BOOL isDirectory;

        if ([[NSFileManager defaultManager] fileExistsAtPath:path isDirectory:&isDirectory] && isDirectory)
        {
                //如果是文件夹则依旧显示文件目录
                RootViewController *detailViewController = [[RootViewController alloc] initWithNibName:@"RootViewController" bundle:nil];
                [detailViewController setCurrentDirectoryPath:path];

                //标题
                [detailViewController setTitle:name];
```

```
        [self.navigationController pushViewController:detailViewController animated:YES];
        [detailViewController release];
    }
    else
    {
        //如果是文件则显示文件详细内容
        FileInfomationViewController *fileInfomationViewController = [[FileInfomationViewController alloc]
initWithNibName:@"FileInfomationViewController" bundle:nil];
        [fileInfomationViewController setFilePath:path];

        //标题
        [fileInfomationViewController setTitle:name];

        [self.navigationController pushViewController:fileInfomationViewController animated:YES];
        [fileInfomationViewController release];
    }
}
```

经过上述处理，当点击对应的单元格时，首先判断当前点击的路径是否为文件夹，如果是文件夹，那就新创建一个 RootViewController，把点击的路径传递给它，并将其通过 NavigationController 压入视图栈，其加载完毕后会把对应文件夹下的文件信息列出来，这样就实现了文件夹的分层浏览，如图 7-4 所示。

图 7-4 分层浏览

7.2.2 获取文件属性信息

当前的应用已经可以区分文件和文件夹，但是作为一个文件浏览器，功能却不能这么简单，还需要知道当前文件的更多信息，比如文件的名称、大小、创建时间和修改时间等，这些通过 NSFileManager 对象的 attributesOfItemAtPath 方法可以轻松获取，获取到的值放在字典中，通过系统提供的 key 值可以取出对应的值。在这里我们只是简单地展示功能，所以只取了文件大小和文件创建时间两个信息。

1）获取文件属性信息

1 新建 FileInfomationViewController 作为展示文件信息的控制器，头文件代码如下：

```objc
@interface FileInfomationViewController : UIViewController
{
    //文件路径
    NSString *filePath_;

    //文件名
    UILabel *nameLabel_;

    //文件大小
    UILabel *fileSizeLabel_;

    //文件创建日期
    UILabel *fileCreateDate_;
}

@property(nonatomic, retain)NSString *filePath;
@property(nonatomic, retain)IBOutlet UILabel *nameLabel;
@property(nonatomic, retain)IBOutlet UILabel *fileSizeLabel;
@property(nonatomic, retain)IBOutlet UILabel *fileCreateDate;

//浏览文件
- (IBAction)readFile:(id)sender;
@end
```

2 头文件编写完之后，构建视图，并将视图中的控件连接到代码。在 InterfaceBuilder 中构建的文件属性视图如图 7-5 所示。

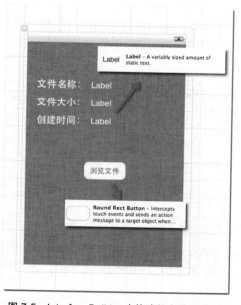

图 7-5　InterfaceBuilder 中构建的文件属性视图

3 连接完成之后,实现头文件中定义的成员变量和方法:

```
- (void)viewDidLoad
{
    [super viewDidLoad];

    //文件名称
    [[self nameLabel] setText:[[self filePath] lastPathComponent]];

    //加载信息
    NSDictionary *attributes = [[NSFileManager defaultManager] attributesOfItemAtPath:filePath_ error:nil];

    //日期
    NSDate *createDate = [attributes objectForKey:NSFileCreationDate];
    NSDateFormatter *dateFormatter = [[NSDateFormatter alloc] init];
    [dateFormatter setTimeStyle:NSDateFormatterNoStyle];
    [dateFormatter setDateStyle:NSDateFormatterMediumStyle];
    [[self fileCreateDate] setText:[dateFormatter stringFromDate:createDate]];
    [dateFormatter release];

    //大小
    NSNumber *fileSize = (NSNumber *)[attributes objectForKey:NSFileSize];
    NSNumberFormatter *numberFormatter = [[NSNumberFormatter alloc] init];
    [numberFormatter setPositiveFormat:@"#,##0.## bytes"];
    [[self fileSizeLabel] setText:[numberFormatter stringFromNumber:fileSize]];
    [numberFormatter release];
}
```

2)预览文件

这样,点击文件后就可以显示对应的文件信息了。但是我们还希望能够对这个文件进行预览,实现图 7-5 中【浏览文件】按钮的功能。因为这个例子比较简单,可以通过 UIWebView 来加载并显示文件,新创建 FileContentViewController 用来加载 UIWebView。

1 编写头文件,代码如下:

```
@interface FileContentViewController : UIViewController
{
    //用于浏览文件的 UIWebView
    UIWebView *webView_;

    //文件路径
    NSString *path_;

}

@property(nonatomic, retain)IBOutlet UIWebView *webView;
@property(nonatomic, retain)NSString *path;

@end
```

2 编写好头文件后构建视图。视图非常简单,只有一个UIWebVIew。构建好视图并且连接到代码后,实现头文件中的定义。在视图加载完毕的时候进行处理即可,代码如下:

```
- (void)viewDidLoad
{
    [super viewDidLoad];

    //创建 url
    NSURL *url = [NSURL URLWithString:[self path]];

    //创建文件请求
    NSURLRequest *requerst = [NSURLRequest requestWithURL:url];

    //webView 加载请求
    [webView_ loadRequest:requerst];
}
```

3 编写好代码后,对文件进行浏览。查看文件属性并且浏览文件,如图7-6所示。

图 7-6 查看文件属性并浏览文件

7.2.3 创建文件夹

前面创建的文件浏览器已经可以访问目录并浏览文件了,我们还希望能实现创建文件目录、创建文件、删除对应目录及文件的功能,本小节将学习如何创建一个新的文件夹。操作步骤如下:

1 在文件目录(RootViewController)中增加一个按钮,按钮被点击后会弹出一个UIActionSheet,提供"创建文件"和"创建文件夹"两个选择,点击对应的选项即可进行相关操作,代码如下:

```
- (void)viewDidLoad
{
    [super viewDidLoad];
```

```objc
    //加载目录下文件
    [self loadFilesByDirectory:[self currentDirectoryPath]];
    
    //增加添加按钮及相关回调函数
    UIBarButtonItem *addItem = [[UIBarButtonItem alloc]
                                initWithBarButtonSystemItem:UIBarButtonSystemItemAdd
                                target:self
                                action:@selector(creat)];
    [[self navigationItem] setRightBarButtonItem:addItem];
    [addItem release];
    
}

//创建文件或者文件目录的回调函数
- (void)creat
{
    UIActionSheet *actionSheet = [[UIActionSheet alloc]
                                  initWithTitle:@"请选择"
                                  delegate:self
                                  cancelButtonTitle:@"取消"
                                  destructiveButtonTitle:nil
                                  otherButtonTitles:@"创建文件", @"创建文件夹", nil];
    
    [actionSheet showInView:self.view];
    [actionSheet release];
}

//点击 UIActionSheet 后的回调函数
- (void)actionSheet:(UIActionSheet *)actionSheet clickedButtonAtIndex:(NSInteger)buttonIndex
{
    if (buttonIndex == 0)
    {
        //创建文件
        [self creatFile];
    }
    else if(buttonIndex == 1)
    {
        //创建文件夹
        [self creatDirectory];
    }
}
```

选择创建文件或者创建文件夹视图如图 7-7 所示。

2 创建一个 CreatDirectoryViewController 以实现用户自定义文件夹名称的功能。因为有的文件夹是不允许创建文件的，为此需要在使用 CreatDirectoryViewController 之前判断当前的目录是否允许创建文件夹。代码如下：

```objc
//创建文件目录
- (void)creatDirectory
{
    //判断当前目录是否可写
```

```
BOOL isDirectoryCanWrite = [[NSFileManager defaultManager] isWritableFileAtPath:[self currentDirectoryPath]];

    if (isDirectoryCanWrite)
    {
        CreatDirectoryViewController *creatDirectoryViewController = [[CreatDirectoryViewController alloc] initWithNibName:@"CreatDirectoryViewController" bundle:nil];
        [creatDirectoryViewController setCurrentPath:[self currentDirectoryPath]];
        [creatDirectoryViewController setPreViewController:self];
        [[self navigationController] pushViewController:creatDirectoryViewController animated:YES];

        [creatDirectoryViewController release];
    }
    else
    {
        UIAlertView *alertView = [[UIAlertView alloc]
                                  initWithTitle:@""
                                  message:@"当前目录不可写"
                                  delegate:nil
                                  cancelButtonTitle:@"确定"
                                  otherButtonTitles:nil,
                                  nil];
        [alertView show];
        [alertView release];

    }
}
```

图 7-7　创建文件或者文件夹选项

3 在 CreatDirectoryViewController 中，创建输入框并提供保存方法。因为需要当前的文件路径及当前目录（RootViewController）的指针，所以头文件如下：

```
@interface CreatDirectoryViewController : UIViewController
{
```

```
    //用于输入文件夹名的输入框
    UITextField *nameField_;

    //当前文件路径
    NSString *currentPath_;

    //前一页面
    UIViewController *preViewController_;
}

@property(nonatomic, retain)IBOutlet UITextField *nameField;
@property(nonatomic, retain)NSString *currentPath;
@property(nonatomic, retain)UIViewController *preViewController;

//保存
- (void)save;
@end
```

在 InterfaceBuilder 中构建的创建文件夹视图如图 7-8 所示。

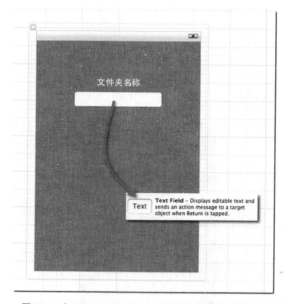

图 7-8　在 InterfaceBuilder 中构建的创建文件夹视图

同创建的时候一样，保存也需要一个按钮来触发，触发对应的操作通过@selector 选取一个回调函数来实现，代码如下：

```
- (void)viewDidLoad
{
    [super viewDidLoad];

    //标题
    [self setTitle:@"新建文件夹"];

    //增加保存按钮及相关回调函数
```

```
        UIBarButtonItem *saveItem = [[UIBarButtonItem alloc]
                            initWithBarBarButtonSystemItem:UIBarButtonSystemItemSave
                            target:self
                            action:@selector(save)];
    [[self navigationItem] setRightBarButtonItem:saveItem];
    [saveItem release];

}

//保存
- (void)save
{
    //获取文件夹名称
    NSString *name = [[self nameField] text];

    //新路径
    NSString *path = [[self currentPath] stringByAppendingPathComponent:name];

    //创建文件夹
    [[NSFileManager defaultManager] createDirectoryAtPath:path
                            withIntermediateDirectories:YES
                                        attributes:nil
                                            error:nil];

    //刷新目录页面
    RootViewController *rootViewController = (RootViewController *)[self preViewController];
    [rootViewController loadFilesByDirectory:[rootViewController currentDirectoryPath]];
    [[rootViewController tableView] reloadData];


    [[self navigationController] popViewControllerAnimated:YES];
}
```

文件夹的创建流程如图 7-9 所示。

图 7-9　文件夹的创建流程

7.2.4 创建文件

创建文件的流程与创建文件夹的流程基本相同，具体步骤如下：

1 补充 RootViewConttoller 类中的创建文件的方法，代码如下：

```
//创建文件
- (void)creatFile
{
    //判断当前目录是否可写
    BOOL isDirectoryCanWrite = [[NSFileManager defaultManager] isWritableFileAtPath:[self currentDirectoryPath]];

    if (isDirectoryCanWrite)
    {
        CreatFileViewController *creatFileViewController = [[CreatFileViewController alloc] initWithNibName:@"CreatFileViewController" bundle:nil];
        [creatFileViewController setCurrentPath:[self currentDirectoryPath]];
        [creatFileViewController setPreViewController:self];
        [[self navigationController] pushViewController:creatFileViewController animated:YES];

        [creatFileViewController release];
    }
    else
    {
        UIAlertView *alertView = [[UIAlertView alloc]
                                  initWithTitle:@""
                                  message:@"当前目录不可写"
                                  delegate:nil
                                  cancelButtonTitle:@"确定"
                                  otherButtonTitles:nil,
                                  nil];
        [alertView show];
        [alertView release];

    }
}
```

2 在 CreatDirectoryViewController 中创建输入框并提供保存方法。因为需要当前的文件路径及当前目录（RootViewController）的指针，头文件如下：

```
@interface CreatFileViewController : UIViewController
{
    //文件名输入框
    UITextField *nameField_;

    //文件内容输入框
    UITextView *textView_;

    //当前文件路径
    NSString *currentPath_;
```

```
//前一页面
UIViewController *preViewController_;
}

@property(nonatomic, retain)IBOutlet UITextField *nameField;
@property(nonatomic, retain)IBOutlet UITextView *textView;
@property(nonatomic, retain)NSString *currentPath;
@property(nonatomic, retain)UIViewController *preViewController;

//保存
- (void)save;

@end
```

3 编写完头文件后构建视图。因为只需要用户输入文件名和文件的内容,所以仅用到 UITextField 和 UITextView 两个控件。在 InterfaceBuiler 中构建的创建文件视图如图 7-10 所示。

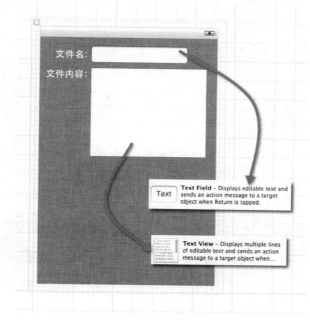

图 7-10 在 InterfaceBuiler 中构建的创建文件视图

4 创建保存按钮,其触发操作由@selector 选取一个回调函数来实现,代码如下:

```
- (void)viewDidLoad
{
    [super viewDidLoad];

    //标题
    [self setTitle:@"新建文件"];

    //增加保存按钮及相关回调函数
    UIBarButtonItem *saveItem = [[UIBarButtonItem alloc]
                        initWithBarButtonSystemItem:UIBarButtonSystemItemSave
```

```
                                target:self
                                action:@selector(save)];
    [[self navigationItem] setRightBarButtonItem:saveItem];
    [saveItem release];
}

//保存
- (void)save
{
    //获取文件夹名称
    NSString *name = [[self nameField] text];

    //新路径
    NSString *path = [[self currentPath] stringByAppendingPathComponent:name];

    //获取文件数据
    NSData *data = [[[self textView] text] dataUsingEncoding:NSUTF8StringEncoding];

    //写文件
    [data writeToFile:path atomically:YES];

    //刷新目录页面
    RootViewController *rootViewController = (RootViewController *)[self preViewController];
    [rootViewController loadFilesByDirectory:[rootViewController currentDirectoryPath]];
    [[rootViewController tableView] reloadData];

    [[self navigationController] popViewControllerAnimated:YES];
}
```

编写完以上代码后，就可以创建对应的文件了。创建文件流程如图 7-11 所示。

图 7-11　创建文件流程

7.2.5 删除文件

删除文件操作可以在显示文件夹目录的表格视图中，通过如下方法运用"滑动"手势完成，前提是当前这个路径是可写的。

```objc
- (void)tableView:(UITableView *)tableView commitEditingStyle:(UITableViewCellEditingStyle)editingStyle forRowAtIndexPath:(NSIndexPath *)indexPath;
```

具体的实现代码如下：

```objc
- (void)tableView:(UITableView *)tableView commitEditingStyle:(UITableViewCellEditingStyle)editingStyle forRowAtIndexPath:(NSIndexPath *)indexPath
{
    //删除手势
    if (editingStyle == UITableViewCellEditingStyleDelete)
    {
        //获取点击文件名
        NSString *name = [[self directoryArray] objectAtIndex:[indexPath row]];

        //拼接路径
        NSString *path = [[self currentDirectoryPath] stringByAppendingPathComponent:name];

        //判断当前目录是否可写
        BOOL isDirectoryCanWrite = [[NSFileManager defaultManager] isWritableFileAtPath:path];

        if (isDirectoryCanWrite)
        {
            //删除
            [[NSFileManager defaultManager] removeItemAtPath:path error:nil];

            //刷新
            [self loadFilesByDirectory:[self currentDirectoryPath]];
            [[self tableView] reloadData];
        }
        else
        {
            UIAlertView *alertView = [[UIAlertView alloc]
                                      initWithTitle:@""
                                      message:@"没有权限删除！"
                                      delegate:nil
                                      cancelButtonTitle:@"确定"
                                      otherButtonTitles:nil,
                                      nil];
            [alertView show];
            [alertView release];
        }
    }
}
```

编写完以上代码后，在表格视图对应的文件单元格上滑动手指，点击【删除】按钮，即会执行以上所写的代码，如图 7-12 所示。

iOS 开发实战体验

图 7-12 删除文件夹

7.3 本地数据存储规则

新发布的 iOS 5 系统增加了一个新的机制，在设备容量空间不足的情况下自动清除高速缓存文件或临时目录的内容。这意味着，如果设备的容量快到极限了，应用存储的很多离线内容，包括文章、杂志、图书、漫画以及其他数据都将被清空！如果用户需要，将不得不重新下载这些内容。新版本的系统中还提供了 iCloud 功能，对本地文件系统文件夹的使用进行了重新定义，开发者必须遵守这些规则，否则将遭到苹果应用商店的拒绝。

用户生成的文件、其他数据及其他程序不能重新创建的文件，应该保存在 <Application_Home>/Documents 目录下面，并将通过 iCloud 自动备份。

可以重新下载或者重新生成的数据应该保存在 <Application_Home>/Library/Caches 目录下，杂志、新闻、地图应用使用的数据库缓存文件和可下载内容应该保存到这个文件夹。

临时使用的数据应该保存到 <Application_Home>/tmp 文件夹。尽管 iCloud 不会备份这些文件，但在应用使用完这些数据之后要注意随时删除，避免占用用户设备的空间。

【结束语】

本章我们了解了 iOS 的文件系统，并且通过 FileBrowser 这样一个实例全面地学习了如何对文件系统进行操作，如何去创建一个文件夹和文件。这个例子只是具备了基本的功能，有兴趣的读者可以在此基础上进行扩展，使这个文件浏览器的功能更强大。作为一个开发者我们知道，文件系统是最常用也是最基本的提供长期存储的系统，如何对文件进行处理关系着应用程序的执行效率，进而影响用户的体验。因此，作为 iOS 开发者应该熟悉 iOS 的文件系统，使应用达到最佳用户体验。

第 8 章 硬件和通信

伴随着 iPhone 的推出,其采用的触摸屏完全颠覆了先前手机的键盘和触控笔操作模式。可以说,iPhone 依靠强大的 Multi-Touch 技术,彻底征服了整个手机产业。当然,除了 Multi-Touch 技术,iPhone 也提供了强大的硬件支持,如摄像头、GPS 定位、加速度计等,iPhone4 上面还增加了陀螺仪。本章我们就来认识这些硬件,并学习如何通过代码调用这些硬件,以帮助我们开发应用。具体要实现的硬件功能如图 8-1 所示。

（a）硬件功能列表　　　（b）摄像头功能界面

图 8-1　iPhone 硬件功能

8.1　摄像头

摄像头提供了两种功能：拍照和摄像,拍照获取的是一张图片,摄像则是获取一段视频流。iPhone 还为开发者提供了简便的接口,能够用来定制拍照界面。本节我们就来介绍如何在 iPhone 中实现这 3 种功能。

8.1.1　拍照

手机拍照不是 iPhone 的发明,在 iPhone 发布以前,手机已经能够实现这样的功能。与其他手机不同的是,iPhone 不仅提供了拍照的基本功能,还可以在拍照之后进行编辑并保存图片。

1）拍照时调用的方法

iPhone 调用摄像头拍照时,会使用 UIImagePickerController 创建一个照片拾取器,待用户完成拍照动作并保存图片时把图片返回给我们。具体用法如下：

```
if ([UIImagePickerController isSourceTypeAvailable:UIImagePickerControllerSourceTypeCamera])
{
    UIImagePickerController *imagePicker = [[UIImagePickerController alloc] init];
    imagePicker.delegate = self;
    imagePicker.editing = YES;
    imagePicker.sourceType = UIImagePickerControllerSourceTypeCamera;
    [self presentModalViewController:imagePicker animated:YES];
    [imagePicker release];
}
```

其中，"imagePicker.sourceType = UIImagePickerControllerSourceTypeCamera;"语句用来设置数据源，数据源可以是从照片图库里获取的图片、使用摄像头获取的图片或视频、取自相薄的图片，3种取值依次为：

```
enum {
    UIImagePickerControllerSourceTypePhotoLibrary,
    UIImagePickerControllerSourceTypeCamera,
    UIImagePickerControllerSourceTypeSavedPhotosAlbum
};
typedef NSUInteger UIImagePickerControllerSourceType;
```

其中，UIImagePickerControllerSourceTypePhotoLibrary 为相薄，包含摄像头拍照和录音的文件，用户也可以在此目录下新建自己的文件夹；UIImagePickerControllerSourceTypeCamera 为摄像头；UIImagePickerControllerSourceTypeSavedPhotosAlbum 为可以直接获取的照片图库里的文件。

2）不同数据源的事件处理

点拍照按钮时会弹出一个对话框，供用户选择是拍照还是从照片图库里选择图片，如果用户选择拍照，则调用拍照；如果用户选择从照片图库里选择图片，则打开图片库。如果用户不想操作，可以点取消按钮。为了实现这些功能，需要增加一个UIActionSheet以区分不同的事件，代码如下：

```
-(IBAction)takePicktureButtonClick:(id)sender
{
                UIActionSheet *cameraSheet = [[UIActionSheet alloc] initWithTitle:nil
                                                            delegate:self
                                                   cancelButtonTitle:@"取消"
                                              destructiveButtonTitle:nil
                                                   otherButtonTitles:@"拍照",@"用户相册",nil];
    cameraSheet.actionSheetStyle = UIActionSheetStyleDefault;
    [cameraSheet showInView:self.view];
    [cameraSheet release];
}
```

3）UIImagePickerController 的重要属性

● cameraDevice——选择使用前置摄像头或后置摄像头：

```
enum {
    UIImagePickerControllerCameraDeviceRear,     //后置摄像头
    UIImagePickerControllerCameraDeviceFront     //前置摄像头
};
```

- cameraCaptureMode——选择拍照还是获取视频流：

```
enum {
    UIImagePickerControllerCameraCaptureModePhoto,
    UIImagePickerControllerCameraCaptureModeVideo
};
typedef NSUInteger UIImagePickerControllerCameraCaptureMode;
```

> **提示** 如果选择的是拍照，可以直接设置"imagePicker. cameraCaptureMode = UIImagePickerController-CameraCaptureModePhoto;"如果选择的是视频流，则必须先设 mediaTypes：
> imagePicker.mediaTypes = [NSArray arrayWithObjects:（NSString *）kUTTypeMovie,nil];

即指定视频类型为 MOV 类型，然后才能设置 cameraCaptureMode，否则会崩溃。完整设置代码为：

```
imagePicker.mediaTypes = [NSArray arrayWithObjects:(NSString *)kUTTypeMovie,nil];
imagePicker.cameraCaptureMode =UIImagePickerControllerCameraCaptureModeVideo;
```

- showsCameraControls——是否使用标准的背景，即系统的摄像背景。

> **提示** 设置这个属性之前，必须先设置 sourceType 为摄像头：

```
imagePicker.sourceType = UIImagePickerControllerSourceTypeCamera;
```

如果设置 showsCameraControls 为 NO，则用户需要自己提供摄像头的背景，并实现相应的方法，如确定、取消、设置前置或后置摄像头。

- videoQuality——摄像的质量：

```
enum {
    UIImagePickerControllerQualityTypeHigh = 0,         // highest quality
    UIImagePickerControllerQualityTypeMedium = 1,       // medium quality, suitable for transmission via Wi-Fi
    UIImagePickerControllerQualityTypeLow = 2,          // lowest quality, suitable for tranmission via cellular network
#if __IPHONE_OS_VERSION_MAX_ALLOWED >= __IPHONE_4_0
    UIImagePickerControllerQualityType640x480 = 3,      // VGA quality
#endif
#if __IPHONE_OS_VERSION_MAX_ALLOWED >= __IPHONE_5_0
    UIImagePickerControllerQualityTypeIFrame1280x720 = 4,
    UIImagePickerControllerQualityTypeIFrame960x540 = 5
#endif
};
typedef NSUInteger UIImagePickerControllerQualityType;
```

选择不同的按钮完成不同的操作，实现代码如下：

```
#pragma mark -
#pragma mark UIActionSheetDelegate Methods
- (void)actionSheet:(UIActionSheet *)actionSheet clickedButtonAtIndex:(NSInteger)buttonIndex
{
    if (buttonIndex == 0)
    {
        if ([UIImagePickerController isSourceTypeAvailable:UIImagePickerControllerSourceTypeCamera])
        {
```

```objc
            UIImagePickerController *imagePicker = [[UIImagePickerController alloc] init];
            imagePicker.delegate = self;
         imagePicker. allowsEditing = YES;
            imagePicker.sourceType = UIImagePickerControllerSourceTypeCamera;
            [self presentModalViewController:imagePicker animated:YES];
            [imagePicker release];
        }
        else
        {
            [actionSheet dismissWithClickedButtonIndex:buttonIndex animated:YES];
        }
    }
    else if (buttonIndex == 1)
    {
        UIImagePickerController *imagePicker = [[UIImagePickerController alloc] init];
        imagePicker.delegate = self;
       imagePicker.editing = YES;
        if([UIImagePickerController isSourceTypeAvailable:UIImagePickerControllerSourceTypePhotoLibrary])
        {
            imagePicker.sourceType = UIImagePickerControllerSourceTypePhotoLibrary;
            [self presentModalViewController:imagePicker animated:YES];
            [imagePicker release];
        }

        else if ([UIImagePickerController isSourceTypeAvailable:
UIImagePickerControllerSourceTypeSavedPhotosAlbum])
        {
            imagePicker.sourceType = UIImagePickerControllerSourceTypeSavedPhotosAlbum;
            [self presentModalViewController:imagePicker animated:YES];
            [imagePicker release];
        }
        else
        {
            [actionSheet dismissWithClickedButtonIndex:buttonIndex animated: YES];
        }
    }
}
```

- allowsEditing——设置用户拍照完成后或从相册里选择图片前可以对图片进行编辑，即允许用户选择图片中的一个矩形区域，完成剪切操作后将这个矩形区域的图片返回。返回图片的回调函数为：

```objc
- (void)imagePickerController:(UIImagePickerController *)picker didFinishPickingImage:(UIImage *)selectedImage
editingInfo:(NSDictionary *)editingInfo
{
    imageView_.image = selectedImage;
    [picker dismissModalViewControllerAnimated:YES];
}
```

除了这个回调函数以外，还有一个回调函数：

```
- (void)imagePickerController:(UIImagePickerController *)picker didFinishPickingMediaWithInfo:(NSDictionary *)info
{
    NSLog(@"info = %@",[info description]);
}
```

这个回调函数的视频和图片都可以用,仅返回图片或视频的路径和相关信息,并没有直接返回数据。如果实现了第二个委托,第一个委托将不会被调用,即不能直接获得图片数据。

用户选定图片后,会返回一个 UIImage 给开发者,开发者可以把这个 UIImage 保存成图片或进行显示,如图 8-2 所示。

（a）拍摄并编辑图片　　　　　　　（b）用户选择完成后

图 8-2　获取拍照的图片

8.1.2　摄像

开发者除了可以调用摄像头拍照,也可以调用摄像头摄像。调用的方法也是使用 UIImagePickerController,只是设置获取的方式为：UIImagePickerControllerCameraCaptureModeVideo.

调用摄像头进行摄像的代码如下：

```
UIImagePickerController *imagePicker = [[UIImagePickerController alloc] init];
imagePicker.delegate = self;
imagePicker.allowsEditing = YES;
imagePicker.sourceType = UIImagePickerControllerSourceTypeCamera;
imagePicker.mediaTypes = [NSArray arrayWithObjects:(NSString *)kUTTypeMovie,nil];
imagePicker.cameraCaptureMode =UIImagePickerControllerCameraCaptureModeVideo;
[self presentModalViewController:imagePicker animated:YES];
[imagePicker release];
```

用户摄像完成后，如果选择确定会调用一个委托函数：

```objc
- (void)imagePickerController:(UIImagePickerController *)picker didFinishPickingMediaWithInfo:(NSDictionary *)info
{
    NSLog(@"info = %@",[info description]);
    [picker dismissModalViewControllerAnimated:YES];
}
```

摄像并不像拍照一样会返回真正的数据，而是返回一个文件的路径（NSURL*类型）和类型：

```
UIImagePickerControllerMediaType = "public.movie";
UIImagePickerControllerMediaURL =
"file://localhost/private/var/mobile/Applications/7615C7B9-27D2-44C1-929E-D4C41FF08B79/tmp/capture/captured video.MOV";
```

有了这个路径，就可以对视频文件进行操作：播放或保存到指定的地方。播放刚才录像的代码如下：

```objc
- (IBAction) playVideoButtonClick:(id) sender
{
    if(videoPath_ == nil)
    {
        return;
    }
    MPMoviePlayerController *movieController = [[MPMoviePlayerController alloc] initWithContentURL:videoPath_]; //设置要播放的视频的位置

    [[NSNotificationCenter defaultCenter] addObserver:self selector:@selector(movieFinish:) name:MPMoviePlayerPlaybackDidFinishNotification object:movieController]; //设置视频播放结束后的回调处理
    [[self view] addSubview:[movieController view]];
    float halfHeight = [[self view] bounds].size.height / 2.0;
    float width = [[self view] bounds].size.width;
    [[movieController view] setFrame:CGRectMake(0, 0, width, halfHeight)];
    [movieController play]; //播放视频
}

-(void)movieFinish:(NSNotification*)notification
{
    MPMoviePlayerController *movieController = [notification object];
    [[NSNotificationCenter defaultCenter] removeObserver:self name:MPMoviePlayerPlaybackDidFinishNotification object:movieController];
    [movieController release]; //释放资源
    movieController = nil;
    [[UIApplication sharedApplication] setStatusBarOrientation:UIInterfaceOrientationPortrait animated:YES];
}
```

其中，videoPath_为视频文件的路径。

运行效果如图8-3所示。

（a）录像界面　　　　　　　　　（b）录像完成界面

图 8-3　调用摄像头录像的运行效果

8.1.3　定制拍照界面

拍照时，除了使用系统的标准界面，开发者也可以自己定制界面。只要先设置 UIPickerViewController 的 showsCameraControls 为 FALSE，然后提供自己想要的界面 View 即可：

```
imagePicker.showsCameraControls = NO;
[imagePicker.view addSubview:cameraBgView_];
```

其中，cameraBgViw_是通过 Interface Builder 创建的，上面增加了"取消"和"获取"按钮，用来处理相应的事件。背景是透明的，运行效果如图 8-4 所示。

图 8-4　定制拍照界面

8.2 加速度计

iPhone 的另一个特色就是它的重力感应技术。它能够通过内置的方向感应器来对动作做出反应。当 iPhone 由纵向转为横向或由横线转为纵向时，方向感应器会自动做出反应并改变显示方式，一改传统手机无论怎么动界面都不会随之改变的刻板印象。

方向感应器的实现靠的是 iPhone 的内置加速度计，本节我们先来简单了解加速度计的工作原理，然后学习如何使用加速度计。

8.2.1 加速度计原理

iPhone 采用的是三轴加速度计，由 x 轴、y 轴和 z 轴所构成的立体空间足以侦测到用户在 iPhone 上的各种动作。在实际应用时，通常是用这 3 个轴（或任意两个轴）所构成的角度来计算 iPhone 倾斜的角度，从而计算出重力加速度的值。加速度计的坐标如图 8-5 所示。

通过感知特定方向的惯性力总量，加速度计可以测量出 iPhone 当前的加速度和重力。三轴加速度计能够检测到三维空间中的运动或重力引力。因此，加速度计不仅能够指示握持电话的方式（或自动旋转功能），而且如果电话是放在桌子上的话，还可以指示电话的正面是朝上还是朝下。

图 8-5 加速度计坐标

加速度计可以测量重力引力（g），因此当加速度计返回值为 1.0 时，表示在特定方向上感知到 1g。如果是静止握持 iPhone 而没有任何动作，那么其所受的地球引力大约为 1g。如果是纵向竖直地握持 iPhone，那么 iPhone 会检测并报告在其 y 轴上所受的力大约为 1g。如果是以一定角度握持 iPhone，那么这 1g 的力会分布到不同的轴上，这取决于握持 iPhone 的方式。当以 45°握持 iPhone 时，1g 的力会平均分解到两个轴上。

正常使用时，加速度计在任一轴上都不会检测到远大于 1g 的值。如果检测到的加速度计值远大于 1g，那么即可判断这是突然动作。如果摇动、坠落或是投掷 iPhone，那么加速度计便会在一个或多个轴上检测到很大的力。

8.2.2 加速度计使用

在代码中调用加速度计只要使用系统提供的 UIAccelerometer，并实现 UIAccelerometerDelegate 委托函数就可以了，代码如下：

AccelerometerViewController.h

```
@interface AccelerometerViewController : UIViewController<UIAccelerometerDelegate>
{
    UILabel* xLabel_;
    UILabel* yLabel_;
    UILabel* zLabel_;
}
```

```
@property(nonatomic, retain) IBOutlet UILabel* xLabel;
@property(nonatomic, retain) IBOutlet UILabel* yLabel;
@property(nonatomic, retain) IBOutlet UILabel* zLabel;
@end
```

AccelerometerViewController.m
```
- (void)viewDidLoad
{
    [super viewDidLoad];
    UIAccelerometer *accelerometer = [UIAccelerometer sharedAccelerometer];
    accelerometer.delegate = self;
    accelerometer.updateInterval =  0.1;
}

- (void)accelerometer:(UIAccelerometer *)accelerometer didAccelerate:(UIAcceleration *)acceleration
{
    NSString* xStr = [NSString stringWithFormat:@"%f", acceleration.x];
    NSString* yStr = [NSString stringWithFormat:@"%f", acceleration.y];
    NSString* zStr = [NSString stringWithFormat:@"%f", acceleration.z];
    xLabel_.text = xStr;
    yLabel_.text = yStr;
    zLabel_.text = zStr;
}
```

运行的效果如图 8-6 所示。

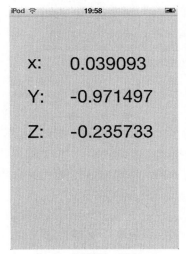
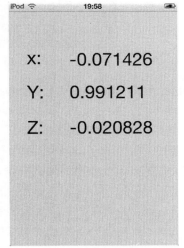

（a）竖屏状态下数据　　　　　　　　（b）横屏状态下数据

图 8-6　加速度计使用

8.3　陀螺仪

加速度计最大的缺陷就是无法检测沿着重力加速度轴方向的旋转变化，而且如果仅仅有加速度计，无法避免重力的干扰。为了克服这样的缺陷，传统的方法是先高通滤波，把近似于直流分量的重力加速度隔离出来，再低通滤波，把因为手机颤抖产生的高频噪声去掉。但是，大量的滤波不仅会影响原本的加速度信号，还会严重减缓处理的速度，随之影响程序运行的速度。iPhone 4 增加的陀螺仪弥补了很多现有加速度计的不足。

8.3.1 陀螺仪原理

在 iOS 4.0 之前，加速度计由 UIAccelerometer 类负责采集工作，电子罗盘则由 Core Location 接管。iPhone4 推出后，伴随着加速度计的升级和陀螺仪的引入，与 motion 相关的编程成为重头戏，所以苹果在 iOS 4.0 中增加一个专门负责该方面处理的框架——Core Motion Framework。这个 Core Motion 有什么好处呢？简单来说，它不仅能提供实时的加速度值和旋转速度值，更重要的是，苹果在其中集成了很多算法，可以直接把重力加速度分量剥离的加速度输出，省去了原来的高通滤波操作，并提供了一个专门设备的三维 attitude 信息，如图 8-7 所示。

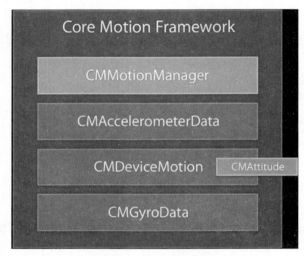

图 8-7　陀螺仪库的架构

Core Motion 在 iOS 4.0 主要负责 3 种数据：加速度值、陀螺仪值和设备 motion 值。Core Motion 框架包含有一个专门的 Manager 类 CMMotionManager，由这个 manager 去管理 3 种和运动相关的数据封装类。这些类都是 CMLogItem 类的子类，所以相关的 motion 数据都可以和发生的时间信息一起保存到对应文件中。有了时间戳，两个相邻数据之间的实际更新时间就很容易得到了。这为开发提供了很大的方便，比如有些时候我们得到的是 50Hz 的采样数据，但希望获得的是每一秒加速度的平均值。

从 Core Motion 中获取数据主要有两种方式，第一种是 Push，就是提供一个线程管理器 NSOperationQueue，再提供一个 Block（有点像 C 中的回调函数），这样 Core Motion 会自动在每一个采样数据到来的时候回调这个 Block 并进行处理。在这种情况下，block 中的操作会在主线程内执行。另一种方式是 Pull，在这种方式下，必须主动向 Core Motion Manager 索要数据，这个数据就是最近一次的采样数据。如果不提出数据请求，Core Motion Manager 不会主动提供。当然，在这种情况下，Core Motion 所有的操作都在自己的后台线程中进行，不会有任何干扰当前线程的行为。

这两种方式该如何选择呢？苹果官方推荐了一个使用指南，比较了两种方式的优劣，并做出了使用场景的推荐，如图 8-8 所示。应该说，两种方式的优缺点还是很鲜明的，使用场景也大不一样，很好区分。

	Advantages	Disadvantages	Recommendation
Push	Never miss a sample	Increased overhead Often best to drop samples	Data collection apps
Pull	More efficient Less code required	May need additional timer	Most apps and games

图 8-8　陀螺仪使用方式分析

8.3.2　陀螺仪使用

下面介绍 Core Motion 具体负责的采集、计算和处理。Core Motion 的使用就像一部三部曲：初始化、获取数据和数据处理。

1）初始化

在工程中导入需要的框架支持 CoreMotion.framework 并加入如下头文件：

#import <CoreMotion/CoreMotion.h>
#import <CoreMotion/CMAccelerometer.h>
#import <CoreMotion/CMAccelerometer.h>

2）创建并使用 CMMotionManager 对象获取数据

上面已经提到，陀螺仪使用有两种方式，一种是主动获取，即 Pull 方式，在需要使用的时候去查询；别一种是被动接受，即 Push 方式，设置好采样频率后，系统会定时将值 Push 过来。下面通过代码分别介绍这两种方式的实现方式。

```
CoreMotionViewController.h
#import <UIKit/UIKit.h>
#import <CoreMotion/CoreMotion.h>
#import <CoreMotion/CMAccelerometer.h>
#import <CoreMotion/CMAccelerometer.h>

@interface CoreMotionViewController : UIViewController
{
    CMMotionManager* motionManager_;
}
@property(nonatomic, retain) CMMotionManager* motionManager;
-(IBAction)getMotion:(id)sender;
@end
```

CoreMotionViewController.m

（1）主动方式（Pull 方式）

```
//主动方式(Pull 方式)
 if (!motionManager_.accelerometerAvailable)
 {
     // 失败处理代码
     // 检查传感器到底在设备上是否可用
 }
```

```
//主动获得
motionManager_.accelerometerUpdateInterval = 0.01; // 告诉 manager，更新频率是 100Hz
[motionManager_ startAccelerometerUpdates]; // 开始更新，后台线程开始运行。这是 Pull 方式。
```

在需要获取数据的时候，只要查询 motionManager_ 中的值就可以了，代码如下：

```
-(IBAction)getMotion:(id)sender
{
    CMAcceleration accleleration = motionManager_.accelerometerData.acceleration;
    NSString*string=[NSString stringWithFormat:@"accleleration[%.2f, %.2f, %.2f]", accleleration.x, accleleration.y, accleleration.z];
    NSLog(@"%@",string);
}
```

（2）被动方式（Push 方式）

Push 方式下会使用 block，在 block 中加入处理代码，系统会自动调用：

```
motionManager_.accelerometerUpdateInterval = 0.01;
[motionManager_ startAccelerometerUpdatesToQueue:[NSOperationQueue currentQueue]
                            withHandler:^(CMAccelerometerData*accelerometerData,NSError*error)
{
    CMAcceleration accleleration=accelerometerData.acceleration;
    NSString*string=[NSString stringWithFormat:@"accleleration[%.2f, %.2f, %.2f]", accleleration.x, accleleration.y, accleleration.z];
    NSLog(@"%@",string);

}];
```

3）数据处理

有了这些数据，就能实现很多功能，比如可以方便地控制游戏视角。数据处理需具体情况具体分析，这里就不详细介绍了。

8.4 调用通讯录

iPhone 为我们提供了访问通讯录的方法，使用之前需要先加载 AddressBook.framework 和 AddressBookUI.framework 这两个库，然后在需要引用的地方加入如下头文件：

```
#import <AddressBook/AddressBook.h>
#import <AddressBook/ABMultiValue.h>
#import <AddressBook/ABRecord.h>
```

8.4.1 读取通讯录

iOS 提供了读取通讯录的接口，这对于开发者来说是一件好事，可以方便地获取联系人信息。

1）读取联系人信息

从通讯录中读取联系人信息，主要使用的方法是：

```
NSMutableArray*peopleArray=（NSMutableArray*）ABAddressBookCopyArrayOfAllPeople（addressBook）;
//获取通讯录中所有的联系人信息
```

2）对 peopleArray 进行处理

peopleArray 中的对象是 ABRecordRef，可以使用循环将所有的 ABRecordRef 都处理一遍，获得我们需要的数据。ABRecordRef 提供了一些方法供我们获得指定的属性，主要属性有：

```
extern const ABPropertyID kABPersonPhoneProperty;           // Generic phone number -
kABMultiStringPropertyType
extern const CFStringRef kABPersonPhoneMobileLabel;
extern const CFStringRef kABPersonPhoneIPhoneLabel
__OSX_AVAILABLE_STARTING(__MAC_NA,__IPHONE_3_0);
extern const CFStringRef kABPersonPhoneMainLabel;
extern const CFStringRef kABPersonPhoneHomeFAXLabel;
extern const CFStringRef kABPersonPhoneWorkFAXLabel;
extern const CFStringRef kABPersonPhoneOtherFAXLabel
__OSX_AVAILABLE_STARTING(__MAC_NA,__IPHONE_5_0);
extern const CFStringRef kABPersonPhonePagerLabel;
```

使用的方法为：

```
extern CFTypeRef ABRecordCopyValue(ABRecordRef record, ABPropertyID property);
```

具体的代码如下：

```
- (void)viewDidLoad
{
    [super viewDidLoad];
    addreeBookSelArray = [[NSMutableArray alloc]initWithCapacity:0];
    addressBookAllArray = [[NSMutableArray alloc] initWithCapacity:0];
    ABAddressBookRef addressBook = ABAddressBookCreate();
    NSMutableArray*  peopleArray = (NSMutableArray *)ABAddressBookCopyArrayOfAllPeople(addressBook);
    nCount = [peopleArray count];
    for (int i = 0; i < nCount; i++)
    {
        ABRecordRef* people = (ABRecordRef*)[peopleArray objectAtIndex:i];
        ABMultiValueRef phones = (ABMultiValueRef) ABRecordCopyValue(people, kABPersonPhoneProperty);
        int count = ABMultiValueGetCount(phones);
        NSString* phoneNumber = nil;
        bool hasNumber = false;
        for(int j = 0 ;j < count;j++)
        {
            phoneNumber     = (NSString *)ABMultiValueCopyValueAtIndex(phones, j);
            if(phoneNumber != nil && [phoneNumber length] > 0)
            {
                hasNumber = true;
            }
        }
        if(!hasNumber)//如果没有号码，则直接读下一个
        {
            continue;
        }
        NSString* firstName = (NSString*) ABRecordCopyValue (people, kABPersonFirstNameProperty);
        NSString* mideName = (NSString*) ABRecordCopyValue (people, kABPersonMiddleNameProperty);
```

```
        NSString* lastName = (NSString*) ABRecordCopyValue(people, kABPersonLastNameProperty);
        NSMutableString* full = [[NSMutableString alloc]initWithString:@""];
        if(lastName != nil)
        {
            [full appendFormat:@"%@", lastName];
        }

        if(mideName != nil)
        {
            [full appendFormat:@"%@", mideName];
        }
        if(firstName != nil)
        {
            [full appendFormat:@"%@", firstName];
        }
        [firstName release];
        [mideName release];
        [lastName release];
        NSString* nameStr = [full copy];
        NSMutableDictionary* dic = [[NSMutableDictionary alloc] initWithCapacity:3];
        [dic setObject:nameStr forKey:@"name"];
        [dic setObject:phoneNumber forKey:@"phoneNumber"];
        NSString* tagStr = [NSString stringWithFormat:@"%d", i];
        [dic setObject:tagStr forKey:@"tag"];
        [addressBookAllArray addObject:dic];
        [full release];
    }
}
```

8.4.2 编辑通讯录

编辑通讯录需要利用接口从通讯录中读取联系人的信息，当然系统也提供了使用代码将联系人的信息写入通讯录的方法。使用 ABRecordSetValue 方法设置联系人信息的相关属性，代码如下：

```
-(IBAction)addToContact
{
    printf("--------addToContact----Execute!!!------\n");
    ABAddressBookRef iPhoneAddressBook = ABAddressBookCreate();
    ABRecordRef newPerson = ABPersonCreate();
    CFErrorRef error = NULL;
    ABRecordSetValue(newPerson, kABPersonFirstNameProperty, @"John", &error);
    ABRecordSetValue(newPerson, kABPersonLastNameProperty, @"Doe", &error);
    ABRecordSetValue(newPerson, kABPersonOrganizationProperty, @"Model Metrics", &error);
    ABRecordSetValue(newPerson, kABPersonJobTitleProperty, @"Senior Slacker", &error);

    //phone number
    ABMutableMultiValueRef multiPhone = ABMultiValueCreateMutable(kABMultiStringPropertyType);
    ABMultiValueAddValueAndLabel(multiPhone, @"1-555-555-5555", kABPersonPhoneMainLabel, NULL);
    ABMultiValueAddValueAndLabel(multiPhone, @"1-123-456-7890", kABPersonPhoneMobileLabel, NULL);
    ABMultiValueAddValueAndLabel(multiPhone, @"1-987-654-3210", kABOtherLabel, NULL);
    ABRecordSetValue(newPerson, kABPersonPhoneProperty, multiPhone, &error);
    CFRelease(multiPhone);
```

```objc
//email
ABMutableMultiValueRef multiEmail = ABMultiValueCreateMutable(kABMultiStringPropertyType);
ABMultiValueAddValueAndLabel(multiEmail, @"johndoe@modelmetrics.com", kABWorkLabel, NULL);
ABRecordSetValue(newPerson, kABPersonEmailProperty, multiEmail, &error);
CFRelease(multiEmail);

//address
ABMutableMultiValueRef multiAddress = ABMultiValueCreateMutable(kABMultiDictionaryPropertyType);
NSMutableDictionary *addressDictionary = [[NSMutableDictionary alloc] init];
[addressDictionary setObject:@"750 North Orleans Street, Ste 601" forKey:(NSString *) kABPersonAddressStreetKey];
[addressDictionary setObject:@"Chicago" forKey:(NSString *)kABPersonAddressCityKey];
[addressDictionary setObject:@"IL" forKey:(NSString *)kABPersonAddressStateKey];
[addressDictionary setObject:@"60654" forKey:(NSString *)kABPersonAddressZIPKey];
ABMultiValueAddValueAndLabel(multiAddress, addressDictionary, kABWorkLabel, NULL);
ABRecordSetValue(newPerson, kABPersonAddressProperty, multiAddress,&error);
CFRelease(multiAddress);

ABAddressBookAddRecord(iPhoneAddressBook, newPerson, &error);
ABAddressBookSave(iPhoneAddressBook, &error);
if (error != NULL)
{
    NSLog(@"Danger Will Robinson! Danger!");
}
}
```

在上述代码中，设置联系人信息中的电话号码（kABPersonPhoneMainLabel/kABPersonPhoneMobileLabel）、Email、地址信息后，将这个联系人信息通过 ABAddressBookAddRecord 方法添加到通讯录，然后调用 ABAddressBookSave 进行保存，从而完成将一个联系人的信息添加到通讯录中。我们还可以批量添加通讯录，实现需要的功能。

图 8-9 是执行 4 次添加通讯录代码得到的结果，8-9（a）是通讯录的列表，8-9（b）是打开通讯录列表中某个联系人信息的界面，包含该联系人的所有信息。

（a）联系人列表　　　　（b）联系人信息

图 8-9　操作通讯录

8.5 打电话

iPhone 是一部革命性的手机，乔布斯当年介绍它时说它是一部手机，一部宽屏的 iPod，一个移动上网设备，并号称苹果重新发明了手机。尽管如此，iPhone 的传统通信功能依然十分重要，例如打电话、发短信、发邮件等。本节先来介绍如何在我们的应用中调用打电话功能。代码如下：

```
+ (void) makeCall:(NSString *)phoneNumber
{
    if ([DeviceDetection isIPodTouch])
    {
        [UIUtils alert:kCallNotSupportOnIPod];
        return;
    }
    NSString* numberAfterClear = [UIUtils cleanPhoneNumber:phoneNumber];

    NSURL *phoneNumberURL = [NSURL URLWithString:[NSString stringWithFormat:@"tel:%@", numberAfterClear]];
    //NSURL *phoneNumberURL = [NSURL URLWithString:[NSString stringWithFormat:@"atel:%@", numberAfterClear]];
    NSLog(@"make call, URL=%@", phoneNumberURL);

    [[UIApplication sharedApplication] openURL:phoneNumberURL];
}
```

可以看出，在调用打电话功能以前，先要判断设备是否具备打电话功能，如果不具备，要做一些处理；如果具备，则通过 UIApplication 的 openURL 方法调用打电话的接口。调用成功时，当前的应用会挂起，打开打电话页面，打电话结束后，可以回到应用程序的界面。在 iOS 4.0 以前，如果打电话，应用程序是直接退出的，这时开发者需要自己动手完成一些程序状态的保存工作，以供程序重新打开时进行恢复。现在大部分的 iOS 设备都支持多任务了，只要在程序退到后台时做一些必要的保存就可以了。

8.6 发短信

在 iOS 4.0 以前，由于系统不支持多任务，发短信时只能先退出当前程序，然后打开系统发短信的应用，调用的方法和调用打电话的方法类似，即使用 UIApplication 打开一个 URL，具体的实现代码如下：

```
+ (void) sendSms:(NSString *)phoneNumber
{
    if ([DeviceDetection isIPodTouch]){
        [UIUtils alert:kSmsNotSupportOnIPod];
        return;
    }

    NSString* numberAfterClear = [UIUtils cleanPhoneNumber:phoneNumber];

    NSURL *phoneNumberURL = [NSURL URLWithString:[NSString stringWithFormat:@"sms:%@",
```

```
numberAfterClear]];
    NSLog(@"send sms, URL=%@", phoneNumberURL);
    [[UIApplication sharedApplication] openURL:phoneNumberURL];
}
```

iOS 4.0 以后，系统提供了在程序内部发短信的方法，即发送短信不需要退出当前的应用，可以直接打开一个 ViewController，也就是 MFMessageComposeViewController。

MFMessageComposeViewController 有如下几个重要属性：

- messageComposeDelegate——返回发送短信结果的回调委托函数，如发送成功，进行相关的处理。
- body——发送短信的内容。
- recipients——短信接收人，是 NSArray 类型的数组，可以支持多个接收人，格式为"×××-××××-××××"。

打开发短信界面的代码如下：

```
- (IBAction)sendSMSInApp
{
    BOOL canSendSMS = [MFMessageComposeViewController canSendText];
    NSLog(@"can send SMS [%d]", canSendSMS);
    if (canSendSMS)
    {
        MFMessageComposeViewController *picker = [[MFMessageComposeViewController alloc] init];
        picker.messageComposeDelegate = self;
        picker.navigationBar.tintColor = [UIColor blackColor];
        picker.body = @"send SMS in App";
        picker.recipients = [NSArray arrayWithObject:@"186-0123-0123"];
        [self presentModalViewController:picker animated:YES];
        [picker release];
    }
}
```

如果短信发送成功或失败，会调用一个委托函数，可以在这个委托函数里做一些处理，比如关闭当前发短信的界面、提供发送短信的结果等。代码如下：

```
- (void)messageComposeViewController:(MFMessageComposeViewController *)controller
didFinishWithResult:(MessageComposeResult)result
{
    switch (result)
    {
        case MessageComposeResultCancelled:
            //取消的处理代码
            break;
        case MessageComposeResultSent:
            //发送成功的处理代码
            break;
        case MessageComposeResultFailed:
            //发送失败的处理代码
            break;
        default:
            break;
```

iOS 开发实战体验

```
    [controller dismissModalViewControllerAnimated:YES];
}
```

★ 提示　发送短信时需考虑国际化处理的问题。使用 MFMessageComposeViewController 打开的发送短信界面、标题和发送短信的按钮都是英文的。如果我们希望短信的界面语言是中文，就要增加中文支持并定义以下关键字：

"New Messaeg" = "新消息";
"To" = "收件人";
"Send" = "发送";
"Cancel" = "取消";

这样，再打开 MFMessageComposeViewController 展示的即为中文界面。

8.7 发邮件

在应用中发送邮件和发短信一样，也分两种：一种是退出当前应用打开发邮件界面，另一种是在 App 内部打开发邮件界面。具体代码如下

```
-(IBAction)sendMail:(id)sender
{
    [CommViewController sendEmail:@"realtool@163.com" cc: @"realtool@163.com" subject:@"test email" body:@"test email body"];
}

+ (void) sendEmail:(NSString *)to cc:(NSString*)cc subject:(NSString*)subject body:(NSString*)body
{
    NSString* str = [NSString stringWithFormat:@"mailto:%@?cc=%@&subject=%@&body=%@",
                    to, cc, subject, body];
    str = [str stringByAddingPercentEscapesUsingEncoding:NSUTF8StringEncoding];
    [[UIApplication sharedApplication] openURL:[NSURL URLWithString:str]];
}
```

在 App 内部打开发邮件界面可以增加附件，使用 addAttachmentData 增加附件数据，代码如下：

```
-(IBAction)sendMailInApp:(id)sender
{
    MFMailComposeViewController *pickers = [[MFMailComposeViewController alloc] init];
    pickers.mailComposeDelegate = self;
    UIImage* image = [UIImage imageNamed:@"mail.png"];
    [pickers addAttachmentData:UIImagePNGRepresentation(image) mimeType:@"image/png" fileName:@"mail"];
    [self presentModalViewController:pickers animated:YES];
    [pickers release];
}
```

如果邮件发送成功、失败或用户取消发送，会调用一个委托函数并在这个委托函数里做一些处理，比如关闭当前发邮件的界面、提供用户发送邮件的结果等。代码如下：

```
(void)mailComposeController:(MFMailComposeViewController *)controller
didFinishWithResult:(MFMailComposeResult)result error:(NSError *)error
{
    switch (result)
    {
        case MFMailComposeResultCancelled:
            //取消的处理代码
            break;
        case MFMailComposeResultSent:
            //发送成功的处理代码
            break;
        cse MFMailComposeResultSaved:
            //保存邮件
            break;
        case MFMailComposeResultFailed:
            //发送失败的处理代码
            break;
        default:
            break;
    }
    [controller dismissModalViewControllerAnimated:YES];
}
```

运行结果如图 8-10 所示。

 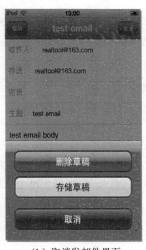

（a）含有图片附件的 Email 界面　　　　（b）取消发邮件界面

图 8-10　发邮件

【结束语】

智能手机的出现，改变了手机主要用来打电话、发短信的格局。用户总是有各种各样的需求等待开发者满足，关键就在于开发者能不能真正了解并完成定制。iPhone 提供这些功能的集成，让很多以前在智能手机上无法实现或者难以实现的应用成为了可能。这是机遇，想象力的机遇，也是挑战，执行能力的挑战。

第 9 章　iOS 多媒体

到目前为止，我们介绍 iOS 编程主要是围绕文本处理进行的。但实际上，iOS 之所以能够很好地提升用户体验，是由于它具有出色的多媒体处理能力。iOS 提供了非常强大的图像、声音、视频的处理能力，也提供了照相机、麦克风、完善的图片库和扬声器等内置的工具。本章我们就来了解 iOS 强大的多媒体处理能力，首先介绍图像编程，然后通过实例介绍如何从相册获取图片，接下来是 iOS 的音频处理，包括如何播放声音和录制声音，最后通过实例说明如何播放视频。

9.1　图像

如果应用程序想要达到非常好的界面效果，那就必然会使用大量的图片进行渲染。这些图片可以是预先打包到应用中的，也可以是从用户相册获取或者从摄像头当中捕捉的。对于如何显示这些图片，SDK 已经提供了很完善的 API，比如 UIImage、UIImageView，高级的还有 Quartz2D 和 OpenGL 等，其中 Quartz2D 和 OpenGL 绘制方式比较复杂，本章里并不做过多的介绍，我们主要从 UIImage 对象开始了解一些最常用的图像绘制知识。

9.1.1　加载 UIImage

在 UIKit 框架中，UIImage 作为基本的图像单元，承担了图片从文件到视图的桥梁作用，它具有一定的灵活性，从加载文件到图片绘制都能有所控制，另外 UIImage 也支持非常多的文件格式，见表 9-1。

表 9-1　UIImage 支持的文件格式

文件格式	扩展名	文件格式	扩展名
Tagged Image File Format （TIFF）	.tiff, .tif	Windows Bitmap Format （DIB）	.bmp
Joint Photographic Experts Group （JPEG）	.jpg, .jpeg	Windows Icon Format	.ico
Graphic Interchange Format （GIF）	.gif	Windows Cursor	.cur
Portable Network Graphic （PNG）	.png	XWindow bitmap	.xbm

除了支持众多的文件格式外，UIImage 类同样提供了多种不同的工厂方法来初始化并加载图片文件，见表 9-2。

表 9-2　UIImage 支持的初始化方法

方　　法	扩　展　名
+（UIImage *）imageNamed:（NSString *）name;	这种加载方式最为方便，是直接从程序束中进行加载，只需要指定文件名称即可
+（UIImage *）imageWithContentsOfFile:（NSString *）path;	.jpg, .jpeg
+（UIImage *）imageWithData:（NSData *）data;	.gif
+（UIImage *）imageWithCGImage:（CGImageRef）cgImage;	.png
+（UIImage *）imageWithCGImage:（CGImageRef）cgImage 　　　　　　　　scale:（CGFloat）scale 　　　　　　　　orientation:（UIImageOrientation）orientation	.bmp
+（UIImage *）imageWithCIImage:（CIImage *）ciImage;	从一个 CIImage 对象进行加载，这个方法只在 iOS5.0 版本进行支持

以上是创建一个 UIImage 的方法，UIImage 还提供了 API 允许我们指定图片绘制的区域，以及图像绘制的效果。

下面我们通过一个实例来说明如何进行 UIImage 绘制，具体过程如下：

1 创建一个基于视图的项目，命名为"UIImageDemo"。因为需要在绘制 UIView 的时候把 UIImage 画到 View 上，所以还需新建一个视图，命名为"ImageView"。在视图 Controller 加载完毕的时候，把 ImageView 加载到主视图的 View 上，当然也可以指定主视图的 View 为 ImageView，而我们对 UIImage 的绘制在 ImageVIew 中进行，需要重写 ImageView 的 drawRect 方法。

因为视图控制器只负责加载自定义的 ImageView，并不对图像进行处理，所以 Controller 中代码如下：

```
@interface ViewController : UIViewController
{

}
@end

@implementation ViewController

#pragma mark - View lifecycle

- (void)viewDidLoad
{
    [super viewDidLoad];
    
    //加载自定义的 ImageView
    ImageView *imageView    = [[ImageView alloc] initWithFrame:self.view.frame];
    
    //添加到视图
    [self.view addSubview:imageView];
    [imageView release];

}
@end
```

2 编写图像处理代码。由于图像处理在自定义的 ImageView 中进行，为此需要对 UIView 的 drawRect 方法进行重写，在其中加入 UIImage 对图像处理代码，具体如下：

```
- (void)drawRect:(CGRect)rect
{
    //加载 UIImage
    UIImage *image = [UIImage imageNamed:@"test.png"];
    
    //绘制
    [image drawInRect:rect blendMode:kCGBlendModeDifference alpha:1.0];
}
```

添加完图像处理代码后，运行程序即可看到在规定的区域内完成了对图片的绘制，如图 9-1 所示。

图 9-1　绘制指定的图像

9.1.2　UIImageView

在上一小节完成 UIImage 图片绘制的时候，其过程还是很复杂的，既要指定需绘制的 UIView，又要重写 drawRect 方法。实际上，iOS 提供了一种在屏幕上显示图片的简单方法——UIImageView，它是一个可以指定显示 UIIImage 的 UIView 视图，在指定了 UIImage 之后，只需设定宽、高度，并将其放到合适的位置就可以了。

UIImageView 也是一个 UIView，可以通过区域来初始化。因为没有包含 UIImage，此时这个 View 在界面上是透明的，必须设置了对应的 UIImage 才能显示。UIImageView 也可以通过一个 UIImage 对象来初始化：

- (id)initWithImage:(UIImage *)image;

UIImageView 还提供了很多属性和方法，在需要使用 UIImageView 对图像做深入的处理时可能会用到它们。通过 UIImageView 提供的这些方法，可以对图像进行很多处理。我们知道 iOS 是不支持 GIF 格式图片的，但是在实际的使用中，GIF 又是必不可少的，比如我们想制造一种加载图片的效果，包括旋转、放大、缩小等，用 UIWebVIew 则可以加载 GIF 图片。当然这种方式也有缺点，比如不支持透明的 GIF，还有在加载的时候会有一段时间的延迟，比较难以控制。在这种情况下，可以通过 UIImageView 提供的方法达到这个效果：先把 GIF 进行分割，每一帧保存成一张静态的 iOS 可以识别的图片，比如.png 或者.jpg 类型，然后通过设定它的循环时间来达到动态的效果。

下面通过一个实例来说明具体的实现方法。

1 新建一个基于视图的项目，命名为"UIImageViewDemo"。

2 编写代码。我们想通过 UIImageView 来实现 GIF 动画的效果，这个例子不需要构建 xib 文件，只需要在 ViewController 的实现文件中编写代码即可，图片资源可以登录 http://www.devdiv.com/218-1.html 进行下载。

代码如下：

- (void)viewDidLoad
{
    [super viewDidLoad];

```
//初始化 UIImageView
CGRect viewFrame = CGRectMake(0, 0, 100, 100);
UIImageView *imageView = [[UIImageView alloc] initWithFrame:viewFrame];

//加载图像
UIImage *step1 = [UIImage imageNamed:@"loading1.png"];
UIImage *step2 = [UIImage imageNamed:@"loading2.png"];
UIImage *step3 = [UIImage imageNamed:@"loading3.png"];
UIImage *step4 = [UIImage imageNamed:@"loading4.png"];
UIImage *step5 = [UIImage imageNamed:@"loading5.png"];
UIImage *step6 = [UIImage imageNamed:@"loading6.png"];
UIImage *step7 = [UIImage imageNamed:@"loading7.png"];
UIImage *step8 = [UIImage imageNamed:@"loading8.png"];
NSArray *imageArray = [NSArray arrayWithObjects:
                       step1, step2, step3, step4,
                       step5, step6, step7, step8,
                       nil];    [imageView setAnimationImages:imageArray];

//设置动画参数
[imageView setAnimationDuration:4];
[imageView startAnimating];

//添加到当前视图
[self.view addSubview:imageView];
[imageView release];
}
```

写完代码后运行程序，即可看到已经实现了 GIF 动画的效果，如图 9-2 所示。

图 9-2　实现类似 GIF 动画效果

★提 示　可以通过 UIImageView 的属性调整图片切换的间隔时间等，从而能够更好地处理像 GIF 一样的图片切换的动画。

9.1.3 访问照片

到现在为止，我们已经知道如何去绘制一张图。但是有的时候，我们希望能从设备的相册中选取图片进行相关的处理，iOS 的 SDK 已经提供了相关的功能。可以使用 SDK 从 iOS 的照片库或者相机胶卷获取图片，也可以允许用户拍摄新照片，这都是用 UIImagePickerController 来完成的，它是另外一个模式控制器，负责管理一个相当复杂的视图，无需我们的手动干预。

现在就来创建一个新的项目并使用图像选取器。思路为：界面中有一个触发调起图像选取器的按钮以及一个用于显示选取好的图片的图像视图；当点击获取图片按钮时，调起图像选取器，在选取器中可以取消，也可以选择任何一张图片；当选择图片后，通过回调函数获取对应的图片并把图片显示到对应的 UIImageView 中。具体过程如下：

1 根据需要使用的元素，编写头文件如下：

```
@interface ViewController : UIViewController<UIImagePickerControllerDelegate,
UINavigationControllerDelegate>
{
    //用于显示图片的 UIImageView
    UIImageView *imageView_;
}

@property(nonatomic, retain)IBOutlet UIImageView *imageView;

//获取图片
- (IBAction)pickPhoto:(id)sender;

@end
```

2 构建获取相册图片视图，如图 9-3 所示。

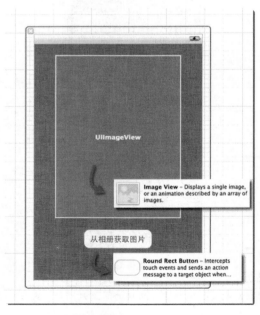

图 9-3　构建获取相册图片视图

3 构建完视图后，实现头文件中的定义及相关回调函数，代码如下：

```
//获取图片
- (IBAction)pickPhoto:(id)sender
{
    //创建图像选取器
    UIImagePickerController *imagePickerController = [[UIImagePickerController alloc] init];
    [imagePickerController setDelegate:self];

    //显示图像选取器
    [self presentModalViewController:imagePickerController animated:YES];

}

//选取图片后的回调
- (void)imagePickerController:(UIImagePickerController *)picker didFinishPickingImage:(UIImage *)image
editingInfo:(NSDictionary *)editingInfo
{
    //将获取到的 Image 加载到对应的 UIImageView
    [[self imageView] setImage:image];

    //隐藏视图
    [picker dismissModalViewControllerAnimated:YES];
}

//取消选取图片后的回调
- (void)imagePickerControllerDidCancel:(UIImagePickerController *)picker
{
    //隐藏视图
    [picker dismissModalViewControllerAnimated:YES];
}
```

编写完以上代码后，就可以实现对图像的选取了，如图 9-4 所示。

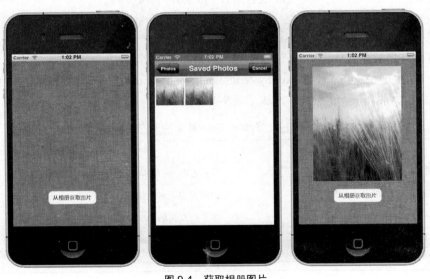

图 9-4 获取相册图片

9.2 声音

众多的底层框架对音频有着非常完善的支持,常用的 API 有 MPMusicPlayerController、SystemSoundServices、AVAudioPlayer、AVAudioRecorder、OpenAL 及 AudioUnits,其中最常用的音频服务还是 SystemSoundServices 和 AVAudioPlayer。

首先让我们来看看 iPhone 支持的文件格式,见表 9-3。

表 9-3 iPhone 支持的音频格式

音频回放文件格式	音频录制格式
AAC	ALAC(Apple Lossless)
HE-AAC	iLBC(互联网 Low Bitrate Codec,用于语音)
AMR(Adaptive Multi-Rate,是一种语音格式)	IMA/ADPCM(IMA4)
ALAC(Apple Lossless)	线性 PCM
iLBC(互联网 Low Bitrate Codec,另一种语音格式)	μ-law 和 a-law
IMA4(IMA/ADPCM)	
线性 PCM(无压缩)	
μ-law 和 a-law	
MP3(MPEG-1 音频第三层)	

9.2.1 System Sound Services

System Sound Services 技术是 iOS 中最底层也是最简单的音频技术,它是一个 C 接口,是 Audio ToolBox 框架的一部分,调用 AudioServicesPlaySystemSound()方法就可以播放一些简单的音频文件,此方法只适合播放一些很小的提示或者警告音,它有诸多的限制,具体如下:

① 声音长度小于 30 秒的.aif、.caf 或者.wav 格式的短音频文件。
② 不能控制播放的进度。
③ 调用方法后立即播放声音。
④ 没有循环播放和立体声控制。

开发者可以通过 AudioServicesAddSystemSoundCompletion()方法为音频播放添加 CallBack 回调函数。常用的 SystemSound 支持的方法见表 9-4。

表 9-4 SystemSound 支持的方法

函 数	说 明
AudioServicesCreateSystemSoundID	从 URL 创建声音
AudioServicesDisposeSystemSoundID	播放完成时删除声音
AudioServicesAddSystemSoundCompletion	为声音播放完成时创建一个回调
AudioServicesRemoveSystemSoundCompletion	播放完成时删除回调
AudioServicesPlaySystemSound	播放声音

1）播放简单声音

我们通过播放一个 caf 文件来加深对 SystemSoundServices 的了解，思路为：在视图上有一个按钮，点击该按钮，会播放这个 caf 文件，播放完毕后回调到预先定义的回调函数中，并弹出提示。具体步骤如下：

1 创建一个基于视图的应用，命名为"AudioPlay"。因为需要一个全局的 SystemSoundID 以及一个用于按钮触发的方法，所以头文件如下：

```
@interface ViewController : UIViewController
{
    //声音 ID
    SystemSoundID soundID;
}

//播放声音
- (IBAction)playSimpleSoundBySystemSoundServices:(id)sender;

@end
```

2 编写好头文件之后构建视图，构建好视图并将对应的控件连接到代码后，实现头文件中的定义及相关方法，代码如下：

```
//播放声音结束回调
static void simpleSoundFinish()
{
    //弹出提示
    UIAlertView *alert = [[UIAlertView alloc]
                            initWithTitle:@""
                            message:@"System Sound Service Play Finish!"
                            delegate:nil
                            cancelButtonTitle:@"确定"
                            otherButtonTitles:nil,
                            nil];
    [alert show];
    [alert release];
}

//播放声音
- (IBAction)playSimpleSoundBySystemSoundServices:(id)sender
{
    //初始化 URL
    NSString *path = [[[NSBundle mainBundle] resourcePath] stringByAppendingPathComponent:@"push.wav"];
    NSURL *url = [NSURL fileURLWithPath:path];

    //创建声音
    OSStatus error = AudioServicesCreateSystemSoundID((CFURLRef)url, &soundID);

    //增加回调
    AudioServicesAddSystemSoundCompletion(soundID, nil, nil, simpleSoundFinish, nil);

    //播放声音
```

```
            if (error)
            {
                //弹出提示
                UIAlertView *alert = [[UIAlertView alloc]
                                    initWithTitle:@""
                                    message:@"加载声音文件错误!"
                                    delegate:nil
                                    cancelButtonTitle:@"确定"
                                    otherButtonTitles:nil,
                                    nil];
                [alert show];
                [alert release];
            }
            else
            {
                AudioServicesPlaySystemSound(soundID);
            }
}
```

运行代码，点击播放按钮即可听到音乐声，并且在播放结束后能够看见弹出提示，如图 9-5 所示。

图 9-5　使用 System Sound 播放声音

2）震动 iPhone

很多时候需要让设备震动，System Sound Services 接口中就提供了这样一个方法——AudioServices-PlaySystemSound（kSystemSoundID_Vibrate）。为了能够在声音播放完之后让设备震动，对回调函数进行改造，加入对应的方法即可：

```
//播放声音结束回调
static void simpleSoundFinish()
{
```

```
//弹出提示
UIAlertView *alert = [[UIAlertView alloc]
                initWithTitle:@""
                message:@"System Sound Service Play Finish!"
                delegate:nil
                cancelButtonTitle:@"确定"
                otherButtonTitles:nil,
                nil];
[alert show];
[alert release];

//震动 iPhone
AudioServicesPlaySystemSound(kSystemSoundID_Vibrate);
}
```

9.2.2 音频

在 iOS 中实现音频的播放与录制最常用的是 AVAudioPlayer 和 AVAudioRecorder。本小节我们通过一个实例分别介绍它们的使用方法。在视图上提供两个按钮，一个用来控制是否录音，另外一个用来控制是否播放声音。我们可以先进行录音，然后对录制的音频进行播放。为了能和 SystemSoundServices 进行对比，对上面的例子进行扩展，具体步骤如下：

1 对头文件进行补充，代码如下：

```
@interface ViewController :
UIViewController<AVAudioSessionDelegate,AVAudioRecorderDelegate,AVAudioPlayerDelegate>
{
    //声音 ID
    SystemSoundID soundID;

    //是否正在播放
    BOOL isPlaying_;

    //是否正在录制
    BOOL isRecording_;

    //播放或者停止按钮
    UIButton *playOrStopButton_;

    //录制或者停止按钮
    UIButton *recordOrStopButton_;

    //录制的音频文件的路径
    NSURL *soundURL_;

    //音频录制对象
    AVAudioRecorder *recorder_;

    //音频播放对象
    AVAudioPlayer *player_;
}
```

```
@property(nonatomic, retain)IBOutlet UIButton *playOrStopButton;
@property(nonatomic, retain)IBOutlet UIButton *recordOrStopButton;
@property(nonatomic, retain)NSURL *soundURL;

//播放声音
- (IBAction)playSimpleSoundBySystemSoundServices:(id)sender;

//播放或者停止
- (IBAction)playOrStop:(id)sender;

//录制或者停止
- (IBAction)recordOrStop:(id)sender;

@end
```

2 构建视图，因视图较简单，这里不做介绍。

3 实现录音。iOS 上实现录音最简单的方法是使用 AVAudioRecorder 类，该类提供了一个高度精简的 Objective-C 接口。通过这个接口，可以轻松实现诸如暂停/重启录音这样的功能，并能处理音频中断。同时，还可以对录制格式保持完全的控制。进行录制时，需要提供一个声音文件的 URL，建立音频会话并配置录音对象。代码如下：

```
- (void)viewDidLoad
{
    [super viewDidLoad];

    //初始化录音文件的路径
    NSString *tempDir = NSTemporaryDirectory ();
    NSString *soundFilePath = [tempDir stringByAppendingPathComponent: @"sound.caf"];
    NSURL *newURL = [[NSURL alloc] initFileURLWithPath: soundFilePath];
    [self setSoundURL:newURL];
    [newURL release];

    //建立音频会话
    AVAudioSession *audioSession = [AVAudioSession sharedInstance];
    audioSession.delegate = self;
    [audioSession setActive: YES error: nil];

    //状态变量
    isPlaying_ = NO;
    isRecording_ = NO;
}

//录制或者停止
- (IBAction)recordOrStop:(id)sender
{
    //判断是否正在录音
    if (isRecording_)
    {
        //停止录音
        [recorder_ stop];
```

```
        isRecording_ = NO;
        recorder_ = nil;

        //更新按钮
        [recordOrStopButton_ setTitle: @"录制" forState: UIControlStateNormal];

        //更新 AVAudioSession 状态
        [[AVAudioSession sharedInstance] setActive: NO error: nil];
    }
    else
    {
        //更新 AVAudioSession 状态
        [[AVAudioSession sharedInstance] setCategory: AVAudioSessionCategoryRecord error: nil];
        //设置属性
        NSDictionary *recordSettings =
        [[NSDictionary alloc] initWithObjectsAndKeys:
         [NSNumber numberWithFloat: 44100.0],                    AVSampleRateKey,
         [NSNumber numberWithInt: kAudioFormatAppleLossless], AVFormatIDKey,
         [NSNumber numberWithInt: 1],                            AVNumberOfChannelsKey,
         [NSNumber numberWithInt: AVAudioQualityMax],            AVEncoderAudioQualityKey,
         nil];

        //创建 AVAudioRecorder
        AVAudioRecorder *newRecorder = [[AVAudioRecorder alloc] initWithURL: soundURL_
                                                                  settings: recordSettings
                                                                     error: nil];
        [recordSettings release];
        recorder_ = newRecorder;
        recorder_.delegate = self;
        [recorder_ prepareToRecord];
        [recorder_ record];

        //更新按钮
        [recordOrStopButton_ setTitle: @"停止" forState: UIControlStateNormal];
        isRecording_ = YES;
    }
}
```

> **提示** AudioSession 是 iOS 音频相关 API 中一个重要的概念，它的目的是确定软件在播放或者录制声音方面的类型，能够使当前软件不与系统中其他正在进行音频处理的软件产生冲突。另外它可以让软件知道用户的声音是通过什么设备来播放的，是耳机、外放还是蓝牙耳机，从而对声音做出调整。

4 播放录音。iOS 上播放录音可以使用 AVFoundation.framework 框架中定义的 AVAudioPlayer 类，使用之前需要先在工程中引入 AVFoundation.framework 框架。可以把 AVAudioPlayer 看做是一个高级的播放器，它支持广泛的音频格式，能够播放任意长度的音频文件，支持循环播放，还可以同步播放多个音频文件，控制播放进度以及从音频文件的任意位置开始播放等。

要使用 AVAudioPlayer 对象播放音频文件，只需为其指定一个音频文件并设定一个实现 AVAudioPlayerDelegate 协议的委托对象，代码如下：

```objc
//播放或者停止
- (IBAction)playOrStop:(id)sender
{
    //判断是否正在录音
    if (isRecording_)
    {
        //停止录音
        [recorder_ stop];
        isRecording_ = NO;
        recorder_ = nil;

        //更新按钮
        [recordOrStopButton_ setTitle: @"录制" forState: UIControlStateNormal];

        //更新 AVAudioSession 状态
        [[AVAudioSession sharedInstance] setActive: NO error: nil];
    }

    //判断是否正在播放
    if (isPlaying_)
    {
        //停止播放
        [player_ stop];
        isPlaying_ = NO;

        //更新按钮
        [playOrStopButton_ setTitle: @"播放" forState: UIControlStateNormal];
    }
    else
    {
        //更新 AVAudioSession 状态
        NSError * error;
        AVAudioSession * audioSession = [AVAudioSession sharedInstance];
        [audioSession setCategory:AVAudioSessionCategoryPlayback error: &error];
        [audioSession setActive:YES error: &error];

        //创建 AVAudioPlayer
        AVAudioPlayer *newPlayer = [[AVAudioPlayer alloc] initWithContentsOfURL: soundURL_ error: nil];
        player_ = newPlayer;

        //播放
        [player_ setDelegate: self];
        [player_ prepareToPlay];
        [player_ play];

        isPlaying_ = YES;

        //更新按钮
        [playOrStopButton_ setTitle: @"停止" forState: UIControlStateNormal];
    }
}
```

运行后如图 9-6 所示。

图 9-6　录音及播放视图

在该视图中，点击【录制】按钮后，程序会录制麦克风所获取到的声音，这时按钮字样变为"停止"，再次点击会停止录音。当我们点击【播放】按钮时，程序就会播放刚刚录制的声音。

9.3　视频

苹果设备本身就是非常出色的媒体设备，无论是 iTouch、iPhone 还是 iPad，它们的大屏幕、高分辨率以及出色的显示效果给人们带来了美好的视觉体验，加上其流畅的操作，使观看视频成为出奇的享受。

在 iPhone 的软件中实现视频播放要比实现音频播放简单得多，软件控制的余地也非常小。因为 iOS 对视频播放的限制比较严格，那作为开发者，可以做到哪些控制呢？

① 根据一个指定的 URL 来加载视频。这个路径可以指向一个存在沙盒中的本地视频文件，也可以是一个指向远程服务器上文件的网络 URL，比如 http://www.path....../movie/demo.mp4。

② 在程序中控制播放和暂停。

③ 通过设置属性来控制当用户触碰屏幕时显示的控制选项。

④ 通过设置属性来控制视频的显示方式，是按照原始比例进行显示，还是进行切割全屏显示。

⑤ 状态通知。有了通知，我们就可以在视频播放状态发生变化的时候处理回调。

在 iPhone 上播放视频要求必须全屏（iPad 上可以定制播放窗口的大小），可以播放本地或远程服务器上的视频，只需要指定播放 URL。通过系统 API 可以控制缩放比例及是否实现播放控制界面。在视频播放的开始调用 play 方法时，可以指定一个回调函数，在视频播放结束时会回调到这个函数内进行相关的处理。

由于 MPMoviePlayerController 提供了单个的 initWithContentURL 方法，所以只需传给它一个

视频地址就可以加载视频，直接调用[theMovie play]，MPMoviePlayController 就接管主屏幕开始视频播放。相关代码如下：

```
-(void)playMovieAtURL:(NSURL*)theURL
{
    MPMoviePlayerController* theMovie = [[MPMoviePlayerController alloc] initWithContentURL:theURL];

    theMovie.scalingMode = MPMovieScalingModeAspectFill;
    theMovie.movieControlMode = MPMovieControlModeHidden;

    // Register for the playback finished notification.
    [[NSNotificationCenter defaultCenter] addObserver:self
                selector:@selector(myMovieFinishedCallback:)
                name:MPMoviePlayerPlaybackDidFinishNotification
                object:theMovie];

    // Movie playback is asynchronous, so this method returns immediately.
    [theMovie play];
}
```

我们希望在视频加载时能够看到一个正在加载界面，并在视频播放结束时退回到原来操作的界面，这些操作都需要系统发给我们通知才能做到。可喜的是，MPMoviePlayerController 提供了非常完整的状态通知，在加载 MPMoviePlayerController 时注册相关的通知，即可在状态发生变化的时候，就会到我们对应的回调函数中进行处理。常见的回调通知见表 9-5。

表 9-5 常见的回调函数

函　　数	说　　明
MPMoviePlayerContentPreloadDidFinishNotification	文件已加载
MPMoviePlayerPlaybackDidFinishNotification	重放完成
MPMoviePlayerScalingModelDidChangeNotification	播放器的缩放模式改变

如果要使用通知，需要调用 NSNotification 的相关 API，并提供对应通知的名称以及一个回调函数。

加入播放结束的通知，需要先写一个回调函数，用于处理播放结束的相关操作，代码如下：

```
// When the movie is done, release the controller.
-(void)myMovieFinishedCallback:(NSNotification*)aNotification
{
    MPMoviePlayerController* theMovie = [aNotification object];

    [[NSNotificationCenter defaultCenter] removeObserver:self
                name:MPMoviePlayerPlaybackDidFinishNotification
                object:theMovie];

    // Release the movie instance created in playMovieAtURL:
    [theMovie release];
}
```

还需要把初始化的方法改造一下，加入注册通知的代码：

```objc
-(void)playMovieAtURL:(NSURL*)theURL
{
    MPMoviePlayerController* theMovie = [[MPMoviePlayerController alloc] initWithContentURL:theURL];

    theMovie.scalingMode = MPMovieScalingModeAspectFill;
    theMovie.movieControlMode = MPMovieControlModeHidden;

    // Register for the playback finished notification.
    [[NSNotificationCenter defaultCenter] addObserver:self
                selector:@selector(myMovieFinishedCallback:)
                name:MPMoviePlayerPlaybackDidFinishNotification
                object:theMovie];

    // Movie playback is asynchronous, so this method returns immediately.
    [theMovie play];
}
```

下面通过一个实例完整地展示视频播放的流程。假定需要在一个页面显示视频播放的标题，以及显示视频的截图，在点击截图之后开始播放视频，播放结束后退出视频播放页面，回到视频简介页面。具体步骤如下：

1 创建一个基于视图的项目，找到一个视频文件，然后找到一个对应的视频截图，用来作为视频简介的图片。

头文件代码如下：

```objc
@interface ViewController : UIViewController
{
    //用于显示视频名称
    UILabel *movieNameLabel_;

    //用于显示视频截图
    UIImageView *moviePic_;

    //用于播放视频的 URL
    NSURL *theURL_;
}
@property(nonatomic, retain)IBOutlet UILabel *movieNameLabel;
@property(nonatomic, retain)IBOutlet UIImageView *moviePic;
@property(nonatomic, retain)NSURL *theURL;

//播放视频
- (IBAction)playVideo:(id)sender;

//播放视频回调
-(void)myMovieFinishedCallback:(NSNotification*)aNotification;

@end
```

iOS 开发实战体验

2 构建视图。因为 GUI 界面比较简单，在此不做过多介绍，实现代码如下：

```objc
- (void)viewDidLoad
{
    [super viewDidLoad];

    //加载信息
    [[self moviePic] setImage:[UIImage imageNamed:@"cat.png"]];

    //加载文件名称
    [[self movieNameLabel] setText:@"Cat"];

    //加载视频 URL
    [self setTheURL:[NSURL fileURLWithPath:[[NSBundle mainBundle] pathForResource:@"catmov" ofType:@"mov"]]];
}

//播放视频回调
-(void)myMovieFinishedCallback:(NSNotification*)aNotification
{
    MPMoviePlayerController* theMovie = [aNotification object];

    [[NSNotificationCenter defaultCenter] removeObserver:self
        name:MPMoviePlayerPlaybackDidFinishNotification
        object:theMovie];

    // Release the movie instance created in playMovieAtURL:
    [theMovie release];
}

//播放视频
- (IBAction)playVideo:(id)sender
{
    MPMoviePlayerController* theMovie = [[MPMoviePlayerController alloc] initWithContentURL: theURL_];

    theMovie.scalingMode = MPMovieScalingModeAspectFill;
    //theMovie.movieControlMode = MPMovieControlModeHidden;

    // Register for the playback finished notification.
    [[NSNotificationCenter defaultCenter] addObserver:self
        selector:@selector(myMovieFinishedCallback:)
        name:MPMoviePlayerPlaybackDidFinishNotification
        object:theMovie];

    // Movie playback is asynchronous, so this method returns immediately.
    [theMovie play];
}
```

运行后的效果如图 9-7 所示，可以看到界面上展示了视频的简介，当我们点击【播放】按钮时，系统就会开始播放视频，当播放结束后会回调到预先设置的回调函数中。

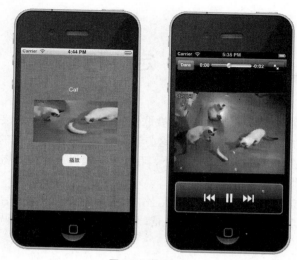

图 9-7　播放视频

【结束语】

　　iPhone 是表现非常出色的多媒体手机，仅就其对多媒体的处理就可以写成厚厚的一本书，本章只是抛砖引玉，将最常用的功能介绍给读者。如果大家想深入学习这方面的内容，还需要详细了解 iOS。对于视频已经没有什么事情可以做，因为高级框架已经封装得非常完善；但是对于音频，从 SDK 提供的复杂的 API 就可以看出来，还有着非常大的学习空间。

第 10 章　定位和地图

手机的出现让我们能够随时随地地联系想要联系的人。智能手机的定位和地图功能还可以帮助我们及时了解当前所处的位置和周边的环境，这为我们的生活带来了很大的方便。尤其是当我们处在一个陌生的城市时，在 Google 地图的帮助下，我们不会错过最好的博物馆、最美丽的风景、最美味的餐厅和最值得购物的商店。

那么这一切在 iPhone 上如何实现呢？事实上，只要明确了获得位置信息后用来做什么，一切都变得简单。iPhone 为我们提供的 CoreLocation 非常方便，只要几行代码，就能启动定位硬件并开始更新位置信息。

10.1　基础知识

在开始学习如何定位之前，我们先来了解关于经纬度、经线、纬线、经度、纬度的基础知识。

1）经纬度

经纬度是经度与纬度的合称，是一种利用三度空间的球面来定义地球上的空间的球面坐标系统，又称为地理坐标系统，能够标示地球上的任何一个位置，如图 10-1 所示。

2）经线

经线也称子午线，和接下来要介绍的纬线一样是人类为度量方便而假设出来的辅助线，定义为地球表面连接南北两极的大圆线上的半圆弧。任意两根经线的长度相等，相交于南北两极点。经线指示南北方向。

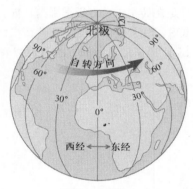

图 10-1　经纬度

3）纬线

纬线定义为地球表面某点随地球自转所形成的轨迹。任何一根纬线都是圆形而且两两平行。纬线的长度是赤道的周长乘以纬线的纬度的余弦，所以赤道最长，离赤道越远的纬线周长越短，到了两极就缩为 0。纬线指示东西方向。

4）经度

经度是地球上某个地点距离一根被称为本初子午线（经过伦敦格林维治天文台的子午线）的南北方向走线以东或以西的度数。本初子午线的经度是 0°，地球上其他地点的经度是向东到 180°或向西到 180°。东经 180°即西经 180°，约等同于国际换日线，国际换日线的两边，日期相差一日。东经用"E"表示，西经用"W"表示。经度的每一度被分为 60 角分，每一分被分为 60 秒。一个经度因此一般看上去是这样的：东经 23°27′30″或西经 23°27′30″。更精确的经度位置中，秒用分的小数来表示，比如：东经 23°27.500′，但也有使用度和它的小数的，比如：东经 23.45833°。有时西经被写做负数，比如：−23.45833°。但偶尔也有人把东经写为负数，但这相当不常规。

一个地点的经度一般与它和协调世界时之间的时差相应：每天有 24 小时，而一个圆圈有 360°，因此地球每小时自转 15°。因此假如一个人的地方时比协调世界时早 3 小时的话，那么他在东经 45°左右。不过由于时区的划分包含一定的政治因素，因此一个人所在的时区不一定与上面的计算相符。但通过对地方时的测量可以算出某人所在的地点的经度。为了计算这个数据，需要一个指示协调世界时的钟并对太阳经过子午圈的时间进行观察。

5）纬度

纬度是指某点与地球球心的连线和地球赤道面所成的线面角，其数值在 0°～90°之间。位于赤道以北的点的纬度叫北纬，记为 N；位于赤道以南的点的纬度称南纬，记为 S。纬度数值在 0°～30°之间的地区称为低纬度地区；纬度数值在 30°～60°之间的地区称为中纬度地区；纬度数值在 60°～90°之间的地区称为高纬度地区。赤道、南回归线、北回归线、南极圈和北极圈是特殊的纬线。

纬度的每个度大约相当于 111km，经度的每个度的距离则从 0 到 111km 不等。它的距离随纬度的不同而变化，等于 111km 乘纬度的余弦。不过这个距离还不是相隔一经度的两点之间最短的距离，最短的距离是连接这两点之间的大圆的弧的距离，它比上面所计算出来的距离要小一些。

经度和纬度一起确定地球上某个地点的精确位置。

10.2 iPhone 定位方法

了解了经纬度等方面的基础知识后，本节我们来学习 iPhone 中的定位方法。

1）CoreLocation 框架的定位方法

iPhone 可以使用 CoreLocation 框架确定它的物理位置，可以利用 GPS、蜂窝基站三角网以及 Wi_Fi（WPS）3 种技术来实现该功能。

使用 GPS 定位系统，可以精确地定位当前所在的地理位置，但由于 GPS 接收机需要对准天空才能工作，所以在室内基本无法使用。

使用蜂窝基站三角网，手机开机时会与周围的基站取得联系，如果知道这些基站的身份，就可以使用各种数据库（包含基站的身份和它们的确切地理位置）计算出手机的物理位置。与 GPS 不同，基站不需要卫星，它对室内环境一样管用。但它没有 GPS 那样精确，它的精度取决于基站的密度，它在基站密集型区域的准确度最高。

使用 Wi-Fi 方法时，设备连接到 Wi-Fi 网络，通过检查服务提供商的数据确定位置，它既不依赖卫星，也不依赖基站，因此这个方法对于可以连接到 Wi-Fi 网络的区域有效，但它的精确度也是这 3 个方法中最差的。

2）与定位相关的类

想得到定位的信息，需要涉及到如下几个类：

- CLLocationManager——定位管理器。
- CLLocation——位置信息。
- CLLocationManagerdelegate——协议。
- CLLocationCoodinate2D——包含经纬度的数据结构。
- CLLocationDegrees——double 类型，主要用来定义经度或纬度。

这里主要介绍 CLLocationManager 和 CLLocation 两个类，其他 3 个类比较简单。

（1）CLLocationManager（定位管理器）

先实例化一个 CLLocationManager，同时设置代理及精确度等。
简单的调用方法如下：

```
CCLocationManager *manager = [[CLLocationManager alloc] init];//初始化定位器
[manager setDelegate: self];//设置代理
[manager setDesiredAccuracy: kCLLocationAccuracyBest];//设置精确度
```

其中，desiredAccuracy 属性表示精确度，有 5 种选择，见表 10-1。

表 10-1 desiredAccuracy 属性的精确度选择

属　　性	描　　述
kCLLocationAccuracyBest	精确度最佳
kCLLocationAccuracynearestTenMeters	精确度 10m 以内
kCLLocationAccuracyHundredMeters	精确度 100m 以内
kCLLocationAccuracyKilometer	精确度 1000m 以内
kCLLocationAccuracyThreeKilometers	精确度 3000m 以内

★ 提 示　精确度越高，用电越多，要根据实际情况选择。

设定定位信息的更新距离，代码如下：

```
manager.distanceFilter = 250; //在地图上每隔 250m 更新一次定位信息
```

启动定位管理器，代码如下：

```
[manager startUpdateLocation];
```

★ 提 示　如果不用的话，必须调用[manager stopUpdateLocation]关闭定位功能，以节约电能。

（2）CLLocation（位置信息）

CCLocation 对象中包含着定位的相关信息数据。其属性主要包括 coordinate、altitude、horizontalAccuracy、verticalAccuracy、timestamp 等，具体如下：

- coordinate——用来存储地理位置的 longitude（经度）和 latitude（纬度），都是 float 类型。
  例如可以这样：

  float latitude = location.coordinat.latitude;

  其中，location 是 CCLocation 的实例。前面提到的 CLLocationDegrees 类是 double 类型，在 CoreLocation 框架中用来储存 CLLocationCoordinate2D 实例 coordinate 的 latitude 和 longitude。
- altitude——表示位置的海拔高度，这个值是极不准确的。
- horizontalAccuracy——表示水平准确度。可以这么理解，它是以 coordinate 为圆心的半径，返回的值越小，证明准确度越好，如果是负数，则表示 core location 定位失败。
- verticalAccuracy——表示垂直准确度，它的返回值与 altitude 相关，所以不准确。
- Timestamp——返回的是定位时的时间，为 NSDate 类型。

若想获得位置信息，实现两个方法即可，代码如下：

```
//成功获得位置更新的委托
- (void)locationManager:(CLLocationManager *)manager
```

```
            didUpdateToLocation:(CLLocation *)newLocation
                  fromLocation:(CLLocation *)oldLocation;
```

/获得位置更新失败的委托
```
- (void)locationManager:(CLLocationManager *)manager
         didFailWithError:(NSError *)error;
```

3）定位的实现

现在可以去实现定位了，为了便于调用，我们将定位的 API 做了简单的封装，代码如下：

```
#import <Foundation/Foundation.h>
#import <CoreLocation/CoreLocation.h>
#import <MapKit/MapKit.h>

/**
 *定位的委托类
 */
@protocol LocationManagerDelegate <NSObject>
-(void)didGetLocation:(CLLocationCoordinate2D)coordinate;
-(void)didGetLocationFail;
-(void)didFindCity:(NSString *)cityName areaCode:(NSString *)areaCode;//根据城市名找 woied
-(void)didFindCityFail;
@end

@interface RTLocationHelper : NSObject<CLLocationManagerDelegate, MKReverseGeocoderDelegate>
{
    CLLocationManager *_lm;
    id <LocationManagerDelegate> _delegate;
    NSString *_latitude;
    NSString *_longitude;
}

@property (assign, nonatomic) id<LocationManagerDelegate> delegate;
@property (nonatomic, copy) NSString *latitude;
@property (nonatomic, copy) NSString *longitude;

/**判断设备是否是模拟器*/
+ (BOOL)isSimulator;
/**获得实例*/
+ (RTLocationHelper*) getInstance;
/**开始定位更新*/
- (void)startUpdate;
/**停止定位更新*/
- (void)stopUpdate;
@end
```

RTLocationManager.m
```
#import "RTLocationHelper.h"

@implementation RTLocationHelper
```

```objc
@synthesize latitude = _latitude, longitude = _longitude;
@synthesize delegate = _delegate;

//Manager 实例
static RTLocationHelper * _instance = nil;
// 获取实例
+ (RTLocationHelper *) getInstance
{
    if (nil == _instance)
        {
            _instance = [[RTLocationHelper alloc] init];
        }
        return _instance;
}

// 初始化定位设备
-(id)init
{
        if((self = [super init]))
        {
            if (_lm != nil)
            {
                return self;
            }
            _lm = [[CLLocationManager alloc] init];
            _lm.desiredAccuracy = kCLLocationAccuracyBest;
            _lm.distanceFilter = 0.5;
        _lm.delegate = self;
        }
        return self;
}

// 停止定位
-(void)stopUpdate
{
        if(_lm != nil)
        {
        NSLog(@"stop update location...");
            [_lm stopUpdatingLocation];
    }
}
// 定位成功，获取定位到的经纬度
- (void)locationManager:(CLLocationManager *)manager didUpdateToLocation:(CLLocation *)newLocation fromLocation:(CLLocation *)oldLocation
{
    CLLocationCoordinate2D coordinate = newLocation.coordinate;
        [self setLatitude:[NSString stringWithFormat:@"%f", coordinate.latitude]];
    [self setLongitude:[NSString stringWithFormat:@"%f", coordinate.longitude]];
    NSLog(@"location has got -------> latitude: %@ , longitude: %@", self.latitude, self.longitude);
    if ([_delegate respondsToSelector:@selector(didGetLocation:)])
    {
        [_delegate didGetLocation:coordinate];
```

```
    }
    NSDictionary* param = [NSDictionary dictionaryWithObjectsAndKeys:
                        _latitude,@"latitude", _longitude, @"longitude", nil];
}
// 定位失败
- (void)locationManager:(CLLocationManager *)manager didFailWithError:(NSError *)error
{
    NSLog(@"update location error! %@", [error description]);
    // TODO: 失败提示
    [self stopUpdate];
    UIAlertView *alert = [[UIAlertView alloc] initWithTitle:@"定位失败"
message:@"请开启"设置->通用->定位服务"中
        的相关选项。"
                                                delegate:self
                                       cancelButtonTitle:@"确定"
                                       otherButtonTitles:nil,nil];
    [alert show];
    [alert release];
}
- (void)dealloc
{
    [_lm release];
    [super dealloc];
}
```

需要说明的是，定位操作在 XCode4.0 以前只能在真机上进行，目前 XCode 的高版本已经支持在模拟器中设置位置信息。如果不设置的话，iPhone Simulator 会默认定位到苹果的总部：加利福尼亚的库比提诺。我们可以手动设置模拟器的当前位置，方法如下：

打开模拟器，在模拟器的菜单中选择调试→位置→自定义位置，在弹出的对话框中输入想要的位置，如图 10-2 所示。

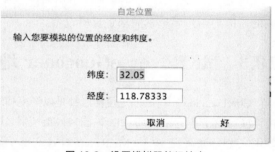

图 10-2 设置模拟器的经纬度

除了可以自定义位置信息外，模拟器还提供了几个城市供开发者选择。在模拟器运行的过程中，开发者也可以在 XCode 中设定城市或者位置信息，使用起来很方便。

除了这种方法，还有另外一种方法进行操作，那就是对设备进行区分，通过程序的 API 查看当前的设备是 iPhone 真机还是模拟器，并分别进行处理。具体做法为：使用 UIDevice 的方法获取设备名称，然后根据名称判断设备类型，有了这些信息，就可以通过代码进行分别处理。如果是模拟器，就通过代码指定一个信息；如果是真机，就启动设备进行定位。实现代码如下：

```
+ (BOOL)isSimulator
{
    NSString *model = [[UIDevice currentDevice] model];
    if (NSNotFound != [model rangeOfString:@"Simulator"].location)
    {
        return YES;
    }
```

iOS 开发实战体验

```
            return NO;
    }

// 开始更新定位信息
-(void)startUpdate
{
    if(_lm != nil)
    {
        NSLog(@"start update location...");
        if([RTLocationHelper isSimulator])
        {
            float latitude = 39.8143218;
            float longitude = 116.327154;
            CLLocation *powellsTech = [[[CLLocation alloc] initWithLatitude:latitude longitude:longitude] autorelease];
            [self locationManager:_lm didUpdateToLocation:powellsTech
                    fromLocation:powellsTech];
        }
        else
        {
            [_lm startUpdatingLocation];
        }
    }
}
```

当然，这些方法都是为了便于开发时的操作，等到程序发布时候，这些对于用户来说都是不需要的，因为用户手里拿的都是真机设备。

10.3 MKReverseGeocoder 地理位置反向编码

CoreLocation 中得到的定位信息都是以经度和纬度表示的，很多时候我们需要把它反向编码成普通人能读懂的地理位置描述，例如：×国××市×××区×××街道××号，这就需要用到 MapKit 中的一个地理位置反向编码工具——MKReverseGeocoder。用法如下：首先要实现协议 MKReverseGeocoderDelegate，因为将坐标信息发到服务器再返回来需要一定的时间，为了防止阻塞，信息返回时会通知委托方法。这里实现该类主要是为了实现 didFailWithError 和 didFindPlacemark 方法，代码如下：

```
-(void)reverseGeocoder:(MKReverseGeocoder *)geocoder
        didFailWithError:(NSError *)error
{
    NSLog(@"MKReverseGeocoder has failed.");
}

-(void)reverseGeocoder:(MKReverseGeocoder *)geocoder
didFindPlacemark:(MKPlacemark *)placemark
{
    NSLog(@"当前地理信息为：%@",placemark);
}
```

其中，didFailWithError 方法用来处理返回错误信息，didFindPlacemark 方法用来返回地理信息。

地理信息包含在 placemark 里面，此对象包含国家、城市、区块、街道等成员变量。

下面通过代码说明如何初始化一个反向编码器，并发出请求：

```
MKReverseGeocoder *reverseGeocoder =[[MKReverseGeocoder alloc] initWithCoordinate:coordinate];
NSLog(@"%g",coordinate.latitude);
NSLog(@"%g",coordinate.longitude);
reverseGeocoder.delegate = self;
[reverseGeocoder start];
```

MKReverseGeocoder 调用 start 方法来发出请求，cancel 方法来取消请求，代码如下：

```
-(void)getPlaceWithLocation:(CLLocationCoordinate2D)location
{
NSLog(@"start find place information...");
    _geo = [[MKReverseGeocoder alloc]initWithCoordinate:location];
_geo.delegate = self;
[_geo start];
}

- (void)reverseGeocoder:(MKReverseGeocoder *)geocoder didFindPlacemark:(MKPlacemark *)pk
{
    NSLog(@"has find place: %@", pk.locality);
    NSString *locality = pk.locality;
    [_geo cancel];
}

- (void)reverseGeocoder:(MKReverseGeocoder *)geocoder didFailWithError:(NSError *)error
{
    NSLog(@"find place error! %@", [error description]);
    if ([self.delegate respondsToSelector:@selector(didFindCityFail)])
    {
        [_delegate didFindCityFail];
    }
    [_geo cancel];
}
```

10.4　LBS 应用的类型

上一节介绍了如何获取位置信息，下面来学习如何利用位置信息做我们想做的事情，也就是如何制作基于 LBS（Location Based Service）的应用。

LBS 包括两层含义：首先是确定移动设备或用户所在的地理位置；其次是提供与位置相关的各类信息服务。泛指与定位相关的各类服务系统，简称"定位服务"，又称为"移动定位服务"（Mobile Position Services，MPS）。例如找到手机用户的当前地理位置后，寻找当前位置 1 公里范围内的宾馆、影院、图书馆、加油站等的名称和地址。可见，LBS 借助互联网或无线网络，在固定用户或移动用户之间，能够完成定位和服务两大功能，常见应用如图 10-3 所示。

图 10-3　常见的 LBS 应用

LBS 应用主要分为休闲娱乐型、生活服务型、社交型、商业型等。

1) 休闲娱乐型

（1）签到（Check-In）模式：以 Foursquare 为主，国外提供同类服务的还有 Gowalla、Whrrl 等公司，国内提供该类应用的公司有嘀咕、玩转四方、街旁、开开、多乐趣、在哪等几十家。

（2）大富翁游戏模式：国外的代表是 Mytown，国内则是 16Fun。主旨是游戏人生，可以让用户利用手机购买现实地理位置里的虚拟房产与道具，并进行消费与互动等，是将现实和虚拟真正进行融合的一种模式。

2) 生活服务型

（1）周边生活服务搜索：点评网或者生活信息类网站与地理位置服务相结合的模式。

（2）与旅游相结合：旅游具有明显的移动特性和地理属性，LBS 和旅游的结合是十分切合的。

（3）会员卡与票务模式：实现一卡制，捆绑多种会员卡的信息，同时电子化的会员卡能记录消费习惯和信息，使用户充分感受到简捷的形式和大量的优惠信息聚合。

3) 社交型

（1）地点交友，即时通信：不同的用户因为在同一时间处于同一地理位置构建用户关系。

（2）以地理位置为基础的小型社区。

4) 商业型

（1）LBS+团购：两者都有地域性特征，但是团购又有其差异性。

（2）优惠信息推送服务：为用户提供基于地理位置的优惠信息推送服务。

（3）店内模式：将用户吸引到指定的商场里，完成指定的行为后便赠送优惠券等。

10.5 谷歌地图

LBS 类型的应用都是以位置为基础的，而最直接的方法就是在地图上将与用户的位置有用的元素标识出来，也就是使用 iPhone 上的地图模块——Google Map（谷歌地图），如图 10-4 所示。

（a）显示我的位置　　　　（b）标注显示我的位置

图 10-4　谷歌地图

iOS3.0 以后，新增了用于地图操作的 API——MAPKit。APKit 主要的类是 MKMapView，它提供了一个嵌入式的地图接口，就像在自带的 Maps 程序里提供的那样。我们可以使用这个类在程序中显示地图和操作地图。

初始化 MKMapView 时，需要指定一个 region（MKCoordinateRegion 类型）给这个地图。可以通过指定 map view 实例的 region 属性来完成。region 定义了一个中央点（point）和水平和垂直的距离，这个区域显示的大小和比例是根据 span（MKCoordinateSpan）调节的。

span 定义了指定中央点的 map 能显示多少内容以及比例尺的大小。将 span 的值设得大一些，可以展现更多的内容和更小的放大级别，反之则展现更细节的内容和更大的放大级别。

我们可以通过 MapView 的 scrollEnabled 和 zoomEnabled 属性来设置是否允许滚动地图和放大缩小地图。实现方法为：先新建一个 ViewController 的子类，并使用 Interface Builder 拖拽出一个 MapView，然后和代码里的 map（MKMapView 类型）进行关联。代码如下：

BaseMapViewController.h
```objc
#import <UIKit/UIKit.h>
#import <MapKit/MapKit.h>
@interface BaseMapViewController : UIViewController<MKMapViewDelegate>
{
    MKMapView* map_;
}

@property(nonatomic, retain) IBOutlet MKMapView* map;
```

BaseMapViewController.m
```objc
- (void)viewDidLoad
{
    [super viewDidLoad];
    CLLocationCoordinate2D loc     = CLLocationCoordinate2DMake(32.05000,118.78333);
    CLLocationDegrees lat = loc.latitude;
    CLLocationDegrees lon       = loc.longitude;
    CLLocationCoordinate2D theCoordinate;
    CLLocationCoordinate2D theCenter;
    theCoordinate.latitude =lat;
    theCoordinate.longitude=lon;
    [map_ setDelegate: self];
    [map_ setMapType: MKMapTypeStandard];

    MKCoordinateRegion theRegin;
    theCenter.latitude =lat;
    theCenter.longitude = lon;
    theRegin.center=theCenter;

    MKCoordinateSpan theSpan;
    theSpan.latitudeDelta = 0.01;
    theSpan.longitudeDelta = 0.01;
    theRegin.span = theSpan;
    [map_ setRegion:theRegin];
    [map_ regionThatFits:theRegin];
    map_.showsUserLocation=YES;//显示我的当前位置，在地图上添加一个标
}
```

10.5.1 在地图上增加大头针标注的方法

在开发基于 LBS 的应用过程中，经常需要在地图上标注一些位置，如景点、商店、当前位置等。有时我们希望改变图标的颜色或图片，甚至动态增加大头针。本小节我们就来依次介绍各自的实现方法。

1）在地图上增加标注

iPhone 的 MapView 为我们提供了在地图上增加标注的办法，具体实现过程如下：

1 实现标注的协议 MKAnnotation，包含 3 个必要成员：标注的位置、标题和副标题，代码如下：

CustomAnnotation.h
```
#import <Foundation/Foundation.h>
#import <MapKit/MKAnnotation.h>

@interface CustomAnnotation : NSObject<MKAnnotation>
{
    CLLocationCoordinate2D coordinate_;
    NSString *title_;
    NSString *subtitle_;
}

@property (nonatomic, assign) CLLocationCoordinate2D coordinate;
@property (nonatomic, copy) NSString *title;
@property (nonatomic, copy) NSString *subtitle;

@end
```

CustomAnnotation.m
```
#import "CustomAnnotation.h"
@implementation CustomAnnotation
@synthesize coordinate = coordinate_;
@synthesize title = title_;
@synthesize subtitle = subtitle_;
-(void)dealloc
{
    [title_ release];
    [subtitle_ release];
    [super dealloc];
}
@end
```

2 在 MapView 上面增加大头针。方法很简单，就是增加实现了 MKAnnotation 协议的对象，代码如下：

```
//增加大头针标签
CustomAnnotation *ann = [[CustomAnnotation alloc] init];
ann.title = @"增加的大头针";
NSString* locDesc = [NSString stringWithFormat:@"经度%f  纬度:%f", lat, lon];
ann.subtitle = locDesc;
```

```
//地点名字
ann.coordinate = loc;
[map_ addAnnotation:ann];
```

运行效果如图 10-5 所示。

（a）添加大头针　　　　（b）大头针标注点击效果

图 10-5　添加大头针标注

2）改变图标的颜色或图片

改变图标的颜色或图片，iPhone 的 SDK 已提供了解决办法，只要实现 MKMapViewDelegate 的委拖函数即可，代码如下：

```
- (MKAnnotationView *)mapView:(MKMapView *)mV viewForAnnotation:(id <MKAnnotation>)annotation
{
    MKPinAnnotationView *pinView = nil;
    if(annotation != map_.userLocation)
    {
        static NSString *defaultPinID = @"com.realtool.pin";
        pinView = (MKPinAnnotationView *)[map_ dequeueReusableAnnotationViewWithIdentifier:defaultPinID];
        if ( pinView == nil )
        {
            pinView = [[[MKPinAnnotationView alloc]
                        initWithAnnotation:annotation reuseIdentifier:defaultPinID] autorelease];
        }
        pinView.pinColor = MKPinAnnotationColorRed;
        pinView.image=[UIImage imageNamed:@"locflag1.png"];
        pinView.canShowCallout = YES;
        pinView.animatesDrop = YES;
    }
    else
    {
        [map_.userLocation setTitle:@"我的位置"];
```

```
       NSString* locDesc = [NSString stringWithFormat:@"经度%f  纬度:%f", map_.userLocation.coordinate.
latitude, map_.userLocation.coordinate.longitude];
       [map_.userLocation setSubtitle:locDesc];
    }

    UIButton* rightButton = [UIButton buttonWithType:UIButtonTypeDetailDisclosure];
    [rightButton addTarget:self action:@selector(showDetails) forControlEvents:UIControlEventTouchUpInside];
    pinView.rightCalloutAccessoryView = rightButton;
return pinView;
}
```

iPhone 中的大头针有 3 种颜色：红色、绿色和紫色。如果想改变，只要将"pinView.pinColor = MKPinAnnotationColorRed"中的变量改为如下 3 个值中的一个就可以了：

```
enum {
    MKPinAnnotationColorRed = 0,
    MKPinAnnotationColorGreen,
    MKPinAnnotationColorPurple
};
typedef NSUInteger MKPinAnnotationColor;
```

如果要将大头针标注的图片也更换掉，可以通过如下代码实现：

```
- (MKAnnotationView *)mapView:(MKMapView *)mV viewForAnnotation:(id <MKAnnotation>)annotation
{
    MKAnnotationView* newAnnotation=[[MKAnnotationView alloc] initWithAnnotation: annotation
                                                        reuseIdentifier: annotation.title];
    newAnnotation.canShowCallout=YES;
    newAnnotation.image=[UIImage imageNamed:@"location.png"];
    return newAnnotation;
}
```

使用自定义图片运行的效果如图 10-6 所示。

图 10-6　使用自定义的大头针标注

3) 动态增加大头针

有时用户希望可以动态增加大头针,比如长按屏幕后在按下的位置增加一个大头针,标识自己感兴趣的地方。实现的思路如下:

① 识别用户长按的状态,可以使用手势。
② 获得用户长按的位置,转换成位置坐标。
③ 在获得位置的坐标处增加大头针标注。

具体操作步骤如下:

1 在 viewDidLoad 中添加要捕获长按的手势,代码如下:

```
UILongPressGestureRecognizer *lpress = [[UILongPressGestureRecognizer alloc] initWithTarget:self action:@selector(longPress:)];
lpress.minimumPressDuration = 0.5;//按 0.5 秒响应 longPress 方法
lpress.allowableMovement = 10.0;
[m_mapView addGestureRecognizer:lpress];//m_mapView 是 MKMapView 的实例
[lpress release];
```

2 实现要响应长按手势的 longPress 方法,代码如下:

```
- (void)longPress:(UIGestureRecognizer*)gestureRecognizer
{
    if (gestureRecognizer.state == UIGestureRecognizerStateEnded)
    {
        return;
    }
    //坐标转换
    CGPoint touchPoint = [gestureRecognizer locationInView:map_];
    CLLocationCoordinate2D touchMapCoordinate =[map_ convertPoint:touchPoint
                                                toCoordinateFromView:map_];
    MKPointAnnotation* pointAnnotation = nil;
    pointAnnotation = [[MKPointAnnotation alloc] init];
    pointAnnotation.coordinate = touchMapCoordinate;
    pointAnnotation.title = @"通过手势增加的大头针";
    NSString* locDesc = [NSString stringWithFormat:@"经度%f   纬度:%f",touchMapCoordinate.latitude,
     touchMapCoordinate.longitude];
    pointAnnotation.subtitle = locDesc;
    [map_ addAnnotation:pointAnnotation];
    [pointAnnotation release];
}
```

3 响应 MKMapViewDelegate 的委托方法,代码如下:

```
- (MKAnnotationView *)mapView:(MKMapView *)mV viewForAnnotation:(id <MKAnnotation>)annotation
{
    MKPinAnnotationView *pinView = nil;
    if(annotation != map_.userLocation)
    {
        static NSString *defaultPinID = @"com.realtool.pin";
        pinView = (MKPinAnnotationView *)[map_ dequeueReusableAnnotationViewWithIdentifier:defaultPinID];
        if ( pinView == nil )
        {
```

```
            pinView = [[[MKPinAnnotationView alloc]
                       initWithAnnotation:annotation reuseIdentifier:defaultPinID] autorelease];
        }
        pinView.pinColor = MKPinAnnotationColorRed;
        pinView.image=[UIImage imageNamed:@"locflag1.png"];
        pinView.canShowCallout = YES;
        pinView.animatesDrop = YES;
    }
    else
    {
        [map_.userLocation setTitle:@"我的位置"];
        NSString* locDesc = [NSString stringWithFormat:@"经度%f    纬度:%f",
                             map_.userLocation.coordinate.latitude,
                             map_.userLocation.coordinate.longitude];
        [map_.userLocation setSubtitle:locDesc];
    }
    UIButton* rightButton = [UIButton buttonWithType:UIButtonTypeDetailDisclosure];
    [rightButton addTarget:self action:@selector(showDetails) forControlEvents:UIControlEventTouchUpInside];
    pinView.rightCalloutAccessoryView = rightButton;
    return pinView;
}
- (void)showDetails:(UIButton*)sender
{

}
```

运行效果如图 10-7 所示。

（a）通过手势增加的大头针　　（b）长按添加多个大头针标注

图 10-7　长按添加大头针

10.5.2　在地图上画线

基于 LBS 应用，除了在地图上增加一些大头针标注外，还有一个基本操作比较常用，就是在地图上画线，将多个点连起来，比如标识用户的旅行轨迹、汽车的行车路线等。然而 MKMapView

是不允许在上面绘图的,那怎么实现呢?我们做了一个变通,通过在 MKMapView 上面增加 UIView 来实现绘图。由 UIView 实现 MKMapViewDelegate 协议,通过 UIView 的事件处理和 drawRect 绘图操作,可以让 UIView 的 MKMapView 保持同步并实现绘图。具体方法如下:

1 创建 UIView,代码如下:

GMapCtrl.h
```objc
#import <UIKit/UIKit.h>
#import <MapKit/MapKit.h>

@interface GMapCtrl : UIView<MKMapViewDelegate>
{
    MKMapView* _mapView;
    NSArray* _points;
    UIColor* _lineColor;
    bool isLine;
}
@property (nonatomic, retain) NSArray* points;
@property (nonatomic, retain) MKMapView* mapView;
@property (nonatomic, retain) UIColor* lineColor;
@property (nonatomic) bool isLine;
-(id)initWithRoute:(NSArray*)routePoints mapView:(MKMapView*)mapV;
-(void)changeMapType:(id)sender event:(id)event;
@end
```

GMapCtrl.m
```objc
#import "GMapCtrl.h"
#import "CustomAnnotation.h"

@implementation GMapCtrl
@synthesize mapView    = _mapView;
@synthesize points     = _points;
@synthesize lineColor  = _lineColor;
@synthesize isLine;

/******************************************************************
 **函数功能:初始化地图控件
 **输入参数: routePoints, mapV
 **类型:NSArray*, MKMapView*
 **输出参数:无
 **返回: 返回地图控件的引用
 ******************************************************************/
-(id)initWithRoute:(NSArray*)routePoints mapView:(MKMapView*)mapView
{
    self = [super initWithFrame:CGRectMake(0, 0, mapView.frame.size.width, mapView.frame.size.height)];
    [self setBackgroundColor:[UIColor clearColor]];
    [self setMapView:mapView];
    [self setPoints:routePoints];
    MKCoordinateRegion region;
    if(self.points.count <= 1)
    {
```

```
            CLLocation* currentLocation = [self.points objectAtIndex:0];
            CLLocationCoordinate2D coordinate;
            coordinate = currentLocation.coordinate;
            MKCoordinateSpan theSpan;
            //地图的范围越小越精确
            theSpan.latitudeDelta=0.03;
            theSpan.longitudeDelta=0.03;
            region.center= coordinate;
            region.span=theSpan;
        }
        else
        {
            CLLocationDegrees maxLat = -90;
            CLLocationDegrees maxLon = -180;
            CLLocationDegrees minLat = 90;
            CLLocationDegrees minLon = 180;
            for(int idx = 0; idx < self.points.count; idx++)
            {
                CLLocation* currentLocation = [self.points objectAtIndex:idx];
                if(currentLocation.coordinate.latitude > maxLat)
                    maxLat = currentLocation.coordinate.latitude;
                if(currentLocation.coordinate.latitude < minLat)
                    minLat = currentLocation.coordinate.latitude;
                if(currentLocation.coordinate.longitude > maxLon)
                    maxLon = currentLocation.coordinate.longitude;
                if(currentLocation.coordinate.longitude < minLon)
                    minLon = currentLocation.coordinate.longitude;
            }
            region.center.latitude     = (maxLat + minLat) / 2;
            region.center.longitude    = (maxLon + minLon) / 2;
            double latiDeta = maxLat - minLat;
            double longiDeta = maxLon - minLon;
            if(latiDeta < 0.01)
            {
                latiDeta = 0.01;
            }
            if(longiDeta < 0.01)
            {
                longiDeta = 0.01;
            }
            region.span.latitudeDelta  = latiDeta;
            region.span.longitudeDelta = longiDeta;
        }
        [self.mapView setRegion:region];
        [self.mapView setDelegate:self];
        [self setNeedsDisplay];
        return self;
    }
}

/****************************************************************
**函数功能:绘图，主要是在地图上进行连线的绘制
```

```objc
****************************************************************/
- (void)drawRect:(CGRect)rect
{
    if(!isLine)
    {
        return;
    }
    if(!self.hidden && nil != self.points && self.points.count > 0)
    {
        CGContextRef context = UIGraphicsGetCurrentContext();
        if(nil == self.lineColor)
            self.lineColor = [UIColor orangeColor];
        CGContextSetStrokeColorWithColor(context, self.lineColor.CGColor);
        CGContextSetRGBFillColor(context, 0.0, 0.0, 1.0, 1.0);
        CGContextSetLineWidth(context, 2.0);
        for(int idx = 0; idx < self.points.count; idx++)
        {
            CLLocation* location = [self.points objectAtIndex:idx];
            CGPoint point = [_mapView convertCoordinate:location.coordinate toPointToView:self];
            if(idx == 0)
            {
                // move to the first point
                CGContextMoveToPoint(context, point.x, point.y);
            }
            else
            {
                CGContextAddLineToPoint(context, point.x, point.y);
            }
        }
        CGContextStrokePath(context);
    }
}
/**事件检测,UIView 不作处理，交给 MKMapView 处理*/
- (UIView *)hitTest:(CGPoint)point withEvent:(UIEvent *)event
{
    return nil;
}

#pragma mark mapView delegate functions
/**地图放大缩小开始的委托回调，地图缩放，用来画线的 UIView 隐藏*/
- (void)mapView:(MKMapView *)mapView regionWillChangeAnimated:(BOOL)animated
{
    self.hidden = YES;
}
/**地图放大缩小结束的委托回调，地图缩放结束后，重新显示*/
- (void)mapView:(MKMapView *)mapView regionDidChangeAnimated:(BOOL)animated
{
    self.hidden = NO;
    [self setNeedsDisplay];
}
-(void) dealloc
```

```
{
    [_points release];
    [super dealloc];
}
```

2 实现连线。创建了 UIView 类后，使用的时候只要创建这个 UIView 的实例，把它加到父窗口上，设置需要连线的坐标数组，就可以将这些点连成线了。使用 Interface Builder 拖拽出来的 MKMKMapView，并和代码里的 map 进行关联，代码如下：

DrawMapViewController.h
```
#import <UIKit/UIKit.h>
#import <MapKit/MapKit.h>
#import "GMapCtrl.h"
@interface DrawMapViewController : UIViewController<MKMapViewDelegate>
{
    MKMapView* map_;
    NSMutableArray* points_;
    GMapCtrl* routeView_;
}
@property(nonatomic, retain) IBOutlet MKMapView* map;
@property(nonatomic, retain) NSMutableArray* points;
@property(nonatomic, retain) GMapCtrl* routeView;

-( void)clickDrawLine:(id)sender;
- (void)longPress:(UIGestureRecognizer*)gestureRecognizer;
- (void)showDetails;
@end
```

DrawMapViewController.m
```
- (void)viewDidLoad
{
    [super viewDidLoad];
    UIBarButtonItem* rightItem = [[UIBarButtonItem alloc] initWithTitle:@"连线"
                                                                  style:UIBarButtonItemStylePlain
                                                                 target:self
                                                                 action:@selector(clickDrawLine:)];

    self.navigationItem.rightBarButtonItem = rightItem;
    [rightItem release];

    //此处省略设置地图的位置的代码
    ...
    //创建需要连成线的点的位置数组
    if(points_ == nil)
    {
        NSMutableArray* array = [[NSMutableArray alloc] initWithCapacity:6];
        self.points = array;
        [array release];
    }
    //增加长按手势，通过长按屏幕来增加连成线的点，并加上大头针标注
    UILongPressGestureRecognizer *lpress = [[UILongPressGestureRecognizer alloc] initWithTarget:self
```

```
                                    action:@selector(longPress:)];
    lpress.minimumPressDuration = 0.5;//按 0.5 秒作为响应 longPress 方法
    lpress.allowableMovement = 10.0;
    [map_ addGestureRecognizer:lpress];//m_mapView 是 MKMapView 的实例
}
//导航条上面右边的按钮被按下时，处理连线操作
-(void)clickDrawLine:(id)sender
{
    if([points_ count] == 0)
    {
        return;
    }
    if(routeView_ == nil)
    {
        GMapCtrl* routeView = [[GMapCtrl alloc]initWithRoute:points_ mapView:map_];
        routeView_ = routeView;
        routeView.isLine = YES;
        [self.view addSubview:routeView];
        [routeView release];
    }
    routeView_.points = points_;//设置连线的点
    [routeView_ setNeedsDisplay];
}
```

运行结果如图 10-8 所示。

图 10-8　地图上的大头针连线

【结束语】

　　基于 LBS 的应用越来越多，人们可以实时知道自己所在的位置，查找到自己感兴趣的地点。有了 iPhone 的地图和定位支持，地球正变得越来越小。地球村，已经成为一种现实。

第 11 章 网 络 编 程

互联网从计算机网络时代向手机网络时代过渡，就其本质而言，真正的意义是使用掌上终端实现无线高速上网，从而把人们带进一个日益互动的掌上世界。对于 App Store 的开发者们来说，能否清醒地认知这个时代，关系到如何预见未来、把握机会，从何处去挖掘用户需求的问题。从小的方面讲，需要牢牢地抓住用户体验，在与网络频频交互的应用当中，将用户的体验做到最好，能够非常方便、非常清晰地处理网络交互问题，这也是移动开发人员的必备素质。

本章将从网络编程的基础知识讲起，介绍如何用系统提供的 API 实现网络下载、应用提交等，然后介绍一个经典的框架 ASIHTTPRequest，最后介绍如何判断网络连接状态。

11.1 iOS 网络编程

iOS SDK 包含了众多的框架和第三方库，从底层的套接字到不同层次的封装，可以方便地为程序添加网络交互功能。如果读者熟悉 UNIX 网络开发，对最底层的 BSD 套接字相关的 API 应该非常熟悉，并能够很快地从其他平台移植程序，为此本章对这种网络编程方式不进行详细讨论，需要的话大家可以参考 UNIX 网络编程的资料进行学习。

CFNetwork 则是一个基于 BSD 套接字的 C 语言库，它提供了对底层网络协议的封装，包括了 HTTP、FTP 等网络协议的实现，能够使协议部分透明，虽然使用上相对 BSD 套接字容易一些，但是仍属于比较底层的内容，使用起来还是比较繁琐。

本章主要介绍偏于上层的 NSURLConnection，以及现在被广泛使用的基于 CFNetwork 的第三方库 ASIHTTPRequest，下面就从 NSURLConnection 开始。

11.1.1 NSURLConnection

NSURLConnection 是 iOS SDK 偏于上层的网络 API，NSURLConnection 对象通过加载 URL 请求来实现网络连接。NSURLConnection 的接口非常少，只提供了控制启动和取消异步加载的相关方法。

NSURLConnection 的委托 NSURLConnectionDelegate 允许对象接受一个 URL 请求的异步回调，并在一个网络请求的生命周期的关键点上都提供了相关的回调函数进行处理，在代码的编写过程中可以只进行逻辑处理，而不必关心与服务器建立连接、发送以及接收请求包等过程。

下面我们以一个 NSURLConnection 的初始化为例来了解请求的过程及代码的编写。

1）初始化请求

以获取百度首页 Logo 图片（http://www.baidu.com/img/baidu_sylogo1.gif）为例，具体过程如下：

❶ 创建一个 NSURL 对象，代码如下：

NSURL *url = [[NSURL alloc] initWithString:@"http://www.baidu.com/img/baidu_sylogo1.gif"];

❷ 创建一个 NSURLRequest 对象，主要有两个方法：一个是直接用 NSURL 创建，另一个是指定缓存策略以及超时时间。

直接用 NSURL 创建，代码如下：

```
NSURLRequest *request =    [[NSURLRequest alloc] initWithURL:url];
```

指定缓存策略以及超时时间，代码如下：

```
NSURLRequest *request = [[NSURLRequest alloc] initWithURL:url
                                 cachePolicy:NSURLRequestUseProtocolCachePolicy
                                 timeoutInterval:60];
```

创建完 NSURLRequest 后就可以创建 NSURLConnection 了。

2）缓存策略

缓存策略类型见表 11-1。

表 11-1　缓存策略类型

缓存类型	说　明
NSURLRequestUseProtocolCachePolicy	默认的缓存策略，是最能保持一致性的缓存策略
NSURLRequestReloadIgnoringCacheData	忽略缓存直接从原始地址下载
NSURLRequestReturnCacheDataElseLoad	只有在缓存中不存在 data 时才从原始地址下载
NSURLRequestReturnCacheDataDontLoad	允许 app 确定是否要返回 cache 数据，如果使用这种协议当本地不存在 response 的时候，创建 NSURLConnection or NSURLDownload 实例时将会马上返回 nil；类似于离线模式，没有建立网络连接

3）创建连接

NSURLConnection 还有几个初始化函数，有个初始化函数可以做到创建连接但是并不马上开始下载，而是通过"start:"开始。

当收到 initWithRequest 消息时，在代理（delegate）收到 connectionDidFinishLoading 或者 didFailWithError 消息之前可以通过给连接发送一个 cancel 消息来中断下载。

代码如下：

```
NSURLConnection *connection = [[NSURLConnection alloc] initWithRequest:request delegate:self];
```

4）委托描述

当服务器提供了足够客户程序创建 NSURLResponse 对象的信息时，代理对象会收到一个 didReceiveResponse 消息，在消息内可以检查 NSURLResponse 对象和确定数据的长度、mime 类型、文件名以及其他服务器提供的信息。

需要指出的是，一个简单的连接也可能会收到多个 didReceiveResponse 消息。当服务器连接重置或者在一些罕见的情况下（比如多组 mime 文档），代理会收到该消息，这时应该重置进度指示，丢弃之前接收的数据，代码如下：

```
//收到应答
- (void)connection:(NSURLConnection *)connection didReceiveResponse:(NSURLResponse *)response
{
    NSLog(@"didReceiveResponse");
}
```

当下载开始的时候，每当有数据接收时，代理会定期收到 didReceiveData 消息。这种情况下，代理应当在实现中存储新接收的数据。示例代码如下：

```
//接收数据回调
- (void)connection:(NSURLConnection *)connection didReceiveData:(NSData *)data
{
    NSLog(@"didReceiveData");

    UIImage *image = [[UIImage alloc] initWithData:data];
    [[self imageView] setImage:image];

}
```

★ 提 示　在上面的方法实现中，可以加入一个进度指示器，提示用户下载进度。

当下载的过程中有错误发生的时候，代理会收到一个 didFailWithError 消息，消息参数里面的 NSError 对象提供了具体的错误细节，并能通过 NSErrorFailingURLStringKey 提供在用户信息字典里面失败的 url 请求。当代理接收到连接的 didFailWithError 消息后，对于该连接不会再收到任何消息。

代码如下：

```
//网络连接错误
- (void)connection:(NSURLConnection *)connection didFailWithError:(NSError *)error
{
    NSLog(@"didFailWithError");
}
```

如果连接请求成功的下载，代理会接收 connectionDidFinishLoading 消息，且不会收到其他的消息。在消息的实现中，应该释放掉连接，代码如下：

```
//网络连接结束
- (void)connectionDidFinishLoading:(NSURLConnection *)connection
{
    NSLog(@"connectionDidFinishLoading");
}
```

11.1.2　网络编程示例

1）原型分析

为了更好地说明如何用 NSHTTPConnection 进行网络编程，我们写一个用于获取网络图片并把图片显示到屏幕的例子。界面上有 3 个元素，分别是用于输入网络图片地址的地址栏、用于触发网络连接的按钮和用于显示图片的视图。

2）构建视图

操作步骤如下：

1 用 "Single View Application" 模板新建一个 Xcode 项目，命名为 "Browser"。由于生成的文件系统包含了 AppDelegate 和 ViewController 的头文件以及实现文件，所以只需要简单地完成一个浏览器应用，所有的操作都将放到 ViewController 中，为此 delegate 不需要处理。

2 构建需要的界面。单击 ViewController.xib 进入 Interface Builder，可以看到已经有一个 View 视图了，这就是基础界面，接下来按从上到下的顺序把我们需要的元素一一加到这个 view 上面：

首先是地址栏，拖入一个 ToolBar 为底座，再在上面放上用于输入地址的 UITextField 和 用于触发请求的按钮，按钮用 ToolBarItem 来制作。

然后是用于显示请求回来的图片的视图，直接拖入一个 UIImageView 就可以了。

调整大小后的效果如图 11-1 所示。

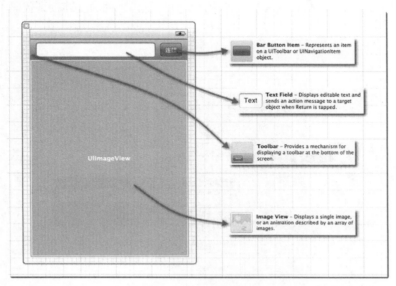

图 11-1　调整大小后的视图

3）代码编写

操作步骤如下：

1 编写头文件。头文件的编写很简单，因为需要处理的元素只有一个用于输入图片地址的输入框还有一个用于显示图片的 UIImageView。

★ 提 示　这两个成员变量需要定义为 IBOutlet 类型，还要有一个用于接收按钮事件的方法，用于处理触发请求。

头文件代码如下：

```
#import <UIKit/UIKit.h>

@interface ViewController : UIViewController<NSURLConnectionDelegate>
{
    //图片地址输入框
    UITextField *imagePathField_;

    //用于显示图片的 ImageView
    UIImageView *imageView_;

}
```

```
@property(nonatomic, retain)IBOutlet UITextField *imagePathField;
@property(nonatomic, retain)IBOutlet UIImageView *imageView;

//触发网络连接
- (IBAction)doConnect:(id)sender;

@end
```

2 头文件编写完之后，将视图 xib 文件中从组件库拖出来的组件连接到代码中，连接方式如图 11-2 所示。

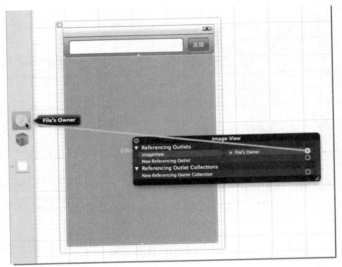

图 11-2　将组件连接到代码中

3 连接完成之后，对头文件中定义的方法和事件进行实现。完整实现代码如下：

```
#import "ViewController.h"

@implementation ViewController
@synthesize imagePathField = imagePathField_;
@synthesize imageView = imageView_;

//触发网络连接
- (IBAction)doConnect:(id)sender
{
    //初始化 URL
    NSURL *url = [[NSURL alloc] initWithString:[[self imagePathField] text]];

    //初始化一个连接请求
    NSURLRequest *request = [[NSURLRequest alloc] initWithURL:url
                                        cachePolicy:NSURLRequestUseProtocolCachePolicy
                                        timeoutInterval:60];

    //此处也可以直接这样写
    // NSURLRequest *request = [[NSURLRequest alloc] initWithURL:url];

    //初始化连接
```

```objc
    NSURLConnection *connection = [[NSURLConnection alloc] initWithRequest:request delegate:self];
}

#pragma mark - NSURLConnectionDelegate

//收到应答
- (void)connection:(NSURLConnection *)connection didReceiveResponse:(NSURLResponse *)response
{
    NSLog(@"didReceiveResponse");
}

//接收数据回调
- (void)connection:(NSURLConnection *)connection didReceiveData:(NSData *)data
{
    NSLog(@"didReceiveData");

    //将收到的数据转换为 UIImage 并设置到界面中的 UIImageView 中
    UIImage *image = [[UIImage alloc] initWithData:data];
    [[self imageView] setImage:image];
}

//网络连接结束
- (void)connectionDidFinishLoading:(NSURLConnection *)connection
{
    NSLog(@"connectionDidFinishLoading");
}

//网络连接错误
- (void)connection:(NSURLConnection *)connection didFailWithError:(NSError *)error
{
    NSLog(@"didFailWithError");
}

#pragma mark - View lifecycle

- (void)viewDidLoad
{
    [super viewDidLoad];
}

- (void)viewDidUnload
{
    [super viewDidUnload];
}

@end
```

4）编译运行

编写代码后编译运行，在程序界面的地址输入框中输入百度首页的图片地址，点击连接就可以看到图片已经展示到视图中来了，如图 11-3 所示。

图 11-3　图片显示效果

★ 提示　为了更好地追踪请求信息，在编写代码的时候可在每个回调函数中加入日志信息。切换到控制台可以看到日志文件，从而了解请求的执行过程。

该示例在控制台打印的日志信息如下：

2011-12-16 16:32:53.401 NSURLRequest[21386:f803] didReceiveResponse
2011-12-16 16:32:53.403 NSURLRequest[21386:f803] didReceiveData
2011-12-16 16:32:53.404 NSURLRequest[21386:f803] connectionDidFinishLoading

11.2　ASIHTTPRequest

使用过 iOS SDK 中的 HTTP 网络请求 API 的读者会知道，其调用过程相当繁琐。相比之下，ASIHTTPRequest 则是一个对 CFNetwork API 进行了封装，并且使用起来非常简单的一套 API。它用 Objective-C 编写，可以很好地应用在 Mac OS X 系统和 iOS 平台的应用程序中。ASIHTTPRequest 适用于如下基本的 HTTP 请求：

① 存储在内存或硬盘中的文件直接下载或者提交到服务器。
② 轻松访问请求和响应的 HTTP 头。
③ 进度追踪。
④ 非常强大地自动管理上传和下载进度指标的操作队列。
⑤ 支持 NTLM 身份验证。
⑥ 支持 cookie。
⑦ 全面支持 iOS 版本。
⑧ 支持 GZIP 响应数据和请求。
⑨ 优秀的缓存处理。
⑩ ASIWebPageRequest - 下载完整的网页，包括外部资源，例如图像和样式表。任何大小的页面，可以无限期地缓存，并在一个 UIWebView 显示，即使用户没有网络连接。

⑪ 支持客户端证书。
⑫ 支持手动和自动检测代理、认证代理和 PAC 文件自动配置。内置在程序中的登录对话框使 iPhone 应用程序的工作透明，没有任何额外的验证代理。
⑬ 支持带宽限制。
⑭ 支持长连接。
⑮ 支持同步和异步请求。
⑯ 带有广泛的单元测试。

11.2.1 使用 ASIHTTPRequest

ASIHTTPRequest 的官方网站是 http://allseeing-i.com/ASIHTTPRequest/，上面有 All-seeing 开源组织的声明、ASIHTTPRequest 网络框架的使用方法和导入到工程的详细方法。在该网站还能获取到最新的发布包，里面有源码、Demo 和测试用例。我们也可以在浏览器中输入 http://github.com/pokeb/asi-http-request/tarball/master 直接下载最新的源码包。

1）加入 ASIHTTPResquest

ASIHTTPRequest 相关类见表 11-2。

表 11-2 ASIHTTPRequest 相关类

类 名	说 明
ASIHTTPRequestConfig.h	这个文件定义了全局配置信息在编译时设置的选项。使用此文件中的选项可以把各种调试选项打开。但是在程序发布时不要忘记关闭这些选项
ASIProgressDelegate.h	包含 uploadProgressDelegate 或 downloadProgressDelegate，可以进行进度跟踪。所有这些方法都是可选的
ASICacheDelegate.h	此协议用来指定下载缓存必须实现的方法。如果想编写自己的下载缓存，确保它实现了在本协议所定义的方法
ASIHTTPRequest.h / m	处理与 Web 服务器进行通信的基础知识，包括上传和下载数据和认证等
ASIDataDecompressor.h / m	ASIHTTPRequest 使用的一个辅助类，主要用于解压缩
ASIFormDataRequest.h / m	ASIHTTPRequest 的子类，可使提交数据和文件更加容易
ASIInputStream.h / m	ASIHTTPRequest 上传数据时使用的一个辅助类
ASINetworkQueue.h / m	NSOperationQueue 的子类，可用于跟踪多个请求
ASIDownloadCache.h / m	允许 ASIHTTPRequest 透明地缓存从 Web 服务器响应回来的内容
ASIDataCompressor.h / m	ASIHTTPRequest 使用的一个辅助类，主要用于压缩
ASIAuthenticationDialog.h / m	允许 ASIHTTPRequest 使用一个登录对话框连接到 Web 服务器，要求身份验证
Reachability.h / m	可以通过此类进行网络连接状态的判断

除了上述源文件外，ASIHTTPRequest 还依赖了很多框架，所以在使用这个库时，需要把以下的库导入：

① CFNetwork.framework。
② SystemConfiguration.framework。
③ MobileCoreServices.framework。
④ CoreGraphics.framework。
⑤ libz.dylib。

做完了上面的工作后，ASIHTTPRequest 的引入就结束了，在头文件中包含 ASIHTTPRequest.h 后就可以开始工作了。

2）创建一个同步连接

与 NSHTTPConnection 相同，创建连接之前先要创建一个 NSURL 对象。以获取百度首页 Logo 图片（http://www.baidu.com/img/baidu_sylogo1.gif）为例，代码如下：

```
{
    //初始化一个连接
    NSURL *url = [NSURL URLWithString:@"http://www.baidu.com/img/baidu_sylogo1.gif"];
    ASIHTTPRequest *request = [ASIHTTPRequest requestWithURL:url];

    //发送同步请求
    [request startSynchronous];

    //判断请求是否成功
    NSError *error = [request error];
    if (!error)
    {
        //获取应答数据
        NSString *response = [request responseString];
    }
}
```

3）创建一个异步请求

```
{
    //初始化一个连接
    NSURL *url = [NSURL URLWithString:@"http://allseeing-i.com"];
    ASIHTTPRequest *request = [ASIHTTPRequest requestWithURL:url];

    //设置委托
    [request setDelegate:self];

    //开始一个异步请求
    [request startAsynchronous];
}

//请求结束回调
- (void)requestFinished:(ASIHTTPRequest *)request
{
    // 获取应答数据
    NSString *responseString = [request responseString];

    // 获取应答二进制数据
    NSData *responseData = [request responseData];
}

//请求失败回调
- (void)requestFailed:(ASIHTTPRequest *)request
{
```

```
//获取错误信息
NSError *error = [request error];
}
```

4）使用委托

与 NSHTTPConnection 相同，ASIHTTPRequest 对网络请求和应答的关键点都做了相关的委托处理，使用起来非常的方便。ASIHTTPRequest 委托方法见表 11-3。

表 11-3 ASIHTTPRequest 委托方法

缓存类型	说　　明
requestStarted	请求开始，在此可以做请求的准备工作
didReceiveResponseHeaders	客户端接收到请求的应答头，能够解析应答头信息
willRedirectToURL	请求重定向到指定的 URL
didReceiveData	请求接收到二进制数据
requestFailed	请求出现错误
requestRedirected	请求重定向
requestFinished	请求结束

5）使用队列

虽然 ASIHTTPRequest 对异步请求提供了很好的控制，但是有时在开发中需要考虑更多的情况，比如请求数量等，这就需要对异步请求进行更多的控制，使用 NSOperationQueue（或 ASINetWorkQueue）就可以达到这样的要求。当使用队列的时候，能够对请求进行统一的开关，而且在限定了 maxConcurrentOperationCount 属性之后只有确定数量的 request 可以同时运行。如果添加的 request 超过了这个限定值，将在其他 request 运行完了之后运行。

因为队列是全局唯一的，所以通过一个静态方法可以获取到队列的实例，代码如下：

```
ASINetworkQueue *queue = [ASINetworkQueue queue];
```

因为使用了队列后，ASIHTTPRequest 的委托就由队列来处理，所以在队列初始化时，需要为队列指定相应的委托，代码如下：

```
[queue setDownloadProgressDelegate:self];
[[self networkQueue] setDelegate:self];
```

队列提供了和单个 request 相同的回调类型，回调的方法是可以自己指定的，下面分别指定了对应的几种请求状态的回调事件，代码如下：

```
[queue setRequestDidFinishSelector:@selector(requestFinishedByQueue:)];
[queue setRequestDidFailSelector:@selector(requestFailedByQueue:)];
[queue setQueueDidFinishSelector:@selector(queueFinished:)];
[queue setRequestDidReceiveResponseHeadersSelector:@selector(requestReceivedResponseHeader:)];
```

队列初始化完毕之后，调用 ASINetworkQueue 类的 go 方法即可让队列运行：

```
//运行队列
[queue go];
```

通过 ASINetworkQueue 类的 addOperation 方法将请求添加到队列中，队列会自己完成请求发送、接收和一系列状态的处理。在 ASIHTTPRequest 中可以通过设置 Tag 属性或者获取 RequestID 来对请求进行区分。

队列还提供了很多方法以便对请求进行更好的控制，比如当网络出现异常或者某个特定需要时，需要取消全部的网络请求，可以直接调用 cancelAllOperations 来完成，有需要的话还可以再调用 reset 方法，重新初始化队列。

代码如下：

```
//取消所有网络请求
[queue cancelAllOperations];

//重置网络
[queue reset];
```

6）提交数据

在一个网络应用中，提交表单数据是必不可少的。在 ASI 框架中，有专门用于提交表单数据的请求类，使用起来非常方便。

在这里用于提交表单的 ASIFormDataRequest 是 ASIHTTPRequest 的一个子类，所以它们的初始化方式是一样的：

```
ASIFormDataRequest *request = [ASIFormDataRequest requestWithURL:url];
```

如果采用标准 HTTP 方式提交表单，我们可能需要将复杂的表单数据拼成标准 HTTP 协议规定的包体，非常复杂；而使用 ASIFormDataRequest，只需要调用相关的方法把表单项对应的名称和值添加进去就可以了，代码如下：

```
[request setPostValue:@"Ben" forKey:@"first_name"];
[request setPostValue:@"Copsey" forKey:@"last_name"];
```

提交文件数据也是非常方便的，直接把文件路径传递给框架即可，代码如下：

```
[request setFile:@"/Users/ben/Desktop/ben.jpg" forKey:@"photo"];
```

11.2.2　ASIHTTPRequest 使用示例

1）原型分析

在 11.1 节我们介绍了如何用 NSHTTPConnection 来请求一张网络图片并展示到视图中，用 ASIHTTPRequest 来完成其方法是一样的，大家根据上面的代码片段就能理解。但是在一个网络应用中，有的时候并不是一次只有一个请求发出，而是需要同时处理多个请求，如果每个请求都单独处理初始化，回调等事件就会非常繁琐，为此 SDK 提供了相应的解决办法，能够同时处理多个请求，ASINetworkQueue 就是这样的。下面我们改造一下 11.1.2 节中的例子，同时发出 4 个请求去请求当前图片，看看队列是如何工作的。和之前一样，需要一个用于输入图片地址的输入框、一个触发请求的按钮和 4 个显示图片的视图，因为请求了 4 张图片。

2）创建视图

操作步骤如下：

第 11 章 网络编程

1 用"Single View Application"模板新建一个 Xcode 项目，命名为"Browser"。可以看到生成的文件系统包含了 AppDelegate 和 ViewController 的头文件以及实现文件。因为只需要简单地完成一个浏览器应用，所有的操作都将放到 ViewController 中，所以 delegate 不需要处理。

2 构建视图。单击 ViewController.xib 进入 Interface Builder 后可以看到已经有一个 View 视图了，这就是浏览器的基础界面，接下来按从上到下的顺序把需要的元素一一加到这个 view 上面：

首先是地址栏，拖入一个 ToolBar 作为底座，在上面放上用于输入地址的 UITextField 和用于触发请求的按钮，按钮用 ToolBarItem 来制作。

然后创建用于显示请求回来的图片的视图，因为有 4 张图片，所以拖入 4 个 UIImageView，平均分布在余下的视图位置，如图 11-4 所示。

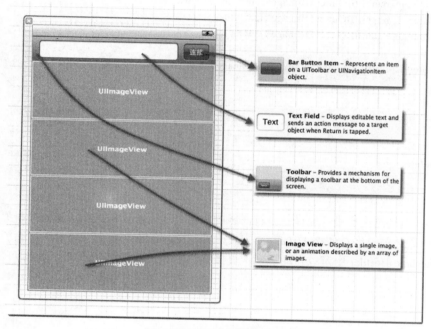

图 11-4 视图元素的构成

3）代码编写

操作步骤如下：

1 创建头文件，代码如下：

```
#import <UIKit/UIKit.h>
#import "ASIHTTPRequest.h"
#import "ASINetworkQueue.h"

@interface ViewController : UIViewController<ASIHTTPRequestDelegate>
{
    //网络连接队列
    ASINetworkQueue *networkQueue_;
    
    //用于显示图片的 4 个 UIImageView
    UIImageView *imageView1_;
```

219

```objc
    UIImageView *imageView2_;
    UIImageView *imageView3_;
    UIImageView *imageView4_;

    //图片地址输入框
    UITextField *imagePathField_;
}

@property(nonatomic, retain)ASINetworkQueue *networkQueue;

@property(nonatomic, retain)IBOutlet UIImageView *imageView1;
@property(nonatomic, retain)IBOutlet UIImageView *imageView2;
@property(nonatomic, retain)IBOutlet UIImageView *imageView3;
@property(nonatomic, retain)IBOutlet UIImageView *imageView4;

@property(nonatomic, retain)IBOutlet UITextField *imagePathField;

//触发网络连接
- (IBAction)doConnect:(id)sender;

//队列初始化
- (void)networkInit;

@end
```

2 头文件编码结束后进行编译是没有问题的,但是还无法正常运行,还需要将界面中的元素连接到代码中。之前已经在 4 个 UIIamgeView 和 addressField 这 5 个字段前面加上了 IBOutlet 标识,那在 Interface Builder 中可以自动识别,直接将对应的元素拖到 file's Owner 即可。xib 视图如图 11-5 所示。

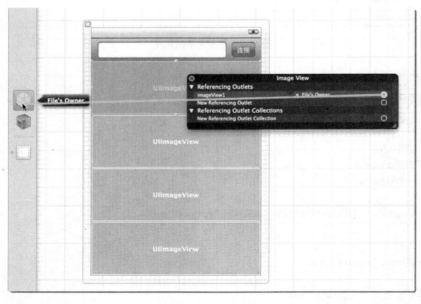

图 11-5　xib 视图

❸ 连接完成之后实现头文件中定义的方法和对应的委托，代码如下：

```objc
#import "ViewController.h"
#import "Reachability.h"

@implementation ViewController
@synthesize networkQueue = networkQueue_;

@synthesize imageView1 = imageView1_;
@synthesize imageView2 = imageView2_;
@synthesize imageView3 = imageView3_;
@synthesize imageView4 = imageView4_;

@synthesize imagePathField = imagePathField_;

#pragma mark - View lifecycle

- (void)viewDidLoad
{
    [super viewDidLoad];
    
    //初始化网络连接
    [self networkInit];
}

- (void)viewDidUnload
{
    [super viewDidUnload];
}

//队列初始化
- (void)networkInit
{
    //获得网络队列实例
    [self setNetworkQueue:[ASINetworkQueue queue]];
    
    //配置相关委托
    [[self networkQueue] setShowAccurateProgress:YES];
    [[self networkQueue] setDownloadProgressDelegate:self];
    [[self networkQueue] setDelegate:self];
    
    //指定相关回调函数
    [[self networkQueue] setRequestDidStartSelector:@selector(requestStartedByQueue:)];
    [[self networkQueue] setRequestDidReceiveResponseHeadersSelector:@selector(requestReceivedResponseHeaders:)];
    [[self networkQueue] setRequestDidFinishSelector:@selector(requestFinishedByQueue:)];
    [[self networkQueue] setRequestDidFailSelector:@selector(requestFailedByQueue:)];
    [[self networkQueue] setQueueDidFinishSelector:@selector(queueFinished:)];
    
    //启动队列
    [[self networkQueue] go];
```

```objc
}

//触发网络连接
- (IBAction)doConnect:(id)sender
{
    //初始化 URL
    NSURL *url = [[NSURL alloc] initWithString:[[self imagePathField] text]];

    //循环初始化连接
    for (int i = 1; i <= 4; i++)
    {
        //初始化连接
        ASIHTTPRequest *request = [[ASIHTTPRequest alloc] initWithURL:url];

        //加入请求判断标示
        [request setTag:i];

        //加入到队列
        [[self networkQueue] addOperation:request];
    }

}

#pragma mark - NetworkQueue

- (void)requestStartedByQueue:(ASIHTTPRequest *)request
{
    NSLog(@"requestStartedByQueue");
}

- (void)requestReceivedResponseHeaders:(ASIHTTPRequest *)request
{
    NSLog(@"requestReceivedResponseHeader");
}

- (void)requestFinishedByQueue:(ASIHTTPRequest *)request
{
    NSLog(@"requestFinishedByQueue");

    UIImage *image = [[UIImage alloc] initWithData:[request responseData]];

    switch ([request tag])
    {
        case 1:
        {
            [[self imageView1] setImage:image];
            break;
        }
        case 2:
        {
            [[self imageView2] setImage:image];
```

```
                break;
            }
            case 3:
            {
                [[self imageView3] setImage:image];
                break;
            }
            case 4:
            {
                [[self imageView4] setImage:image];
                break;
            }
        }
}

- (void)requestFailedByQueue:(ASIHTTPRequest *)request
{
    NSLog(@"requestFailedByQueue");
}

- (void)queueFinished:(ASIHTTPRequest *)request
{
    NSLog(@"queueFinished");
}
@end
```

4) 编译运行

代码完成后就可以编译运行了，运行后在地址栏中键入百度首页 logo 图片的地址 http://www.baidu.com/img/baidu_sylogo1.gif，点击连接按钮即可看到如图 11-6 的效果。

图 11-6　并发请求图片效果

为了更好地理解队列对请求的处理,在编写代码的时候添加了日志,程序运行后切换到控制台,通过打印出来的日志可以看到4个请求是并发执行的,而且每个请求都会回调到相关的函数进行处理。

控制台日志如下:

```
2011-12-16 16:08:29.541 ASINet[20115:f803] requestStartedByQueue
2011-12-16 16:08:29.552 ASINet[20115:f803] requestStartedByQueue
2011-12-16 16:08:29.553 ASINet[20115:f803] requestStartedByQueue
2011-12-16 16:08:29.553 ASINet[20115:f803] requestStartedByQueue
2011-12-16 16:08:29.680 ASINet[20115:f803] requestReceivedResponseHeader
2011-12-16 16:08:29.681 ASINet[20115:f803] requestFinishedByQueue
2011-12-16 16:08:29.706 ASINet[20115:f803] requestReceivedResponseHeader
2011-12-16 16:08:29.706 ASINet[20115:f803] requestFinishedByQueue
2011-12-16 16:08:29.745 ASINet[20115:f803] requestReceivedResponseHeader
2011-12-16 16:08:29.745 ASINet[20115:f803] requestFinishedByQueue
2011-12-16 16:08:29.785 ASINet[20115:f803] requestReceivedResponseHeader
2011-12-16 16:08:29.785 ASINet[20115:f803] requestFinishedByQueue
2011-12-16 16:08:29.785 ASINet[20115:f803] queueFinished
```

11.3 检查网络状态

在 iPhone 的实际应用当中,经常使用网络,尤其是一些社交或者行业应用,需要频繁的网络通信,这个时候就需要检测网络状态,给用户一些必要的提醒,否则网络无法使用,用户又没有获得信息,容易造成用户体验的下降。

11.3.1 SCNetworkReachability

SystemConfiguration 框架中的 SCNetworkReachability.h 中定义了一些方法,可以用来获取当前系统的网络状态以及目前的主机是否可达,当程序向网络中发送的数据包离开了本机时就认为远程主机是可达的,但实际上不一定真的能被远程主机接收。

网络连接状态码见表11-4。

表 11-4 网络连接状态码

类 名	说 明
kSCNetworkReachabilityFlagsTransientConnection	指定的节点或者地址通过暂时的连接可以到达
kSCNetworkReachabilityFlagsReachable	指定的节点或地址使用当前的网络设置可以到达
kSCNetworkReachabilityFlagsConnectionRequired	指定的节点或地址使用当前的网络设置可以到达,但首先要进行连接,任何向指定地址发送的数据都会初始化连接
kSCNetworkReachabilityFlagsConnectionOnTraffic	指定的节点或地址使用当前的网络设置可以到达,但首先要进行连接,连接时需要用户的介入,比如输入用户名密码等
kSCNetworkReachabilityFlagsInterventionRequired	指定的节点或地址使用当前的网络设置可以到达,但首先要进行连接
kSCNetworkReachabilityFlagsIsLocalAddress	指定的节点或地址是本地地址
kSCNetworkReachabilityFlagsIsDirect	不需要通过网关可以直接到达指定的节点或者地址
kSCNetworkReachabilityFlagsIsWWAN	指定的节点或地址可以通过手机网络连接

基于上面的状态码，可以判断当前的网络是否可用。下面我们可以写一个用于判断当前网络是否可用的方法，当网络可用时返回 YES，反之返回 NO。使用 SCNetworkReachabilityCreateWithAddress 方法创建一个 SCNetworkReachabilityRef 对象，然后使用 SCNetworkReachabilityGetFlags 方法检查远程主机是否可达，代码如下：

```objc
//获取网络连接状态
- (BOOL) isNetworkEffectively
{
    //创建 socketaddr_in 结构体，并用 bzero 来将 sockaddr_in 结构填充到与结构体 sockaddr 同样的长度，方便后面互转
    struct sockaddr_in address;
    int addressLen = sizeof(address);
    bzero(&address, addressLen);
    address.sin_len = addressLen;

    //指定地址族为 Internet(TCP/IP)地址族
    address.sin_family = AF_INET;

    //创建连接句柄
    SCNetworkReachabilityRef networkReachabilityRef = SCNetworkReachabilityCreateWithAddress(NULL,(struct sockaddr *)&address);

    //连接状态变量
    SCNetworkReachabilityFlags networkFlags;
    if (SCNetworkReachabilityGetFlags(networkReachabilityRef, &networkFlags))
    {
        //判断是否是可达的
        BOOL isReachable = networkFlags & kSCNetworkFlagsReachable;

        //判断是否需要重连
        BOOL isNeedConnection = networkFlags & kSCNetworkFlagsConnectionRequired;

        //当连接可达且不需要重连时网络有效
        if (isReachable && !isNeedConnection)
        {
            return YES;
        }
    }
    return NO;
}
```

11.3.2 Reachability

Reachability 是苹果官方提供的用于检查网络连接的类，它是在 SystemConfiguration 这个框架上实现的，其实是在 SCNetworkReachablity.h 的基础上用 Objective-C 进行了封装，提供了比较直观的方法供调用，使用起来也是非常的方便。

1）添加源文件和框架

在程序中使用 Reachability，只需下载最新的 Reachability 版本，将 Reachability.h 和 Reachability.m

复制到我们的工程中，然后将 SystemConfiguration.framework 添加进工程。

2）检查网络连接状态

Reachability.h 中定义了 3 种网络状态，代码如下：

```
enum {

    // DDG NetworkStatus Constant Names.
    kNotReachable = 0, // Apple's code depends upon 'NotReachable' being the same value as 'NO'.
    kReachableViaWWAN, // Switched order from Apple's enum. WWAN is active before WiFi.
    kReachableViaWiFi

};
typedef    uint32_t NetworkStatus;

enum {

    // Apple NetworkStatus Constant Names.
    NotReachable         = kNotReachable,
    ReachableViaWiFi     = kReachableViaWiFi,
    ReachableViaWWAN     = kReachableViaWWAN

};
```

有两种方式获取 Reachability 实例，可以直接通过判断主机来获取，代码如下：

```
Reachability *reachability = [Reachability reachabilityWithHostName:@"www.apple.com"];
```

也可以通过下面的方式获取，代码如下：

```
Reachability *reachability = [Reachability reachabilityForInternetConnection];
```

完整的代码如下：

```
Reachability *reachability = [Reachability reachabilityForInternetConnection];
    switch ([reachability currentReachabilityStatus])
    {
        case NotReachable:
        {
            NSLog(@"无网络连接");
            //……
            break;
        }
        case ReachableViaWWAN:
        {
            NSLog(@"3G 网络可用");
            //……
            break;
        }
        case ReachableViaWiFi:
        {
            NSLog(@"WiFi 可用");
```

```
            //……
            break;
    }
}
```

需要指出的是，使用开关语句只适合特定的情况，大部分的时候可以通过方法判断网络的连接情况，代码如下：

```
// 判断当前是否为 Wi-Fi 网络
+ (BOOL) isReachableWiFi
{
    return ([[Reachability reachabilityForLocalWiFi] currentReachabilityStatus] != NotReachable);
}

// 判断当前是否为 3G 网络
+ (BOOL) isReachable3G
{
    return ([[Reachability reachabilityForInternetConnection] currentReachabilityStatus] != NotReachable);
}
```

3）连接状态变更通知

上述方法是一种主动的检测方式，而在程序中只能在特定的事件中去主动地检测网络，比如程序启动时，大部分的时候我们是不能主动地发起查询的，且不断的询问还会降低运行的效率。为此可采用接收系统通知的方式，在程序启动时，注册一个回调函数，用于对网络状态变更时的处理，系统侦测到网络状态发生变化时会发通知回调已经注册好的函数。

需要注册的回调函数如下：

```
//用于处理网络连接状态变更通知的方法
- (void)reachabilityChanged:(NSNotification *)notification
{
    //还原通知
    Reachability* reachability = [notification object];
    NSParameterAssert([reachability isKindOfClass: [Reachability class]]);
    NetworkStatus networkStatus = [reachability currentReachabilityStatus];

    //判断网络连接状态
    if (networkStatus == NotReachable)
    {
        //此处对网络连接状态变更进行处理，比如弹出一个 Alert 通知用户
        UIAlertView *alert = [[UIAlertView alloc] initWithTitle:@"提示"
                                                        message:@"当前无可用网络连接，请检查网络设置！"
                                                       delegate:nil
                                              cancelButtonTitle:@"确定" otherButtonTitles:nil];
        [alert show];
        [alert release];
    }
}
```

这个函数应该在什么时候注册呢？系统启动时在系统的委托（appNameDelegate）中会有如下回调函数：

- (BOOL)application:(UIApplication *)application didFinishLaunchingWithOptions:(NSDictionary *)launchOptions

我们可在这个回调函数中注册写好的回调函数，代码如下：

```
- (BOOL)application:(UIApplication *)application didFinishLaunchingWithOptions:(NSDictionary *)launchOptions
{
    //……

    // 监测网络情况
    [[NSNotificationCenter defaultCenter] addObserver:self
                                             selector:@selector(reachabilityChanged:)
                                                 name: kReachabilityChangedNotification
                                               object: nil];

    Reachability *host = [[Reachability reachabilityWithHostName:@"www.apple.com"] retain];
    [self setReachablity:host];
    [[self reachablity] startNotifier];

    //……
}
```

这样，在网络发生变化的时候会直接调用写好的回调函数，不必关心如何去获取网络状态的变更。当然还有一点值得注意的是，Reachablity 能判断 Wi-Fi 是否已经连接上，但不能判断网络连接是否有效，也就是不能判断是否能连接到互联网，比如连接到一个局域网的 Wi-Fi 上，虽然不能连接到互联网，但是这个时候网络返回的状态是 Wi-Fi 有效的。所以在实际的项目开发中，除了用 Reachablity 判断网络是否能连接外，还要专门来判断网络是否有效，比如可以通过向一个固定不变的域名发送一个 HTTP 连接请求，看是否收到正确的应答来判断网络是否可达。

【结束语】

到这里本章就结束了，因为现在基于 iOS 系统网络方面第三方库做得非常强大，所以文中并没有过多地介绍 iOS SDK 的底层网络 API，而是直接由偏上层的 NSURLConnection 入手，通过示例讲解一个网络请求的主要过程，以及代码上的处理。然后又介绍了目前应用最为广泛的 ASIHTTPRequest 网络框架，因为其单个的请求处理几乎与 NSURLConnection 相同，所以我们重点讲解了 ASINetworkQueue 网络队列的使用方法，并通过一个并发执行网络请求的示例来加深印象。最后介绍了如何去判断网络连接状态，这在实际的开发中是非常有用的，因为无论在什么时候，用户体验都是最重要的，只有牢牢地抓住用户，才能获取更大的应用下载率以及收益。

第 12 章　连接到互联网

iPhone 的出现为我们提供了全新的体验。在移动互联网方面，比起中规中矩的 Windows Mobile 和日渐衰落的 Symbian，其更加实用、集成性更好，也更加稳定，这是同期的产品未能实现的。

iPhone 不仅有视频播放、股票查询、地图检索和天气预报等内置程序，基于 iOS 平台，第三方开发者们还创建出了具有线上支付、文档预览、消息推送等众多功能的应用程序，其涉及领域几乎涵盖了人们生活的方方面面。

本章我们先从 iPhone 的内嵌浏览器入手，从了解使用 SDK 提供的 UIWebView 到深入到更加实用的 XML 解析和 JSON 解析方面的应用等。

12.1　使用 UIWebView

iPhone 网络方面的功能非常强大，它的浏览器也必非常优秀。事实上，苹果公司为之选用的 Safari 的移动版本，是一款功能非常全面的桌面级浏览器，不仅可以访问 DOM、CSS 和 JavaScript，还可以浏览 Office 文档，播放音频、视频文件等。不仅如此，还提供了一种独特的标签式工具栏，能够方便自由地打开、切换和关闭 Web 页面。当项目中涉及 Web 页面处理，而又不愿意去手动解析与展现复杂的页面，并编写复杂的基础功能代码时，我们的的确确需要这样的一个浏览器，但是能把 Safari 集成到我们的项目中吗？非常幸运的是，SDK 已经提供了这样的控件，那就是 UIWebView。得益于 Cocoa 出色的封装，它几乎与 Safari 功能相同，而且 UIWebView 非常易于使用，只需要几分钟，简单的几句代码就可以生成一个简单的浏览器。

为了更好地了解 UIWebView 的使用，我们来实现一个简单的浏览器。

1）原型分析

用过众多的浏览器之后，我们知道所有的浏览器都应该具备 3 个最基本的元素：用于输入地址的地址栏、用于触发请求的按钮和用于显示 Web 内容的视图。当然这样做出来的浏览器交互并不好，对用户来说浏览器只能不断地向前，而不能停止和取消，我们需要给浏览器添加上前进、后退、停止及刷新功能。其实，这在 UIWebView 上实现将非常简单，因为它的 API 已经提供了全部的功能，只需要编写方法对其进行调用即可。UIWebView 常用方法见表 12-1。

表 12-1　UIWebView 常用方法

名　称	说　明	名　称	说　明
loadRequest	加载请求	stopLoading	停止加载
goForward	向前	reLoad	刷新
goBack	向后		

2）构建视图

构建视图具体操作如下：

1 用"Single View Application"模板新建一个 Xcode 项目，并命名为"Browser"。可以看到，生成的文件系统包含了 AppDelegate 和 ViewController 的头文件以及实现文件。因为只需要简单地完成一个浏览器应用，所有的操作都将放到 ViewController 中，所以 delegate 不需要处理。

2 构建需要的界面。单击 ViewController.xib 进入 Interface Builder，可以看到已经有一个 View 视图了，这就是浏览器的基础界面，接下来按从上到下的顺序把需要的元素一一加到这个 View 上面：首先是地址栏，拖入一个 ToolBar 作为底座，再在上面放上用于输入地址的 UITextField 和用于触发请求的按钮，按钮用 ToolBarItem 来制作；然后是 Web 视图，直接拖入一个 UIWebView 即可；最下面是控制栏，同样拖入一个 ToolBar 作为底座，上面用 4 个 ToolBarItem 分别表示前进、后退、停止和刷新按钮。

调整大小后看到的浏览器页面视图如图 12-1 所示。

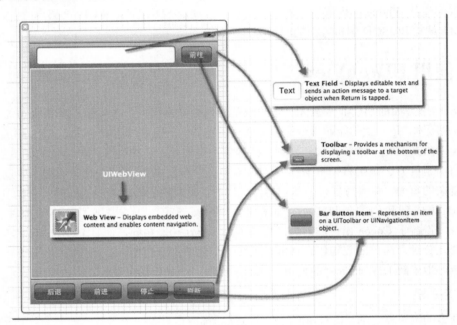

图 12-1　调整后的浏览器页面视图

3）代码编写

界面定好后就可以编写代码了。得益于 Cocoa 出色的 MVC 结构，代码编写上将非常轻松。具体过程如下：

1 根据已经定义好的界面元素整理需要的数据和操作，然后在头文件中定义对应类的成员变量和成员函数。

头文件如下：

```
#import <UIKit/UIKit.h>

@interface ViewController : UIViewController
{
    //Web 视图
    UIWebView *webView_;
```

```
    //地址栏
    UITextField *addressField_;
}

@property(nonatomic, retain)IBOutlet UIWebView *webView;
@property(nonatomic, retain)IBOutlet UITextField *addressField;

//前往
(IBAction)go:(id)sender;
-
//前进
(IBAction)goForward:(id)sender;
-
//回退
(IBAction)goBack:(id)sender;
-
//停止
(IBAction)stopLoading:(id)sender;
-
//刷新
(IBAction)reload:(id)sender;

@end
```

2 头文件编码结束后，进行编译虽然没有问题，但是还无法正常运行，还需要将界面中的元素连接到代码中。因为在 webView 和 addressField 两个字段前面加上了 IBOutlet 标识，在 Interface Builder 中可以自动识别，所以直接将对应的元素拖到 File's Owner 即可，如图 12-2 所示。

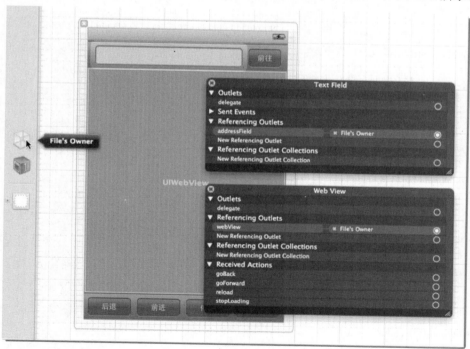

图 12-2　将界面中的元素连接到代码中

❸ 连接完成以后，只需要对对应的成员变量进行初始化并且把头文件中定义的方法一一实现。代码如下：

```objc
#import "ViewController.h"

@implementation ViewController

@synthesize webView = webView_;
@synthesize addressField = addressField_;

#pragma mark - View options

//前往
- (IBAction)go:(id)sender
{
    //根据输入的 URL 生成 NSURL
    NSURL *url = [[NSURL alloc] initWithString:[[self addressField] text]];
    
    //根据 NSURL 创建 UIWebView 需要的 NSURLRequest
    NSURLRequest *request = [[NSURLRequest alloc] initWithURL:url];
    
    //加载请求
    [[self webView] loadRequest:request];
    
    //释放相关成员变量
    [request release];
    [url release];
}

//前进
- (IBAction)goForward:(id)sender
{
    [[self webView]goForward];
}

//回退
- (IBAction)goBack:(id)sender
{
    [[self webView] goBack];
}

//停止
- (IBAction)stopLoading:(id)sender
{
    [[self webView] stopLoading];
}

//刷新
- (IBAction)reload:(id)sender
{
    [[self webView] reload];
```

```
}

#pragma mark - View lifecycle

- (void)viewDidLoad
{
    [super viewDidLoad];
}

- (void)viewDidUnload
{
    [super viewDidUnload];
    [webView_ release];
}

@end
```

这样，编译后应用就可以正常运行了。在地址栏中输入 http://www.baidu.com 或者 www.sina.com 后点击【前往】按钮，就可以加载对应的 Web 页面了，如图 12-3 所示。

图 12-3　浏览百度和新浪页面

4）扩展延伸

UIWebView 能做的并不仅仅是显示 Web 页面这么简单，它还可以加载几乎所有的常见文档数据，例如 Office 文档、视频、音频文件等，实现也非常简单，和加载网络地址类似，这里不再赘述。

12.2　解析 XML

可扩展标记语言（Extensible Markup Language, XML）是用于标记电子文件使其具有结构性的标记语言，可以用来标记数据、定义数据类型，是一种允许用户对自己的标记语言进行定义的源语言。 XML 是标准通用标记语言（SGML）的子集，非常适合 Web 传输。XML 提供统一的方法来描述和交换独立于应用程序或供应商的结构化数据。

XML 的简单使其易于在任何应用程序中读写数据，这使 XML 很快成为数据交换的唯一公共语言，虽然不同的应用软件也支持其他的数据交换格式，但不久之后他们都将支持 XML，那就意味着程序可以更容易地与 Windows、Mac OS、Linux 以及其他平台下产生的信息结合，然后可以很容易加载 XML 数据到程序中并进行分析，还能以 XML 格式输出结果。

一般 XML 的解析器有 SAX 解析和 DOM 解析两种。相比之下，SAX 比较小巧精干，耗费的内存小。这是因为其设计思想与 DOM 完全不一样，一边得到数据一边解析，由回调的方式通知得到的数据，没有了 DOM 树的概念。

12.2.1 iOS 下的 XML 解析库

iPhone 中标准的 XML 解析库有两个，分别是 libxml2 和 NSXMLParser。

libxml2 由 Gnome 项目开发，由于是 MIT 的开放协议，它除了支持 C 语言版以外，还支持 C++、PHP、Pascal、Ruby、Tcl 等语言的绑定，能在 Windows、Linux、Solaris、MacOsX 等系统平台上运行，在 iPhone 上也能使用，并且包含在 iOS 的 SDK 中。作为最基本的 XML 解析器，libxml2 提供 SAX 和 DOM 解析。它对应的 XML 标准最多，比如名称空间、XPath、XPointer、HTML、XInclude、XSLT、XML Schema、Relax NG 等。另外，它是用 C 语言写的，运行速度比较快。

NSXMLParser 是 Cocoa 中内含的 XML 解析器，只提供 SAX 解析。因为是 Cocoa 的一部分，且 API 是 Objective-C 的，所以与 Mac 系统兼容性强，使用也相对简单，只需要初始化很少的参数，并实现部分委托就可以进行解析。

iPhone 与其他的嵌入式设备一样，同样有内存、CPU 等资源占用问题，所以在选择代码库时需要考虑性能与内存占用的问题。开发程序时需要进行 XML 解析的时候，XML 文件比较大时，如果使用 DOM 的话，消费的内存量肯定很多，所以在 iPhone 中上面这两种解析器只能使用 SAX 的解析方式。DOM 方式只能在模拟器上使用（比如 NSXMLDocument 类），放到实际设备上就不管用了。

当然，除了 iOS 自带的这两款解析器外，还有很多的出色的第三方解析库可以使用，我们将在 12.2.4 节通过实例对此进行讲解。

12.2.2 NSXMLParser

NSXMLParser 是 Cocoa 中内含的 XML 解析器，与 Mac 系统兼容性强，我们在此对其使用进行重点介绍。

为了更好地了解 NSXMLParser，我们用它来解析一段 XML，XML 数据如下：

```xml
<?xml version="1.0" encoding="UTF-8"?>
<device>
    <mobile>
        <item name="iPhone3GS" price="3999" />
        <item name="iPhone4" price="4999" />
    </mobile>
    <pad>
        <item name="iPad" price="2999" />
        <item name="iPad2" price="3999" />
    </pad>
</device>
```

可以看到 XML 文档有一个根节点<device />，下面有<mobile /> 和 <pad />两个子节点，每个子节点下面还各自有两个子节点。下面介绍如何通过 NSXMLParser 将 XML 解析后放入用 NSArray 和 NSDictionary 组合而成的数据结构中。

1）启动 NSXMLParser

操作步骤如下：

1 用"Single View Application"模板新建一个 Xcode 项目，并命名为"NSXMLParserDemo"。可以看到生成的文件系统包含了 AppDelegate 和 ViewController 的头文件以及实现文件。因为只需要简单地完成一个 XML 解析应用，所以所有的操作都将放到 ViewController 中，delegate 不需要处理。另外，只需要将最后的数据在控制台中打印，所以也不需要处理界面，直接编写代码即可。头文件代码如下：

```
#import <UIKit/UIKit.h>

@interface XMLParserViewController : UIViewController<NSXMLParserDelegate>
{
    //用于存储解析结束数据的集合
    NSMutableArray *xmlDataArray_;
}

@property(nonatomic, retain)NSMutableArray *xmlDataArray;

@end
```

可以看出，头文件非常简单，只需要定义一个用于保存解析出来的数据的集合即可。需要指出的是，因为用到了 NSXMLParser 的委托，所以要实现 NSXMLParserDelegate。

2 实现文件中的方法，初始化代码如下：

```
#import "XMLParserViewController.h"

@implementation XMLParserViewController
@synthesize xmlDataArray = xmlDataArray_;

#pragma mark - View lifecycle

- (void)viewDidLoad
{
    [super viewDidLoad];
    
    //初始化数组
    xmlDataArray_ = [[NSMutableArray alloc] initWithCapacity:0];
    
    //初始化 XML 数据
    NSData *xmlData = [NSData dataWithContentsOfFile:[[NSBundle mainBundle] pathForResource:@"device" ofType:@"xml"]];
    
    //初始化 NSXMLParser 并配置参数
    NSXMLParser *parser = [[NSXMLParser alloc] initWithData:xmlData];
    [parser setShouldProcessNamespaces:NO];
```

```objc
    [parser setShouldReportNamespacePrefixes:NO];
    [parser setShouldResolveExternalEntities:NO];
    [parser setDelegate:self];

    //开始解析
    [parser parse];
}

- (void)dealloc
{
    [xmlDataArray_ release];
    [super dealloc];
}
```

2) 编写委托

```objc
#pragma mark - NSXMLParserDelegate

//文档解析开始
- (void)parserDidStartDocument:(NSXMLParser *)parser;
{
}

//文档解析结束
- (void)parserDidEndDocument:(NSXMLParser *)parser;
{
    //打印解析结果
    NSLog(@"%@", [self xmlDataArray]);
}

//解析节点
- (void)parser:(NSXMLParser *)parser didStartElement:(NSString *)elementName namespaceURI:(NSString *)namespaceURI qualifiedName:(NSString *)qName attributes:(NSDictionary *)attributeDict
{
    if ([elementName isEqualToString:@"item"])
    {
        NSMutableDictionary *dic = [[NSMutableDictionary alloc] initWithCapacity:0];
        [dic setValue:[attributeDict objectForKey:@"name"] forKey:@"name"];
        [dic setValue:[attributeDict objectForKey:@"price"] forKey:@"price"];

        [[self xmlDataArray] addObject:dic];
        [dic release];
    }
}

//解析节点值
- (void)parser:(NSXMLParser *)parser foundCharacters:(NSString *)string
{
}

//解析节点结束
- (void)parser:(NSXMLParser *)parser didEndElement:(NSString *)elementName namespaceURI:(NSString
```

```
*)namespaceURI qualifiedName:(NSString *)qName
{
}
@end
```

通过上面的代码，可以看到最主要的就是上面这 5 个委托方法，文档解析开始可以做一些相关的初始化操作；解析节点属性、节点值和节点结束时都将其作为一个完整的节点来处理；解析文档结束可以用于向系统发消息或者做一些其他操作。

本程序最后解析结果如下：

```
2011-11-30 09:38:32.057 XMLParser[1659:207] (
        {
            name = iPhone3GS;
            price = 3999;
        },
        {
            name = iPhone4;
            price = 4999;
        },
        {
            name = iPad;
            price = 2999;
        },
        {
            name = iPad2;
            price = 3999;
        }
)
```

12.2.3 第三方解析器

在 iPhone 开发中，XML 的解析有很多选择，iOS SDK 提供了 NSXMLParser 和 libxml2 两个类库，另外还有很多第三方类库可选，例如 TBXML、TouchXML、KissXML、TinyXML 和 GDataXML。部分 XML 解析库对比见表 12-2。

表 12-2 部分 XML 解析库对比

库名称	解析方式	备注
NSXMLParser （iOS SDK）	SAX	这是一个 SAX 方式解析 XML 的类库，默认包含在 iOS SDK 中，使用比较简单
libxml2 （iOS SDK）	DOM 和 SAX	基于 C 语言的 API，使用起来可能不如 NSXML 方便。这套类库同时支持 DOM 和 SAX 解析
TBXML	DOM	不支持 XPath，不支持 XML 的修改
TouchXML	DOM	支持 XPath，不支持 XML 的修改
KissXML	DOM	支持 XPath，支持 XML 的修改
TinyXML	DOM	这是一套小巧的基于 C 语言的 DOM 方式进行 XML 解析的类库，支持对 XML 的读取和修改，不直接支持 XPath，需要借助另一个相关的类库 TinyXPath 才可以支持 XPath
GDataXML	DOM	Google 开发的 DOM 方式 XML 解析类库，支持读取和修改 XML 文档，支持 XPath 方式查询

在实际的项目中网络的环境千差万别,需要解析的数据也长短不一,解析库如此众多,在实际应用中该选择哪一个呢?建议如下:

① 如果解析很小的 XML 文档,性能基本上没有什么差别,不过从调用的方便性来说,建议使用自带的 NSXMLParser,或者 TouchXML、KissXML 和 GDataXML。

② 如果需要解析和修改 XML 文档,建议使用 KissXML 或 GDataXML。

③ 如果需要读取非常大的 XML 文档,建议使用 libxml2 或 TBXML。

12.2.4 编写简单天气解析应用

为了更好地掌握第三方 XML 解析库的使用方法,以 TouchXML 为解析库,来完成一个简单的天气应用,用于报告当日的天气状况。

我们选择 Google 的天气数据源,通过开放的 API,向服务器发送一个查询请求即可得到一个包含了当天及以后一周的天气数据,其中包括时间、天气、湿度、温度和风向信息。

假如希望获得南京(nanjing)的天气数据,发送的请求如下:

http://www.google.com/ig/api?hl=zh-cn&weather=nanjing

返回的应答体为:

```xml
<?xml version="1.0"?>
<xml_api_reply version="1">
    <weather module_id="0" tab_id="0" mobile_row="0" mobile_zipped="1" row="0" section="0" >
        <forecast_information>
            <city data="Nanjing, Jiangsu"/>
            <postal_code data="nanjing"/>
            <latitude_e6 data=""/>
            <longitude_e6 data=""/>
            <forecast_date data="2011-11-30"/>
            <current_date_time data="2011-11-30 14:00:00 +0000"/>
            <unit_system data="SI"/>
        </forecast_information>
        <current_conditions>
            <condition data="小雨"/>
            <temp_f data="45"/>
            <temp_c data="7"/>
            <humidity data="湿度:   87%"/>
            <icon data="/ig/images/weather/cn_lightrain.gif"/>
            <wind_condition data="风向:   西北、风速: 3 米/秒"/>
        </current_conditions>
        <forecast_conditions>
            <day_of_week data="周三"/>
            <low data="3"/>
            <high data="12"/>
            <icon data="/ig/images/weather/chance_of_rain.gif"/>
            <condition data="可能有雨"/>
        </forecast_conditions>
        <forecast_conditions>
            <day_of_week data="周四"/>
            <low data="0"/>
            <high data="9"/>
```

```xml
                <icon data="/ig/images/weather/cn_cloudy.gif"/>
                <condition data="多云"/>
            </forecast_conditions>
            <forecast_conditions>
                <day_of_week data="周五"/>
                <low data="1"/>
                <high data="10"/>
                <icon data="/ig/images/weather/sunny.gif"/>
                <condition data="晴"/>
            </forecast_conditions>
            <forecast_conditions>
                <day_of_week data="周六"/>
                <low data="2"/>
                <high data="12"/>
                <icon data="/ig/images/weather/mostly_sunny.gif"/>
                <condition data="以晴为主"/>
            </forecast_conditions>
        </weather>
</xml_api_reply>
```

从 Google 天气 API 中获取到的南京（nanjing）的天气信息可以看出，要想仅报告当日的天气情况，还需要解析<current_conditions />这个节点的子节点的值，也就是如下的一段 XML：

```xml
<current_conditions>
        <condition data="小雨"/>
        <temp_f data="45"/>
        <temp_c data="7"/>
        <humidity data="湿度：   87%"/>
        <icon data="/ig/images/weather/cn_lightrain.gif"/>
        <wind_condition data="风向：  西北、风速：3 米/秒"/>
</current_conditions>
```

数据需求已经明确了，下面我们开始程序的编写。

1）原型分析

首先要确定需要展现的元素：当日的天气描述、温度、湿度和风向，当然 Google 返回的 XML 中还有一个 icon 节点，界面的 data 值是一张展现当天天气的图片，这个也需要用到。

以上是需要展现的元素，但是从前文可以知道，在向 Google 发起天气请求时需要带过去一个位置名称，也就是 URL 末尾的"nanjing"。由于在应用运行时，位置名称不能固定不变，否则就只能看到一个位置的天气了，所以在应用中还需要一个用于输入位置名称的输入框，当然还应该有一个用于触发请求的按钮，这样，页面元素就达到最基本的要求了。

2）构建视图

操作步骤如下：

1 用"Single View Application"模板新建一个 Xcode 项目，命名为"Weather"。可以看到生成的文件系统包含了 AppDelegate 和 ViewController 的头文件以及实现文件，由于我们只需要简单地完成一个查看天气应用，所有的操作都将放到 ViewController 中，所以 delegate 不需要处理。

2 构建需要的界面。单击 ViewController.xib 进入 Interface Builder，可以看到此时已经有一个

View 视图了,这就是查看天气阴雨应用的基础界面,接下来按从上到下的顺序把需要的元素一一加到这个 view 上面:首先是用于输入位置信息的输入框,拖入一个 ToolBar 作为底座,再在上面放上 UITextField 和 用于触发请求的按钮,按钮用 ToolBarItem 来制作;然后是用于显示天气信息的标签,用 UILabel 来制作;接下来分别在资料库中拖入 UILabel 来显示温度、湿度以及风向,并在对应的 UILabel 之前加入名称,同样是用 UILabel 来制作;最后拖入一个 UIWebView,用来完成网络图片的获取。

调整后天气显示视图如图 12-4 所示。

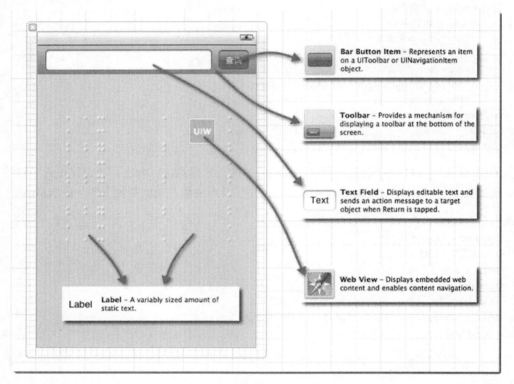

图 12-4 调整后天气显示视图

3)代码编写

操作步骤如下:

1 引入 TouchXML 库。因为是用 TouchXML 这个第三方库来作为解析工具,所以代码编写的第一步就是引入 TouchXML 库,首先要取得这个库的发布版本或者是最新代码(地址:https://github.com/TouchCode/TouchXML),在库中有个 Source 文件夹,里面就是 TouchXML 的源文件,将这个文件夹复制到工程目录下并在工程文件中引入,或者直接拖入 Xcode 的界面的源代码树中,在 Xcode 的提示中将 Copy itmes into destination group's folder(if needed)勾选上将库引入。

2 因为 TouchXML 是基于 libxml2 编写的,所以还需要将 libxml2.dylib 添加到工程中,如图 12-5 所示。

3 在工程选项中进行配置,否则在编译时并不能成功地找到 libxml2 的头文件,配置 Build Settings 如图 12-6 所示。

第 12 章　连接到互联网

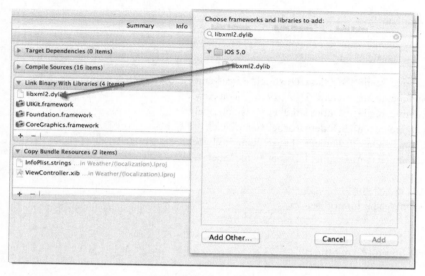

图 12-5　添加 libxml2 库

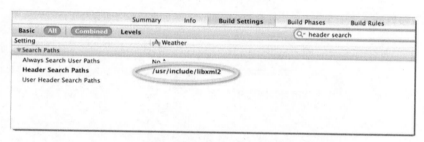

图 12-6　配置 Build Settings

4 工程环境配置好后开始编写代码。根据页面元素，可以得出的头文件如下：

```
#import <UIKit/UIKit.h>

@interface ViewController : UIViewController
{
    //用于输入地区
    UITextField *areaNameField_;

    //用于显示图片
    UIWebView *iconView_;

    //用于显示天气
    UILabel *weatherLabel_;

    //用于显示温度
    UILabel *tempLabel_;

    //用于显示湿度
    UILabel *humidityLabel_;

    //用于显示风向及风速
```

```
    UILabel *windLabel_;

}

@property(nonatomic, retain)IBOutlet UITextField *areaNameField;
@property(nonatomic, retain)IBOutlet UIWebView *iconView;
@property(nonatomic, retain)IBOutlet UILabel *weatherLabel;
@property(nonatomic, retain)IBOutlet UILabel *tempLabel;
@property(nonatomic, retain)IBOutlet UILabel *humidityLabel;
@property(nonatomic, retain)IBOutlet UILabel *windLabel;

//用于接收查询按钮点击事件
- (IBAction)processWeatherInfo:(id)sender;

//解析 XML 文本
- (void)doParse:(NSString *)xmlString;

@end
```

5 将代码和界面元素连接起来，使之能正常运行，如图 12-7 所示。

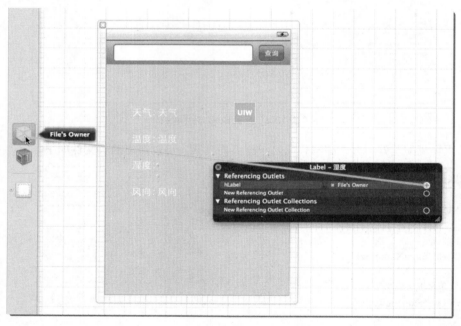

图 12-7　连接视图元素

6 头文件声明好之后就是实现方法。由于用到了 TouchXML 第三方库，所以需要引入 TouchXML 库的头文件 TouchXML.h。

完整的实现代码如下：

```
#import "ViewController.h"
#import "TouchXML.h"
@implementation ViewController
```

```objc
@synthesize areaNameField = areaNameField_;
@synthesize iconView = iconView_;
@synthesize weatherLabel = weatherLabel_;
@synthesize tempLabel = tempLabel_;
@synthesize humidityLabel = humidityLabel_;
@synthesize windLabel = windLabel_;

//定义 BaseURL
static NSString* baseURL = @"http://www.google.com";

//查询
- (IBAction)processWeatherInfo:(id)sender
{
    //隐藏键盘
    [[self areaNameField] resignFirstResponder];

    //拼装请求 URL
    NSString *searchURL = [NSString stringWithFormat:@"%@/ig/api?hl=zh-cn&weather=%@", baseURL, [[self areaNameField] text]];

    //获取 XML 数据
    NSMutableData *urlData = [NSMutableData dataWithContentsOfURL:[NSURL URLWithString:searchURL]];

    //因为得到的数据不是 UTF8，所以需要进行编码转换
    NSStringEncoding enc = CFStringConvertEncodingToNSStringEncoding(kCFStringEncodingGB_18030_2000);
    NSString *str = [[NSString alloc]initWithData:urlData encoding:enc];

    //开始解析
    [self doParse:str];
}

//解析数据
- (void)doParse:(NSString *)xmlString
{
    //生成 DOM 的方法
    CXMLDocument *doc = [[[CXMLDocument alloc] initWithXMLString:xmlString options:0 error:nil] autorelease];

    //通过 XPath 找到 current_conditions 节点，返回的是一个节点的集合
    NSArray *currentConditions = [doc nodesForXPath:@"//current_conditions" error:nil];

    //因为只有一个节点，所以我们只取数组第一个元素
    CXMLElement *currentConditionsElement = [currentConditions objectAtIndex:0];

    //取天气子节点，返回的同样是一个节点的集合
    NSArray *weatherElements = [currentConditionsElement elementsForName:@"condition"];
    if ([weatherElements count])
    {
        CXMLElement *weatherElement = [weatherElements objectAtIndex:0];
```

```objc
        //用于获取节点的属性，这里取 data 属性
        CXMLNode *weatherData = [weatherElement attributeForName:@"data"];
        
        //获取属性值，并赋给对应的 UILabel
        [[self weatherLabel] setText:[weatherData stringValue]];
    }
    
    //温度
    NSArray *tempElements = [currentConditionsElement elementsForName:@"temp_c"];
    if ([tempElements count])
    {
        CXMLElement *tempElement = [tempElements objectAtIndex:0];
        CXMLNode *tempData = [tempElement attributeForName:@"data"];
        [[self tempLabel] setText:[tempData stringValue]];
    }
    
     //湿度
    NSArray *humidityElements = [currentConditionsElement elementsForName:@"humidity"];
    if ([humidityElements count])
    {
        CXMLElement *humidityElement = [humidityElements objectAtIndex:0];
        CXMLNode *humidityData = [humidityElement attributeForName:@"data"];
        [[self humidityLabel] setText:[humidityData stringValue]];
    }
    
    //风向风速
    NSArray *windElements = [currentConditionsElement elementsForName:@"wind_condition"];
    if ([windElements count])
    {
        CXMLElement *windElement = [windElements objectAtIndex:0];
        CXMLNode *windData = [windElement attributeForName:@"data"];
        [[self windLabel] setText:[windData stringValue]];
    }
    
    //风向风速
    NSArray *iconElements = [currentConditionsElement elementsForName:@"icon"];
    if ([iconElements count])
    {
        CXMLElement *iconElement = [iconElements objectAtIndex:0];
        CXMLNode *iconData = [iconElement attributeForName:@"data"];
        NSString *iconURL = [NSString stringWithFormat:@"%@%@", baseURL, [iconData stringValue]];
        NSURLRequest *iconRequest = [NSURLRequest requestWithURL:[NSURL URLWithString:iconURL]];
        [[self iconView] loadRequest:iconRequest];
    }
}
#pragma mark - View lifecycle

- (void)viewDidLoad
{
    [super viewDidLoad];
}
```

```
- (void)viewDidUnload
{
    [super viewDidUnload];
}
@end
```

> ★ 提 示   在 XML 解析中，使用的方法比较灵活，比如在解析天气节点时，可以不按顺序获取节点，可以直接通过 XPath 获取对应的节点，代码为：
>
> NSArray *currentConditions = [currentConditions nodesForXPath:@"//current_conditions" error:nil];

7 连接完成后，运行并输入"nanjing"，点击【查询】按钮，获取到的天气界面如图 12-8 所示。

图 12-8　获取天气界面

12.3　解析 JSON

　　JSON（JavaScript Object Notation）是一种轻量级的数据交换格式，易于人们阅读和编写，也易于机器解析和生成。它基于 JavaScript Programming Language，是 Standard ECMA-262 3rd Edition-December 1999 的一个子集。JSON 采用完全独立于语言的文本格式，但是也使用了类似于 C 语言家族的习惯（C、C++、C#、Java、JavaScript、Perl、Python 等）。这些特性使 JSON 成为理想的数据交换语言。

12.3.1　iPhone 的 JSON

　　JSON 本来是不被苹果支持的，但是有人为我们写了一个 JSON 的框架，名称叫 JSON for OBJC，可以登录 http://code.google.com/p/json-framework/获得。

　　基本上来说，这个框架非常简单易用，能够将得到的 JSON 字符串处理成一个复杂 NSDictionary 对象，而每一个值还是一个 NSDictionary 对象。比如下面的 JSON 代码：

```
{
    "mobile":
    {
        "iPhone3GS":
        {
            "price":"3999",
            "num":2
        },
        "iPhone4":
        {
            "price":"4999",
            "num":75
        }
    },
    "pad":
    {
        "iPad":
        {
            "price":"2999",
            "num":2
        }
        "iPad2":
        {
            "price":"3999",
            "num":66
        }
    }
}
```

在 iOS 中，其实其中的每一段都对应了一个 Objective-C 对象，如 NSDictionary 或者 NSArray。下段代码即对应了一个 NSDictionary 对象：

```
{
    "price":"2999",
    "num":2
}
```

也就是：

```
NSDictionary *pad = [[NSDictionary alloc] initWithObjectsAndKeys:@"2999", @"price", @"2", @"num", nil];
```

它也可以是一个 NSArray 对象，例如：

```
{
    "price":"3999",
    "num":2
},
{
    "price":"4999",
    "num":75
}
```

初始化完毕以后就可以成为如下对象：

```
NSDictionary *pad1 = [[NSDictionary alloc] initWithObjectsAndKeys:@"3999", @"price", @"2", @"num", nil];
NSDictionary *pad1 = [[NSDictionary alloc] initWithObjectsAndKeys:@"4999", @"price", @"75", @"num", nil];
NSArray *array = [[NSArray alloc] initWithObjects: pad1, pad2, nil];
```

12.3.2 JSON 解析库

在使用 JSON 之前，我们需要先到 https://github.com/stig/json-framework/downloads 下载已经发布的最新的版本，然后新建一个"Single View Application"模板项目，命名为"Json"。可以看到生成的文件系统包含了 AppDelegate 和 ViewController 的头文件以及实现文件，创建好工程以后将 JSON 解析库的源文件包含到工程中。

因为只需要简单地完成一个示例程序，所有的操作都将放到 ViewController 中，所以 delegate 不需要处理。只需要将最后的数据在控制台中打印出来即可，所以也不需要处理界面，只需要直接编写代码。

代码的编写非常简单，这里使用上面的那段 JSON 脚本。首先获取到 JSON 脚本，并设定为 NSString 的形式，这里将脚本作为一个文件包含在工程中，命名为"device.json"，获取代码如下：

```
NSString *path = [[NSBundle mainBundle] pathForResource:@"device" ofType:@"json"];
NSString* JSONString = [NSString stringWithContentsOfFile: path encoding:NSUTF8StringEncoding error:nil];
```

获取到数据后，在包含了 JSON.h 这个头文件之后，只需要调用一个方法就可以把 JSON 数据转换为对应的格式，例如：

```
NSDictionry *dic = [JSONString JSONValue];
或者
NSArray *array = [JSONString JSONValue];
```

拿到对应的数据结构就可以取相应的数据了，比如想取 iPad 的价格可以这样写：

```
NSDictionary *device = [JSONString JSONValue];
NSDictionary *padDic = [device objectForKey:@"pad"];
NSDictionary *iPadDic = [padDic objectForKey:@"iPad"];
NSString *price = [iPadDic objectForKey:@"price"];
```

【结束语】

在本章中我们首先了解了 iOS SDK 提供的具有 Safari 核心功能的网络部件 UIWebView，通过一个简单的浏览器示例学习了如何使用 UIWebView 展现 Web 页面，然后延伸到网络传输最常用的数据格式 XML，并介绍了如何通过 iOS 自带的 NSXMLParser 解析库和第三方 TouchXML 解析库解析 XML 文件。

正如本章所介绍的，在进行 iOS 开发时，我们可以轻松自由地访问互联网，能够任意创建使用 HTML 和 XML 协议的项目，还能够在项目中集成提供了 JSON 等协议的第三方库。

第 13 章　多线程编程

移动通信终端进入智能机时代以后，手机的硬件水平有了很大的提升。现在一台手机的运算能力，已经比得上多年前的一台小型服务器，尤其在 iPhone 推出以后，智能手机在硬件上的提升更是越来越快。既然硬件有了这么大的提升，那么如何让我们的软件有效地利用这些硬件资源呢？这些问题在计算机上面早就有了非常成熟的解决方案，那就是使用多线程。

多线程是为了同步完成多项任务，它本身并不能提高硬件的运行效率，但可以通过提高资源的使用率来提高系统的运行速度，从而最大化发挥系统的硬件资源优势。

由于原始的多线程方法存在很多的毛病，包括线程锁死等，又由于手机设备与传统的计算机的差别，所以需要一套适合手机设备的多线程处理方案。幸运的是，苹果公司的 SDK 中已经为我们解决了这些难题。它不仅为我们提供了传统的线程方法 NSThread，还提供了效率更高的 NSOperation。实际应用开发过程中，我们应尽量避免使用 NSThread，而采取 Cocoa 中的 NSOperation 类提供的更为优秀的多线程编程方法。

使用多线程能带来程序性能和用户体验的明显提高，且能充分利用硬件资源。下面，我们就来一起学习在 iPhone 上面如何实现多线程编程。

本章主要介绍 3 种线程操作类型，分别为 UNIX 多线程机制、NSThread 多线程和线程池 NSOperationQueue。程序运行的主界面如图 13-1 所示。

图 13-1　多线程主界面

13.1　UNIX 多线程机制的使用

虽然苹果公司为我们提供了更方便的 NSOperation 类，但还是有必要来研究一下传统的多线程的使用方法。毕竟苹果公司本身也提供了传统多线程的使用方法 NSThread。当然，我们还是要再追本溯源一下，使用更为原始的多线程，下面就一起来看看这些传统多线程的使用方法吧。

我们知道，iPhone 手机上面的操作系统其实是裁剪过的 Mac OS X，而 Mac OS X 的源头是 UNIX，由此可以猜想，UNIX 上面的多线程机制应当在 iOS 操作系统上面也是可以使用的。事实证明，确实也是可以的。本节我们就来学习如何使用最基本的 UNIX 上面的多线程机制。

1) UNIX 多线程的相关方法

UNIX 多线程的相关方法有很多，这里介绍如下 4 个：
- pthread_mutex_init ——该函数用于 C 函数的多线程编程中互斥锁的初始化。
- pthread_create——是 UNIX 环境创建线程函数。
- pthread_cancel——用于给线程发送取消信号，使线程在取消点退出。
- pthread_mutex_destroy——用于注销一个互斥锁，释放它所占用的资源。

我们重点研究创建线程的函数 pthread_create，格式如下：

int pthread_create(pthread_t*restrict tidp,const pthread_attr_t *restrict attr,void*(*start_rtn)(void*),void *restrict arg);

其中，第一个参数为指向线程标识符的指针；第二个参数用来设置线程属性；第三个参数是线程运行函数的起始地址；最后一个是运行函数的参数。

该函数若调用成功，返回 0；否则返回出错编号。

返回成功时，由 tidp 指向的内存单元被设置为新创建线程的线程 ID。attr 参数用于指定各种不同的线程属性。新创建的线程从 start_rtn 函数的地址开始运行，该函数只有一个万能指针参数 arg，如果需要向 start_rtn 函数传递的参数不止一个，那么需要把这些参数放到一个结构中，然后把这个结构的地址作为 arg 的参数传入。

UNIX 下用 C 语言开发多线程程序，其多线程遵循 POSIX 线程接口，称为 pthread。由 restrict 修饰的指针是最初唯一对指针所指向的对象进行存取的方法，仅当第二个指针基于第一个时，才能对对象进行存取。对对象的存取限定于由 restrict 修饰的指针表达式中。由 restrict 修饰的指针主要用于函数形参，或指向由 malloc() 分配的内存空间。restrict 数据类型不改变程序的语义。编译器能通过做出 restrict 修饰的指针是存取对象的唯一方法的假设，更好地优化某些类型的例程。

2）实现多线程

了解了以上几个方法后，我们来实现最简单的多线程：点击按钮，多线程启动；关闭当前页面，多线程停止。具体过程如下：

1 打开 Xcode 建立工程，命名为"MyMultiThread"后，新建一个 Object-C 类，类型选择 ViewController，并命名为"OriginThreadController"，包含 xib 文件。

2 通过 Interface Builder 拖拽一个按钮到 xib 文件上面，并关联事件函数 threadRun。具体来看代码，首先来编辑 OriginThreadController 的头文件，代码如下：

OriginThreadController.h

```
#import <UIKit/UIKit.h>
#import <pthread.h>
void* threadLoop(void *param);//线程体函数
@interface OriginThreadController : UIViewController
{
    pthread_t threadid_;              //线程 ID
     pthread_mutex_t mutext_;          //互斥锁
    bool isRun_;//当前线程是否执行
    UILabel* label_;
    int labelIndex_;
}
@property(nonatomic, assign) bool isRun;
@property(nonatomic, assign) int labelIndex;
@property(nonatomic, retain) IBOutlet UILabel* label;
-(IBAction)threadRun:(id)sender;
@end
```

3 因为需要使用 UNIX 系统的多线程，所以需要提供线程 ID 和线程的互斥锁。从 xib 文件的处理情况看，我们希望点击界面上的按钮会启动线程，线程在运行的过程中能够改变静态文本框的文字，并在控制台打印出来。

下面就来创建线程，在 OriginThreadController.m 文件里找到 viewDidLoad 方法，并在这个方法里添加初始化创建线程代码，具体如下：

```objc
- (void)viewDidLoad
{
    [super viewDidLoad];
    isRun_ = NO;
    labelIndex_ = 0;
    pthread_mutex_init( &mutext_, nil );
    int ret = pthread_create( &threadid_, nil,threadLoop, self );
}
```

在这段代码里，初始化并创建了一个线程，线程体函数是 threadLoop，用来改变界面上静态文本框的文字，并在控制台打印出来，它的实现方法如下：

```objc
void* threadLoop(void *param)
{
    while (true)
    {
        OriginThreadController* vc = (OriginThreadController*)param;
        if(vc.isRun)
        {
            vc.labelIndex ++;
            int index = vc.labelIndex;
            NSString* str1 = vc.label.text;
            NSString* str2 = [NSString stringWithFormat:@"%@ %d", str1,index];
            vc.label.text = str2;
            NSLog(@"threadLoop Printed...%d", index);
            sleep(1);//线程睡眠1秒钟，以供其他线程执行工作
        }
    }
}
```

> **提示** 从代码的格式看来，它并不是 Object-C 的语法格式，而是 C 语言的语法格式。因为 UNIX 的底层函数大部分都是用标准 C 语言实现的。我们知道，iOS 原生就是支持标准 C 语言的，因此这段代码是可以正常运行的，也就是说 OriginThreadController 其实是 Object-C 和标准 C 语言的混合编程。

4 实现点击按钮后启动线程。我们在 threadLoop 线程函数里看到，线程是否处理其实是由 isRun_ 变量决定的，我们只要在事件处理函数里将它变为真即可，代码如下：

```objc
-(IBAction)threadRun:(id)sender
{
    isRun_ = YES;
}
```

此时编译运行，点击图 13-2 中【点击启动线程】按钮开始执行函数，我们会发现控制台里确实打印出来信息了，如图 13-3 所示。

> **提示** 打印信息的时间间隔是一秒钟，但是界面上的静态文本框并没有显示出文字变化，这是因为界面的绘图必须放在主线程中运行，而我们自己新创建的线程是没有办法绘图的。如果想要绘图，必须调用主线程的方法完成。

图 13-2 UNIX 多线程

图 13-3 UNIX 多线程运行结果

5 在 ViewController 的 dealloc 方法里停止线程，实现的代码如下：

```
-(void)dealloc
{
    NSLog(@"销毁当前 MVC,停止线程！");
    pthread_cancel(threadid_);
    pthread_mutex_destroy( &mutext_ );
    [super dealloc];
}
```

> **提示** 如果不实现这个方法，即使当前页面退出了，当前线程仍然会执行。为此在线程执行完任务后不再需要的时候，应停止线程，并及时释放占用的资源。

13.2 NSThread 创建多线程的方法

虽然多线程在各种编程语言中都是难点，实现起来通常很麻烦。但 Objective-C 尽管源于 C，其多线程编程却相当简单，可以与 Java 相媲美。本节将主要从线程的创建与启动、线程的同步与锁、线程的交互、线程池等方面介绍 Object-C 中的多线程编程方法。

13.2.1 线程的创建与启动

线程对象的创建主要有 3 种方式。凡是使用 NSThread 对象的方法创建的线程，即调用 alloc 方法创建的线程，都需要手动启动，启动的方法是必须要调用线程对象的 start 方法；而使用 NSThread 的类方法创建的线程是不需要手动启动线程的，线程创建好会自动启动线程。下面具体来看这 3 种方法的实现代码。

方法 1 类方法直接构建并启动一个线程。

```
MyClass* myobject = [[[MyClass alloc] init] autorelease];
[NSThread detachNewThreadSelector:@selector(threadMain:) toTarget: myobject withObject:@"thread is run!"];
```

注意线程已经启动了。

方法 2 使用 NSThread 的构造方法,创建一个线程对象,然后使用 start 方法启动线程。

-(id)initWithTarget:(id)target selector:(SEL)selector object:(id)argument;//线程的构造函数
- (void)start;//启动线程

创建线程的代码:

```
MyClass* myobject = [[[MyClass alloc] init] autorelease];
//创建线程
NSThread* thread = [[[NSThread alloc] initWithTarget:myobject selector:@selector(threadMain:) object:@"thread is run!"] autorelease];
//启动线程
[thread start];
```

这个方法创建和启动是分开的,且必须调用 NSThread 对象的 start 方法才能启动线程。

方法 3 使用继承 NSThread 的子类创建线程对象,但必须重写下面这个方法:

-(void)main;

有了这个子类以后,用它创建一个线程对象,然后再启动。我们新建一个继承 NSThread 的子类 SubThread,代码如下:

SubThread.h
```
@interface SubThread : NSThread

@end
```

SubThread.m
```
@implementation SubThread
- (void)main
{
    NSLog(@"thread is run!");
}
@end
```

创建和启动线程的方法:

```
//创建一个线程对象
SubThread * thread = [[[SubThread alloc] init] autorelease];
//启动线程
[thread start];
```

这种方式唯一的缺点就是需要多编写一个 NSThread 的子类。

★**提示** 启动线程后,线程的引用计数会被加 1。

13.2.2 线程的同步与锁

要说明线程的同步与锁,最好的例子可能就是多个窗口同时售票的售票系统了。我们知道,Java 中使用 synchronized 来同步,iPhone 则提供了类似 Java 的 synchronized 关键字@synchronized,同时也为开发者提供了 NSCondition 对象接口。查看 NSCondition 的接口说明可以看出，NSCondition 是 iPhone 下的锁对象，所以我们可以使用 NSCondition 来实现 iPhone 中的线程安全。下面采取同步与锁两种机制相结合的方法实现售票系统的多线程操作。这里我们使用 NSCondition 实现线程同步。

1 在刚才建立的工程里，新建一个 UIViewController，命名为"NSThreadController"。然后打开 NSThreadController 的头文件，做如下修改：

```
#import <UIKit/UIKit.h>

@interface NSThreadController : UIViewController
{
    int tickets;
    int count;
    NSThread* ticketsThreadone;
    NSThread* ticketsThreadtwo;
    NSThread* ticketsThreadThree;
    NSCondition* ticketsCondition;
}
@end
```

代码里有 6 个成员变量，第一个是车票的数量，第二个是当前剩余的票数，紧接着是 3 个线程变量，代表 3 个售票的窗口，最后一个是线程锁 NSCondition 对象。下面我们来具体看 NSThreadController 的实现文件。

2 在 NSThreadController 的初始化方法 viewDidLoad 函数里创建 3 个售票的线程和线程锁，并启动 3 个售票的线程，代码如下：

```
- (void)viewDidLoad
{
    [super viewDidLoad];
    tickets = 100;//设置票的总数为 100
    count = 0;//设置余票初始值为 0
    // 锁对象
    ticketsCondition = [[NSCondition alloc] init];
    ticketsThreadone = [[NSThread alloc] initWithTarget:self selector:@selector(run) object:nil];
    [ticketsThreadone setName:@"Thread-1"];
    [ticketsThreadone start];

    ticketsThreadtwo = [[NSThread alloc] initWithTarget:self selector:@selector(run) object:nil];
    [ticketsThreadtwo setName:@"Thread-2"];
    [ticketsThreadtwo start];

    ticketsThreadThree = [[NSThread alloc] initWithTarget:self selector:@selector(run) object:nil];
    [ticketsThreadThree setName:@"Thread-3"];
    [ticketsThreadThree start];
}
```

3 实现 3 个线程的线程函数的 run 方法，代码如下：

```
- (void)run
{
    while (TRUE)
```

```
{
    // 上锁
    [ticketsCondition lock];
    if(tickets > 0)
    {
        [NSThread sleepForTimeInterval:0.5];
        count = 100 - tickets;
        NSLog(@"当前票数是:%d,售出:%d,线程名:%@",tickets,count,[[NSThread currentThread] name]);
        tickets--;
    }
    else
    {
        break;
    }
    [ticketsCondition unlock];//下锁
}
```

这里需要注意线程锁的上锁和去锁方法。我们知道，NSCondition 就是 Object-C 里面的线程锁的类。给线程上锁的时候调用 NSCondition 的 lock 方法，这个线程拿到线程锁之后便可以运行，此时其他线程没有拿到线程锁，只能睡眠等待。当前线程使用完资源以后，调用 unlock 方法去锁，这个时候其他等待的线程才有机会去竞争线程锁，只有拿到线程锁的线程才能运行，其他线程需要继续睡眠等待，直到拿到线程锁。

4 当任务执行完之后，需要将 NSThread 对象和 NSCondition 对象都释放，我们一般是放在 dealloc 方法里处理，代码如下：

```
- (void)dealloc
{
    [ticketsThreadone release];
    [ticketsThreadtwo release];
    [ticketsThreadThree release];
    [ticketsCondition release];
    [super dealloc];
}
```

我们可以在控制台看到售票的情况，控制台打印了每一张票是由哪个线程处理的，如图 13-4 所示。

```
Attaching to process 22460.
2012-02-10 22:52:05.069 MyMultiThread[22460:11e07] 当前票数是:100,售出:0,线程名:Thread-2
2012-02-10 22:52:05.574 MyMultiThread[22460:1150f] 当前票数是:99,售出:1,线程名:Thread-1
2012-02-10 22:52:06.076 MyMultiThread[22460:13303] 当前票数是:98,售出:2,线程名:Thread-3
2012-02-10 22:52:06.579 MyMultiThread[22460:11e07] 当前票数是:97,售出:3,线程名:Thread-2
2012-02-10 22:52:07.082 MyMultiThread[22460:1150f] 当前票数是:96,售出:4,线程名:Thread-1
2012-02-10 22:52:07.585 MyMultiThread[22460:13303] 当前票数是:95,售出:5,线程名:Thread-3
2012-02-10 22:52:08.087 MyMultiThread[22460:11e07] 当前票数是:94,售出:6,线程名:Thread-2
2012-02-10 22:52:08.590 MyMultiThread[22460:1150f] 当前票数是:93,售出:7,线程名:Thread-1
2012-02-10 22:52:09.094 MyMultiThread[22460:13303] 当前票数是:92,售出:8,线程名:Thread-3
2012-02-10 22:52:09.596 MyMultiThread[22460:11e07] 当前票数是:91,售出:9,线程名:Thread-2
2012-02-10 22:52:10.099 MyMultiThread[22460:1150f] 当前票数是:90,售出:10,线程名:Thread-1
2012-02-10 22:52:10.601 MyMultiThread[22460:13303] 当前票数是:89,售出:11,线程名:Thread-3
2012-02-10 22:52:11.103 MyMultiThread[22460:11e07] 当前票数是:88,售出:12,线程名:Thread-2
2012-02-10 22:52:11.606 MyMultiThread[22460:1150f] 当前票数是:87,售出:13,线程名:Thread-1
2012-02-10 22:52:12.109 MyMultiThread[22460:13303] 当前票数是:86,售出:14,线程名:Thread-3
2012-02-10 22:52:12.611 MyMultiThread[22460:11e07] 当前票数是:85,售出:15,线程名:Thread-2
2012-02-10 22:52:13.114 MyMultiThread[22460:1150f] 当前票数是:84,售出:16,线程名:Thread-1
```

图 13-4 售票运行结果

13.2.3 线程的交互和其他控制方法

1) 线程的交互

线程在运行过程中，可能需要与其他线程进行通信。例如在需要修改界面时，只有在主线程里操作才有效果，因此必须在一个线程里调用主线程才能实现，可以使用如下接口：

- (void)performSelectorOnMainThread:(SEL)aSelector withObject:(id)arg waitUntilDone:(BOOL)wait

2) NSThread 类的方法

要学习 NSThread 线程的控制方法，我们先要了解 NSThread 类提供了哪些方法：

```
//返回当前线程
+ (NSThread *)currentThread;
// 通过类方法创建一个线程
+ (void)detachNewThreadSelector:(SEL)selector toTarget:(id)target withObject:(id)argument;
+ (BOOL)isMultiThreaded; //判断是否为多线程
- (NSMutableDictionary *)threadDictionary;
+ (void)sleepUntilDate:(NSDate *)date;
+ (void)sleepForTimeInterval:(NSTimeInterval)ti;
+ (void)exit; //退出线程
+ (double)threadPriority ; //线程优先级属性值
+ (BOOL)setThreadPriority:(double)p ;//设置线程的优先级属性
+ (NSArray *)callStackReturnAddresses; //线程函数地址
// 设置与返回线程名称
- (void)setName:(NSString *)n;
- (NSString *)name;
- (NSUInteger)stackSize; //获得线程堆栈大小
- (void)setStackSize:(NSUInteger)s;//设置线程堆栈大小
- (BOOL)isMainThread; //判断当前线程是否为主线程
+ (BOOL)isMainThread;
+ (NSThread *)mainThread;
// 线程对象初始化操作(通过创建线程对象，需要手工指定线程函数与各种属性)
- (id)init;
// 在线程对象初始化时创建一个线程(指定线程函数)
- (id)initWithTarget:(id)target selector:(SEL)selector object:(id)argument;
- (BOOL)isExecuting; //是否在执行
- (BOOL)isFinished; //是否已经结束
- (BOOL)isCancelled; //是否取消
- (void)cancel; //取消操作
- (void)start; //线程启动
- (void)main;          // thread body method
//通过类方法创建一个线程
+ (void)detachNewThreadSelector:(SEL)selector toTarget:(id)target withObject:(id)argument;
//在线程对象初始化时创建一个线程(指定线程函数)
- (id)initWithTarget:(id)target selector:(SEL)selector object:(id)argument;
//主要通过 selector:(SEL)selector 指定个功能函数，系统使其与主线程分开运行，以达到多线程的效果
```

3) 线程的优先级控制

采取以上方式创建线程，非类方法创建需要调用 start 才能让线程真正运行起来。当多个线程

同时运行时就会出现访问资源的同步问题,我们可以设置和获取线程的优先级或名字,优先级高的将会先被执行,代码如下:

```
NSThread* thread1 = [[[NSThread alloc] initWithTarget:self selector:@selector(threadMain:) object:@"thread 1"] autorelease];
//获取线程的优先级
double threadPriority = [thread threadPriority];
NSLog(@"threadPriority %f" , threadPriority);
//设置线程的优先级
[thread setThreadPriority:threadPriority+1];
//获取线程的名字
NSString* threadName = [thread name];
NSLog(@"threadName:%@" , threadName);
//设置线程的名字
[thread setName:@"my Thread"];
//获取线程字典,只要能访问的到线程对象,就能访问到这个字典,这个方法为我们提供了一个和线程绑定数据的方式
NSMutableDictionary* dic = [thread threadDictionary];
```

4）线程的退出管理

获取到线程对象,就可以读取线程的字典信息 threadDictionary 了。线程字典是一个可存取数据的地方,它无疑是和线程交换数据的理想方法,可用于线程的退出管理。

调用 exit 静态方法,可以直接停止当前线程的执行:

```
+ (void)exit;
```

例如,下面这段线程函数的代码中即调用了 exit 方法:

```
- (void)threadMain
{
    NSLog(@"before exit");
    [NSThread exit];//后面的代码 不会被执行
    NSLog(@"after exit"); //这句不会被执行
}
```

调用 exit 方法后,当前线程立即停止运行,后续的代码都不会被执行,因此,释放数据的工作必须放到这句代码之前完成。exit 方法只能自己控制自己,无法控制其他线程退出。但我们可以通过对一个共享数据的改变,来改变另一个线程执行的代码。通过一个共享数据,在线程内部去检测这个共享数据的状态,当共享数据的值符合要求时,就执行 exit 方法,这样其他的线程只要改变这个共享数据到那个符合要求的值,就可以使这个线程退出了。

NSThread 已经有了这个共享数据,但不允许我们使用,而是提供了操作这个数据的 2 个方法:

```
- (BOOL)isCancelled ;
- (void)cancel;
```

默认情况下,isCancelled 返回 NO, 但当调用了 cancel 后,即返回 YES。可以在线程内部写一个判断语句,用于判断当前线程的 isCancelled 方法的返回值。如果返回了 YES 就执行 exit 方法,这样只要调用这个线程的 cancel 方法,该线程在执行到这个判断语句时就退出了。代码如下:

```
- (void)threadMain:(id)argv
{
    while (YES)
    {
        if ([[NSThread currentThread] isCancelled])
        {
            NSLog(@"thread is end!");
            [NSThread exit];
        }
        //other code
    }
}
```

线程外部，对线程对象调用 cancel 方法即可控制线程的结束：

```
[thread cancel];
```

但这种控制，并不是实时的，而是通过改变共享数据来改变线程未来执行的代码。当这个 exit 代码被执行后才退出。控制线程只能采取疏导的办法，在将来必然经过的地方，预先做一些处理，使它按照我们的要求去走，这是线程难使用的地方之一。

13.2.4 线程的睡眠

当前线程一旦不被执行，便进入睡眠状态，这时线程就会停止执行代码，并且无法被打断（至少我们的代码无法控制）。在 UNIX 多线程机制中，线程的睡眠使用 sleep 方法，NSThread 类为多线程的睡眠提供了如下两个方法：

+ (void)sleepUntilDate:(NSDate *)date;//开始睡眠，直到时间点 date 停止睡眠，如果这个时间点已经过去，线程会立即停止睡眠
+ (void)sleepForTimeInterval:(NSTimeInterval)ti;//开始睡眠，从执行到这句代码开始计时，ti 秒后停止睡眠

示例代码：

```
- (void)threadMain
{
    [NSThread sleepForTimeInterval:10.9];//睡眠 10.9 秒
    //[NSThread sleepUntilDate:[NSDate dateWithTimeIntervalSinceNow:10.9]];//使用这个方法也可以
}
```

很多时候，我们需要线程像一个仆人一样为我们服务，在有事情做的时候，能尽快去做，没有事情可做的时候，他必须要去睡眠，因为睡眠可以降低硬件资源的功耗。所以我们每次会让线程睡眠一个极短的时间，然后去询问是否有事情可做，没有事情可做则继续去睡眠。一位真正的仆人是无法做到这点的，但线程却可以，下面是执行的代码：

```
- (void)threadMain
{
    while (YES)
    {
        if (<#condition#>)
        {//询问是否有事可做
            [NSThread sleepForTimeInterval:0.001];
        }
```

```
        else
        {
            //handle code
        }
    }
}
```

大家可以去控制线程的暂停和恢复。还有一些其他的方法可以控制 NSThread，举例如下：

```
//设置和获取当前线程的优先级
+ (double)threadPriority;
+ (BOOL)setThreadPriority:(double)p;
//判断当前线程是否是主线程
+ (BOOL)isMainThread;
//获取主线程
+ (NSThread *)mainThread;
```

有些事情是必须在主线程中做的，比如对界面的操作、定时器的启动等。如果需要在子线程中执行这样的操作，可借助 NSObject 扩展的线程方法：

```
-(void)performSelectorOnMainThread:(SEL)aSelector withObject:(id)arg waitUntilDone:(BOOL)wait;
```

当需要在子线程操作界面或定时器时，将代码放在一个方法里后，调用这个方法，这个方法将会在主线程中执行，这也是多线程编程中比较容易出现问题的地方。

13.3 线程池 NSOperationQueue

为了能让初级开发人员也能使用多线程，同时还要简化复杂性，各种编程工具提供了各自的办法。对于 iOS 来说，虽然前面已经介绍了两种多线程使用的方法，但是苹果官方 SDK 建议尽可能避免直接操作线程，而是使用比如 NSOperationQueue 这样的机制。可以把 NSOperationQueue 看作一个线程池，我们能够往线程池中添加线程操作（NSOperation）。线程池中的线程可看作消费者，从队列中取走操作，并执行它。可以设置线程池中只有一个线程，这样各个操作就可以认为是近似顺序执行了。

13.3.1 创建线程操作 NSOperation

NSOperation 的创建有如下两种方法：

方法 1　使用 NSOperation 的子类 NSInvocationOperationh 或 NSBlockOperation 创建，代码如下：

```
NSOperation* task = [[[NSInvocationOperation alloc] initWithTarget: myobject selector:@selector(threadMain:) object:@"task is run!"] autorelease];
```

方法 2　编写一个 NSOperation 的子类，实现 main 方法。和 NSThread 的方法 3 相似，代码如下：

MyOperation.h 文件
```
@interface MyOperation : NSOperation
@end
```
MyOperation.m 文件
```
#import "MyOperation.h"
```

```
@implementation MyOperation
-(void)main
{
    NSLog(@"task is runing!");
}
@end
```

创建方法

```
MyOperation * task = [[MyOperation alloc] init];
```

创建完 NSOperation 后，将 Task 加入到队列中，队列会去调度并执行这个任务：

```
NSOperationQueue * queue=[[NSOperationQueue alloc] init];
[queue addOperation:task];
```

任务的执行是由其优先级等因素控制的，下一小节我们着重介绍任务的控制。

13.3.2 任务控制

本节主要介绍如何控制同时运行的任务数量、任务的执行、退出和优先级。

1) 控制同时运行的任务数量

任务加入队列后，由队列来管理任务的执行，默认队列执行任务是没有限制的，可以通过下面这个方法来控制同时运行的任务数量，默认为-1，无限制。就像车道一样，默认是在草原上，可以无限辆车同时开，调用这个方法后，就只能最多并行指定数量的车子了。

```
- (void)setMaxConcurrentOperationCount:(NSInteger)cnt;
```

如果设置为 1，那么任务就只能按照顺序执行。

下面这个方法会等待队列里的所有任务执行完后再执行：

```
- (void)waitUntilAllOperationsAreFinished;
```

以下是将同时运行任务的数量设为 1 的示例代码：

```
-(IBAction)clickThread:(id)sender
{
    MyOperation * myobject = [[MyOperation alloc] init];
    NSOperationQueue * queue=[[NSOperationQueue alloc] init];[queue setMaxConcurrentOperationCount:1];
    NSOperation* task1 = [[[NSInvocationOperation alloc] initWithTarget: myobject selector:@selector(threadMain:) object:@"task 1 is run!"] autorelease];
    [queue addOperation:task1];
    NSOperation* task2 = [[[NSInvocationOperation alloc] initWithTarget: myobject selector:@selector(threadMain:) object:@"task 2 is run!"] autorelease];
    [queue addOperation:task2];
    NSOperation* task3 = [[[NSInvocationOperation alloc] initWithTarget: myobject selector:@selector(threadMain:) object:@"task 3 is run!"] autorelease];
    [queue addOperation:task3];
    [queue waitUntilAllOperationsAreFinished];//等待
    NSLog(@"all task has finished!");
}
```

输出的顺序和线程操作加入线程池的顺序一致，结果如下：

2012-02-11 09:47:50.186 MyMultiThread[23189:11607] task 1 is run!
2012-02-11 09:47:50.190 MyMultiThread[23189:13003] task 2 is run!
2012-02-11 09:47:50.193 MyMultiThread[23189:11607] task 3 is run!
2012-02-11 09:47:50.195 MyMultiThread[23189:f803] all task has finished!

2）控制任务的执行和退出

把这些任务加到队列里后，当前线程就会等待队列里所有的任务执行完后再执行。任务是在线程里执行的，线程的方法在这里都是能用的，但在使用过程中要优先使用任务的方法，除非任务没有这个方法。下面的几个方法在 NSOperation 类里都是有的。

- (BOOL)isCancelled;
- (void)cancel;
- (BOOL)isExecuting;
- (BOOL)isFinished;
- (NSOperationQueuePriority)queuePriority;
- (void)setQueuePriority:(NSOperationQueuePriority)p;
- (double)threadPriority;
- (void)setThreadPriority:(double)p;

任务的退出，也最好不要用 NSThread exit 方法，而是采用提前结束的方法。而且 NSOperation 提供了更强大的线程控制的方法，比如提供了等待线程操作执行完成的方法，如果调用此方法，线程将会被阻塞，直到指定的任务执行完毕：

- (void)waitUntilFinished;

3）控制线程的优先级

上面介绍的加入线程池对象的线程操作并没有设置优先级，而是按照加入线程池的先后顺序来执行。NSOperation 也提供了控制优先级的方法，可以改变线程执行的顺序，具体代码如下：

```
-(IBAction)clickPriority:(id)sender
{
    MyOperation * myobject = [[MyOperation alloc] init];
    NSOperationQueue * queue=[[NSOperationQueue alloc] init];[queue setMaxConcurrentOperationCount:3];
    NSOperation* task1 = [[[NSInvocationOperation alloc] initWithTarget: myobject selector:@selector(threadMain:) object:@"task 1 is run!"] autorelease];
    [task1 setQueuePriority:4];
    [queue addOperation:task1];
    NSOperation* task2 = [[[NSInvocationOperation alloc] initWithTarget: myobject selector:@selector(threadMain:) object:@"task 2 is run!"] autorelease];
    [task2 setQueuePriority:3];
    [queue addOperation:task2];
    NSOperation* task3 = [[[NSInvocationOperation alloc] initWithTarget: myobject selector:@selector(threadMain:) object:@"task 3 is run!"] autorelease];
    [task3 setQueuePriority:3];
    [queue addOperation:task3];
    NSOperation* task4 = [[[NSInvocationOperation alloc] initWithTarget: myobject selector:@selector(threadMain:) object:@"task 4 is run!"] autorelease];
    [task4 setQueuePriority:4];
```

```
    [queue addOperation:task4];
    [queue waitUntilAllOperationsAreFinished];//等待
    NSLog(@"all task has finished!");
}
```

在 NSOperation 里，调用 setQueuePriority 方法设置优先级，数字越大，优先级越高，上面的代码中有 4 个操作：task1、task2、task3 和 task4。代码中将 task1 和 task4 的优先级设置为 4，task2 和 task3 的优先级设置为 3，即 task1 和 task4 的优先级高于 task2 和 task3，那么现在的执行顺序是什么样的呢，我们运行一下，在控制台打印出来的结果如下：

```
2012-02-11 10:01:30.202 MyMultiThread[23189:1163b] task 1 is run!
2012-02-11 10:01:30.202 MyMultiThread[23189:13337] task 4 is run!
2012-02-11 10:01:30.203 MyMultiThread[23189:13107] task 2 is run!
2012-02-11 10:01:30.205 MyMultiThread[23189:1163b] task 3 is run!
2012-02-11 10:01:30.207 MyMultiThread[23189:f803] all task has finished!
```

可以看到，由于 task1 和 task4 的优先级别高，它们被优先执行了。

操作线程的执行顺序还有另外一种方法，NSOperation 还为我们提供了叫做"依赖"的方法，即一个线程操作被执行的前提是另一个线程先被执行完，具体的函数方法为：

```
- (void)addDependency:(NSOperation *)op;//增加一个依赖
- (void)removeDependency:(NSOperation *)op;//删除一个依赖
- (NSArray *)dependencies;//获取所有的依赖
```

下面的代码建立的依赖关系是 task 1 执行前，必须执行完 task 2 和 task 3，代码如下：

```
-(IBAction)clickDependClick:(id)sender
{
    MyOperation * myobject = [[MyOperation alloc] init];
    NSOperationQueue * queue=[[NSOperationQueue alloc] init];[queue setMaxConcurrentOperationCount:3];
    NSOperation* task1 = [[[NSInvocationOperation alloc] initWithTarget: myobject selector:@selector(threadMain:) object:@"task 1 is run!"] autorelease];
    NSOperation* task2 = [[[NSInvocationOperation alloc] initWithTarget: myobject selector:@selector(threadMain:) object:@"task 2 is run!"] autorelease];

    NSOperation* task3 = [[[NSInvocationOperation alloc] initWithTarget: myobject selector:@selector(threadMain:) object:@"task 3 is run!"] autorelease];

    [task1 addDependency:task2];
    [task1 addDependency:task3];

    [queue addOperation:task1];
    [queue addOperation:task2];
    [queue addOperation:task3];
    NSLog(@"all task has finished!");
}
```

输出顺序为：

```
2012-02-11 10:08:27.943 MyMultiThread[23253:11503] task 2 is run!
2012-02-11 10:08:27.943 MyMultiThread[23253:13103] task 3 is run!
2012-02-11 10:08:27.954 MyMultiThread[23253:13203] task 1 is run!
```

或者顺序为：

2012-02-11 10:09:51.303 MyMultiThread[23253:1160b] task 3 is run!
2012-02-11 10:09:51.303 MyMultiThread[23253:1150b] task 2 is run!
2012-02-11 10:09:51.313 MyMultiThread[23253:1150b] task 1 is run!

这里并没有限制队列的并行数量，所以这些任务会被同时执行，但是由于建立了依赖关系，task 1 会在 task 2 和 task 3 运行完后再运行，task 2 和 task 3 的运行先后顺序则没法确定，所以会有两种可能的执行顺序。

13.4　生产者—消费者模型

本节介绍线程知识里非常经典的例子——生产者—消费者模型。我们将创建两个线程，一个负责生产，一个负责消费。消费线程消费的前提是必须有产品，生产者生产产品的前题是当前产品数量为零。下面我们就来实现这个模型，运行主界面如图13-5 所示。

图 13-5　生产者—消费者模型运行主界面

13.4.1　使用@synchronized

前面几节中介绍的例子是使用 NSCondition 来实现线程同步，本小节我们使用@synchronized 来实现线程同步，在 NSOperationController 里，增加一个按钮来测试生产者—消费者模型，并关联事件函数。我们使用线程池来操作线程，具体过程如下：

1 新建一个生产者—消费者模型对象 GoodsData，它提供了两个方法，分别用来生产产品和消费产品，并使用@synchronized 实现同步，代码如下：

GoodsData.h
```
#import <Foundation/Foundation.h>
@interface GoodsData : NSObject
{
    NSInteger goodsCount;
```

```
}
- (void)produce;
- (void)consume;
@end
```

GoodsData.m
```
#import "GoodsData.h"

@implementation GoodsData
- (void)produce
{
    for (;![[NSThread currentThread] isCancelled] ; )
    {
        @synchronized(self)
        {
            if (goodsCount > 0)
            {
                continue;
            }
            ++goodsCount;
            NSLog(@"produce one goods,   goods count is %d." , goodsCount);
        }
    }
}

- (void)consume
{
    for (;![[NSThread currentThread] isCancelled]; )
    {
        @synchronized(self)
        {
            if (goodsCount <= 0)
            {
                return;
            }
            --goodsCount;
            NSLog(@"consume one goods,   goods count is %d." , goodsCount);
        }
    }
}

@end
```

2 通过线程池的方法创建并执行线程，代码如下：

```
-(IBAction)produceConsumeClick:(id)sender
{
    NSOperationQueue * queue=[[NSOperationQueue alloc] init];
    GoodsData* synData = [[[GoodsData alloc] init] autorelease];
    NSOperation* produce = [[[NSInvocationOperation alloc] initWithTarget:synData selector:@selector(produce) object:nil] autorelease];//创建生产者线程操作
```

```objc
NSOperation* consume = [[[NSInvocationOperation alloc] initWithTarget:synData selector:@selector(consume)
object:nil] autorelease];//创建消费者线程操作
    [queue addOperation:produce];
    [queue addOperation:consume];
}
```

3 点击按钮执行,可以看到控制台部分的输出信息如下:

```
Attaching to process 23522.
2012-02-11 11:57:09.103 MyMultiThread[23522:11503] produce one goods,   goods count is 1.
2012-02-11 11:57:09.105 MyMultiThread[23522:13003] consume one goods,   goods count is 0.
2012-02-11 11:57:09.106 MyMultiThread[23522:11503] produce one goods,   goods count is 1.
2012-02-11 11:57:09.107 MyMultiThread[23522:13003] consume one goods,   goods count is 0.
2012-02-11 11:57:09.108 MyMultiThread[23522:11503] produce one goods,   goods count is 1.
2012-02-11 11:57:09.109 MyMultiThread[23522:13003] consume one goods,   goods count is 0.
2012-02-11 11:57:09.110 MyMultiThread[23522:11503] produce one goods,   goods count is 1.
2012-02-11 11:57:09.110 MyMultiThread[23522:13003] consume one goods,   goods count is 0.
2012-02-11 11:57:09.111 MyMultiThread[23522:11503] produce one goods,   goods count is 1.
```

★提示 1 和 0 会循环间隔打印,并且一直执行。

13.4.2 使用 NSLocking 协议

NSLocking 协议的使用效果和@synchronized 非常相似。实现了 NSLocking 协议的类有 NSLock 和前面已经使用过的 NSCondition,下面我们来使用 NSLock 和 NSCondition 的方法实现生产者—消费者模型,代码如下:

```objc
//尝试去加锁,如果已经被锁了,返回NO,否则会加锁并返回YES
-(BOOL)tryLock;
// tryLock 的升级方法,如果加锁成功,会在指定的 limit 时解锁
-(BOOL)lockBeforeDate:(NSDate *)limit;
```

1) 使用 NSLock 实现生产者—消费者模型

LockGoods.h
```objc
@interface LockGoods: NSObject{
    NSInteger goodsCount;
    id lockObj;
}
- (void)produce;
- (void)consume;
@end
```

LockGoods.m:
```objc
@implementation LockGoods
-(id)init
{
    if (self = [super init])
    {
        //在仅使用 lock 和 unlock 时下面的几个类是一样的
        lockObj = [[NSLock alloc] init];
        //lockObj = [[NSCondition alloc] init];
```

```objc
    return self;
}
- (void)dealloc
{
    [lockObj release];
    [super dealloc];
}
- (void)produce
{
    for (;![[NSThread currentThread] isCancelled];)
    {
        [lockObj lock];
        if (goodsCount > 0)
        {
            continue;
        }
        ++goodsCount;
        NSLog(@"produce one goods, goods count is %d.", goodsCount);
        [lockObj unlock];
    }
}
- (void)consume
{
    for (;![[NSThread currentThread] isCancelled];)
    {
        [lockObj lock];
        if (goodsCount <= 0)
        {
            return;
        }
        --goodsCount;
        NSLog(@"consume one goods, goods count is %d.", goodsCount);
        [lockObj unlock];
    }
}
@end
```

运行的效果和@synchronized是一样的。

2) 使用NSCondition实现生产者—消费者模型

ConditionGoods.h

```objc
@interface ConditionGoods: NSObject
{
    NSInteger goodsCount;
    NSCondition* condition;
}
- (void)produce;
- (void)consume;
@end
```

ConditionGoods.m

```objc
#import "ConditionGoods.h"
@implementation ConditionGoods
```

```
-(id)init
{
    if (self = [super init])
    {
        condition = [[NSCondition alloc] init];
    }
    return  self;
}
- (void)dealloc
{
    [condition release];
    [super dealloc];
}
- (void)produce
{
    for (;![[NSThread currentThread] isCancelled] ; )
    {

        [condition lock];
        ++goodsCount;
        NSLog(@"produce one goods,  goods count is %d." , goodsCount);
        [condition signal];//唤醒一个因condition而等待的线程
        //[condition broadcast];//唤醒所有因condition而等待的线程
        [condition unlock];
    }
}
- (void)consume
{
    for (;![[NSThread currentThread] isCancelled]; )
    {
        [condition lock];
        if(goodsCount <= 0)
        {
            [condition wait];//释放锁同时线程进入等待状态
        }
        --goodsCount;
        NSLog(@"consume one goods,  goods count is %d." , goodsCount);
        [condition unlock];
    }
}
@end
```

可以看出，生产线程生产一个后，消费线程去消费产品，当消费线程检测到没有可消费的产品时，进入等待状态，等待生产线程唤醒。

【结束语】

虽然大部分PC应用程序在很早之前就支持多线程/多任务，不过在iPhone4推出以前，Apple并不推荐使用多线程的编程方式。但是多线程编程毕竟是发展的趋势，所以 iOS 4.0 全面支持多线程的处理方式。这为我们带来了更多的开发利器，当然，也给我们提出了更大的挑战，希望多线程能使大家的应用发挥更强大的威力。

第 14 章 2D 和 3D 绘图编程

到目前为止，我们研究的大部分程序都是使用系统提供的控件来创建的，这些控件本身已经具有很多功能，可以帮我们完成大部分的工作。但如果仅仅停留在这个层面上，是远远不够的，还需要在掌握系统提供的基本功能后，进一步挖掘如何通过更底层的方法来操作我们的应用。本章就来介绍如何利用比较底层的方法来绘制界面，有两种方法：第一种方法是使用苹果提供的绘图框架——Quartz 2D，它是 Core Graphics 框架的一部分，主要用于 2D 界面的设计；另一种方法是使用 OpenGL ES，它是跨平台的图形库，主要用于 3D 界面设计。OpenGL ES 中的 ES 代表的是嵌入式系统，因为 OpenGL ES 是 OpenGL 的简化版，主要用在手机等嵌入式设备上。下面就让我们一起来感受一下这两种绘图方式的强大功能吧。

14.1 Quartz 2D

Quartz 2D 是一个二维图形绘制引擎，支持 iOS 环境和 Mac OS X 环境。我们可以使用 Quartz 2D API 来实现许多功能，例如基本路径、透明度、描影、阴影、透明层的绘制，颜色的管理，反锯齿、PDF 文档生成和 PDF 元数据访问。在需要的时候，Quartz 2D 还可以借助图形硬件的功能来完成绘制。

在 Mac OS X 中，Quartz 2D 可以与 Core Image、Core Video、OpenGL、QuickTime 等其他图形图像技术混合使用。例如，在 Quartz 2D 中通过使用 QuickTime 的 GraphicsImportCreateCGImage 函数，可以从一个 QuickTime 图形导入器中创建一个图像。本节我们主要研究 Quartz 2D 在 iOS 中可以做哪些神奇的事情，下面从最基本的知识讲起。

14.1.1 画布（Canvas）

Quartz 2D 在图像中使用了绘画者模型（painter's model）。在绘画者模型中，每个连续的绘制操作都是将一个绘制层（a layer of paint）放置于一个画布（Canvas）上，我们通常称这个画布为页（Page）。页上的绘图可以通过额外的绘制操作来叠加更多的绘图。页上的图形对象只能通过叠加更多的绘图来改变。这个模型允许我们使用小的图元来构建复杂的图形。

图 14-1 展示了画图顺序不同的效果。从上下两个画图的例子中可以看出，上面是先画蓝色线条，再画红色的背景，结果是蓝色的线条只有在边缘能看到，图像中间看不到。下面则是先画红色的背景，再画蓝色的线条，这样得到的图像中间和边缘都有蓝色的线条。

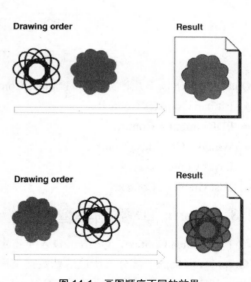

图 14-1 画图顺序不同的效果

14.1.2 绘图上下文（Graphics Context）

绘图上下文（Graphics Context）是一个数据类型（CGContextRef），用来封装 Quartz 绘制图像到输出设备的信息。输出的设备可以是 PDF 文件、bitmap 或者是显示器的窗口。Graphics Context 中的信息包括在页（Page）中的图像的图形绘制参数和设备相关的表现形式。Quartz 中所有的对象都绘制到一个 Graphics Context 中。

我们可以将 Graphics Context 想像成绘制目标，如图 14-2 所示。当用 Quartz 绘图时，所有设备相关的特性都包含在我们所使用的 Graphics Context 中。换句话说，我们只要简单地给 Quartz 绘图序列指定不同的 Graphics Context，就可将相同的图像绘制到不同的设备上。我们不需要进行任何设备相关的计算，这些都由 Quartz 完成。

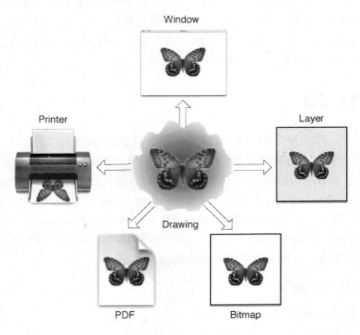

图 14-2　不同的绘制目标

Quartz 提供了以下几种类型的 Graphics Context，详细的介绍将在后续章节说明。

- Bitmap Graphics Context。
- PDF Graphics Context。
- Window Graphics Context。
- Layer Context。
- Post Graphics Context。

14.1.3 Quartz 2D 数据类型

除了 Graphics Context，Quartz 2D API 还定义了一些数据类型。由于这些数据类型本身就是 Core Graphics 框架的一部分，所以这些数据类型都以 CG 开头。

Quartz 2D 使用这些数据类型来创建对象，并通过操作这些对象来获取特定的图形。使用 Quartz 2D 的绘制操作所获得的不同数据类型的图像如图 14-3 所示。

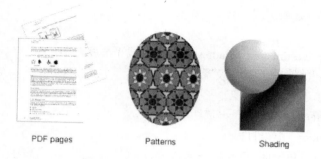

图 14-3 不同绘制数据类型的图像

Quartz 2D 包含的数据类型如下：
- CGPathRef——用于向量图，可创建路径，并进行填充或描画（stroke）。
- CGImageRef——用于表示 bitmap 图像和基于采样数据的 bitmap 图像遮罩。
- CGLayerRef——用于表示可重复绘制（如背景）和幕后（offscreen）绘制的绘画层。
- CGPatternRef——用于重绘图。
- CGShadingRef、CGGradientRef——用于绘制渐变。
- CGFunctionRef——用于定义回调函数，该函数包含一个随机的浮点值参数。当为阴影创建渐变时使用该类型。
- CGColorRef、CGColorSpaceRef——用于告诉 Quartz 如何解释颜色。
- CGImageSourceRef、CGImageDestinationRef——用于在 Quartz 中移入移出数据。
- CGFontRef——用于绘制文本。
- CGPDFDictionaryRef、CGPDFObjectRef、CGPDFPageRef、CGPDFStream、CGPDFStringRef、CGPDFArrayRef——用于访问 PDF 的元数据。
- CGPDFScannerRef、CGPDFContentStreamRef——用于解析 PDF 元数据。
- CGPSConverterRef——用于将 PostScript 转化成 PDF，在 iOS 中不能使用。

14.1.4 图形状态

Quartz 通过修改当前图形状态（current graphics state）来修改绘制操作的结果。图形状态包含用于绘制程序的参数。绘制程序根据这些绘图状态来决定如何渲染结果。例如，当调用设置填充颜色的函数时，将改变存储在当前绘图状态中的颜色值，这样就会带来一个问题，有时候我们希望在一种情况下使用一种颜色值渲染，完成之后能够恢复之前的状态，在 iOS 里有没有好的办法呢？答案是肯定的。

Graphics Context 包含一个绘图状态栈。当 Quartz 创建一个 Graphics Context 时，栈为空。当保存图形状态时，Quartz 将当前图形状态的一个副本压入栈中；当还原图形状态时，Quartz 将栈顶的图形状态出栈。出栈的状态成为当前图形状态。这样，就很容易地解决了我们刚才提出的问题。

我们可使用函数 CGContextSaveGState 来保存图形状态，CGContextRestoreGState 来还原图形状态。

> **提 示** 并不是当前绘制环境的所有方面都是图形状态的元素。例如图形状态不包含当前路径。

图形状态相关的参数如下：
- Current transformation matrix（CTM）——当前转换矩阵。

- Clipping area——裁剪区域。
- Line——线。
- Accuracy of curve estimation（flatness）——曲线平滑度。
- Anti-aliasing setting——反锯齿设置。
- Color——颜色。
- Alpha value（transparency）——透明度。
- Rendering intent——渲染目标。
- Color space——颜色空间。
- Text——文本。
- Blend mode——混合模式。

14.1.5 Quartz 2D 坐标系统

坐标系统指被绘制到 Page 上对象的位置及大小范围，如图 14-4 所示。

我们在用户空间坐标系统（user-space coordination system，简称用户空间）中指定图形的位置及大小。坐标值用浮点数来定义。

由于不同的设备有不同的图形功能，所以图像的位置及大小因设备不同而不同。例如，一个显示设备可能每英寸只能显示少于 96 个像素，而打印机可能每英寸能显示 300 个像素。如果在设备级别上定义坐标系统，则在一个设备上绘制的图形无法在其他设备上正常显示。

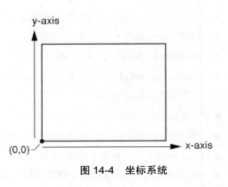

图 14-4　坐标系统

Quartz 通过使用当前转换矩阵（current transformation matrix，CTM）将一个独立的坐标系统（user space）映射到输出设备的坐标系统（device space）上，以此来解决设备依赖问题。 CTM 是一种特殊类型的矩阵（affine transform，仿射矩阵），通过平移（translation）、旋转（rotation）、缩放（scale）操作将点从一个坐标空间映射到另外一个坐标空间。

CTM 还有另外一个目的：允许开发者通过转换来决定对象如何被绘制。例如，为了绘制一个旋转了 45°的盒子，我们可以在绘制盒子之前旋转 Page 的坐标系统。Quartz 使用旋转过的坐标系统来将盒子绘制到输出设备中。

用户空间的点用坐标对（x, y）表示，（0, 0）表示坐标原点。Quartz 中默认的坐标系统是：沿着 x 轴从左到右坐标值逐渐增大；沿着 y 轴从下到上坐标值逐渐增大。

有一些技术在设置它们的 Graphics Context 时使用了不同于 Quartz 的默认坐标系统。相对于 Quartz 来说，这些坐标系统是修改的坐标系统（modified coordinate system），当在这些坐标系统中显示 Quartz 绘制的图形时，必须进行转换。最常见的一种修改的坐标系统是原点位于左上角，而沿着 y 轴从上到下坐标值逐渐增大。

如果应用程序想以相同的绘制程序在一个 UIView 对象和 PDF Graphics Context 上进行绘制，需要做一个变换以使 PDF Graphics Context 使用与 UIView 相同的坐标系。要达到这一目的，只需要对 PDF 的上下文的原点做一个平移（移到左上角）和用–1 对 y 坐标值进行缩放，如图 14-5 所示。

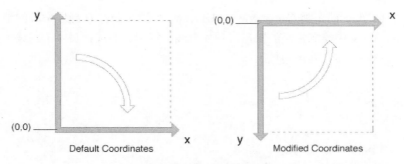

图 14-5 默认坐标系和修改后的坐标系

应用程序负责调整 Quartz 调用以确保有一个转换应用到上下文中。例如，如果想把一个图片或 PDF 正确地绘制到一个 Graphics Context 中，应用程序可能需要临时调整 Graphics Context 的 CTM。在 iOS 中，如果使用 UIImage 对象来包裹创建的 CGImage 对象，可以不需要修改 CTM。UIImage 将自动进行补偿以适应 UIKit 的坐标系统。

14.1.6 内存管理

Quartz 使用 Core Foundation 内存管理模型（引用计数）。所以，对象的创建、销毁与通常的方式是一样的。在 Quartz 中，需要记住如下一些规则：

① 如果创建或复制一个对象，我们将拥有它，因此必须由我们释放它。通常，如果使用含有"Create"或"Copy"单词的函数获取一个对象时，使用完后必须释放，否则将导致内存泄漏。

② 如果使用不含有"Create"或"Copy"单词的函数获取一个对象，因为不会拥有对象的引用，所以不需要释放它。

③ 如果我们不是拥有一个对象而打算保持它，则必须 retain 并且在不需要时 release。可以使用 Quartz 2D 的函数来指定 retain 和 release 一个对象。例如，如果创建了一个 CGColorspace 对象，则使用函数 CGColorSpaceRetain 和 CGColorSpaceRelease 来 retain 和 release 对象。同样，可以使用 Core Foundation 的 CFRetain 和 CFRelease，但是注意不能传递 NULL 值给这些函数。

14.1.7 绘制图形图像

通过前面的内容，我们对 Quartz 2D 已经有了初步的了解，下面通过实例来感受 Quartz 2D 到底能够帮我们完成哪些神奇的工作吧。

1）绘制图形

操作步骤如下：

❶ 基于导航条的模板类型创建一个工程 QuartzOpenGL。

❷ 创建 UIViewController 的类 QuartzBaseController，包含 xib 文件。打开 QuartzBaseController.xib，按照如图 14-6 所示界面的效果布局需要的控件，最上面是分段控件，用来选择绘制图形的类型，中间的按钮是绘制虚线的触发控件，最下面是 UISlider 控件，用来控制虚线的相位。

图 14-6 界面布局

3 创建一个 UIView 的子类 CanvasView。UIView 才是 Quartz 2D 施展拳脚的地方。我们要做的事情是在 CanvasView 中绘制常见的图形，例如直线、矩形、椭圆、贝塞尔曲线、虚线等。下面来具体实现 CanvasView 类，其声明代码如下：

CanvasView.h
```
#import <UIKit/UIKit.h>
@interface CanvasView : UIView
{
    int type_;//区分绘图的类型，如直线、矩形等
    float phase_;//画虚线的时候是需要有相位的
}
@property(nonatomic, assign) int type;
@property(nonatomic, assign) float phase;

//画一条直线
-(void)drawSingleLineInContext:(CGContextRef)context;
//画多条直线
-(void)drawLineInContext:(CGContextRef)context;
//画矩形
-(void)drawRectInContext:(CGContextRef)context;
//画椭圆
-(void)drawElipseInContext:(CGContextRef)context;
//贝塞尔曲线
-(void)drawBezieInContext:(CGContextRef)context;
//画虚线
-(void)drawDashLineInContext:(CGContextRef)context;
@end
```

4 有了 CanvasView 类后，在 QuartzBaseController 中对其进行控制。打开 QuartzBaseController.m 文件，在 ViewDidLoad 函数里创建 CanvaView 实例，并把它添加到 QuartzBaseController 的 view 上面，代码如下：

QuartzBaseController.m
```
- (void)viewDidLoad
{
    [super viewDidLoad];
    self.title = @"Quartz 演示";
    CGRect frame = CGRectMake(0, 100, 320, 300);
    CanvasView* canvas = [[CanvasView alloc] initWithFrame:frame];
    canvas.backgroundColor = [UIColor clearColor];
    self.canvasView = canvas;
    [canvas release];
    [segment_ setSelectedSegmentIndex:UISegmentedControlNoSegment];
    [self.view addSubview:self.canvasView];
}
```

5 把相关的控件和实现函数关联起来。我们希望通过选择分段控件的不同位置来控制绘制图形的种类。使用 Interface Builder，连接分段控件事件函数，并分别进行绘图处理，代码如下：

```
-(IBAction)selectButton:(int)sender
{
```

```objc
UISegmentedControl *mySegment=(UISegmentedControl *)sender;
switch (mySegment.selectedSegmentIndex)
{
    case 0:
    {
        canvasView_.type = 0;
        [canvasView_ setNeedsDisplay];
        break;
    }
    case 1:
    {
        canvasView_.type = 1;
        [canvasView_ setNeedsDisplay];
        break;
    }
    case 2:
    {
        canvasView_.type = 2;
        [canvasView_ setNeedsDisplay];
        break;
    }
    case 3:
    {
        canvasView_.type = 3;
        [canvasView_ setNeedsDisplay];
        break;
    }
    case 4:
    {
        canvasView_.type = 4;
        [canvasView_ setNeedsDisplay];
        break;
    }
    default:
        break;
}
```

在该段代码中，根据控制分段控件选择不同的段的位置，设置 CanvasView 的绘图类型，然后 CanvasView 通过调用 UIView 的 setNeedsDisplay 方法进行重新绘图。在 UIView 中，绘图工作是交给 Quartz 的，我们不需要手动去调用绘图，而只需调用 setNeedsDisplay 方法，UIView 会自动调用其 drawRect 方法进行绘图。

drawRect 方法的具体实现如下：

（1）绘制直线

```objc
- (void)drawRect:(CGRect)rect
{
    CGContextRef context = UIGraphicsGetCurrentContext();
    CGContextMoveToPoint(context, 10.0, 30.0);
    CGContextAddLineToPoint(context, 310.0, 30.0);
```

```
    CGContextStrokePath(context);
}
```

这段代码非常简单,drawRect 函数的参数 rect 是需要重绘的区域。通过前面的学习我们知道,要绘图首先要获得绘图的上下文,第一句代码即用来获得当前绘图的上下文。有了设备的上下文后,只要确定线段的起点和终点,调用绘图函数即可完成绘图。因为没有设置绘图的各种状态参数,例如线条的宽度、颜色等,这里使用的是系统默认的参数,画出来的是一条黑色的线段,如图 14-7 所示。如果我们设置了绘图的状态,例如线条的颜色、宽度等,能够实现更为丰富的效果,如图 14-8 所示。

图 14-7 单条直线

图 14-8 多线直线

由于我们想通过分段控件来操作绘图的图形,所以可以将具体的绘图功能封装成函数 drawRect,在该函数里根据当前的绘图方式参数来调用不同的绘图函数,具体的代码如下:

CanvasView.m
```
- (void)drawRect:(CGRect)rect
{
    switch (type_)
    {
        case 0://画线
        {
            //[self drawSingleLineInContext:UIGraphicsGetCurrentContext()];
            [self drawLineInContext:UIGraphicsGetCurrentContext()];
            break;
        }
        case 1://画矩形
        {
            [self drawRectInContext:UIGraphicsGetCurrentContext()];
            break;
        }
        case 2://画椭圆
```

```objc
        {
            [self drawElipseInContext:UIGraphicsGetCurrentContext()];
            break;
        }
        case 3://画贝塞尔曲线
        {
            [self drawBezieInContext:UIGraphicsGetCurrentContext()];
            break;
        }
        default:
            break;
    }
}
```

改变线条的宽度和颜色代码如下：

```objc
-(void)drawLineInContext:(CGContextRef)context
{
    // 设置线条颜色为白色
    CGContextSetRGBStrokeColor(context, 1.0, 1.0, 1.0, 1.0);
    //设置线条宽度为8
    CGContextSetLineWidth(context, 8.0);
    // 从左到右画一条直线
    CGContextMoveToPoint(context, 10.0, 30.0);
    CGContextAddLineToPoint(context, 310.0, 30.0);
    CGContextStrokePath(context);
    // 画线条序列，并且首尾连接
    CGPoint addLines[] =
    {
        CGPointMake(10.0, 90.0),
        CGPointMake(70.0, 60.0),
        CGPointMake(130.0, 90.0),
        CGPointMake(190.0, 60.0),
        CGPointMake(250.0, 90.0),
        CGPointMake(310.0, 60.0),
    };
    CGContextAddLines(context, addLines, sizeof(addLines)/sizeof(addLines[0]));
    CGContextStrokePath(context);
    // 画线条序列，不连接
    CGPoint strokeSegments[] =
    {
        CGPointMake(10.0, 150.0),
        CGPointMake(70.0, 120.0),
        CGPointMake(130.0, 150.0),
        CGPointMake(190.0, 120.0),
        CGPointMake(250.0, 150.0),
        CGPointMake(310.0, 120.0),
    };
    CGContextStrokeLineSegments(context, strokeSegments, sizeof(strokeSegments)/sizeof(strokeSegments[0]));
}
```

其中，需要重点掌握的知识点如下：

① 语句"CGContextSetRGBStrokeColor(context, 1.0, 1.0, 1.0, 1.0);"用来设置线条颜色为白色。
② 语句"CGContextSetLineWidth(context, 8.0);"用来设置线条宽度为 8。
③ 语句"CGContextAddLines(context, addLines, sizeof(addLines)/sizeof(addLines[0]));"用来设置线条序列。
④ 语句"CGContextStrokePath(context);"用来绘画绘条序列。
⑤ 语句"CGContextStrokeLineSegments(context, strokeSegments, sizeof(strokeSegments)/sizeof(strokeSegments[0]));"用来直接绘画线条序列。

（2）绘制矩形

矩形是封闭图形，有两种绘画方式：一种是绘画边框，另一种是填充。代码如下：

```
-(void)drawRectInContext:(CGContextRef)context
{
    //设置线条颜色
    CGContextSetRGBStrokeColor(context, 1.0, 1.0, 1.0, 1.0);
    //设置填充颜色
    CGContextSetRGBFillColor(context, 0.0, 0.0, 1.0, 1.0);
    //设置线条宽度
    CGContextSetLineWidth(context, 2.0);

    //添加一个矩形区域到当前路径并一次性绘制
    CGContextAddRect(context, CGRectMake(30.0, 30.0, 60.0, 60.0));
    CGContextStrokePath(context);

    //直接在指定矩形区域一次性绘制
    CGContextStrokeRect(context, CGRectMake(30.0, 120.0, 60.0, 60.0));

    //直接在指定矩形区域一次性绘制，并指定宽度
    CGContextStrokeRectWithWidth(context, CGRectMake(30.0, 210.0, 60.0, 60.0), 10.0);
    // Demonstate the stroke is on both sides of the path.

    //临时改变绘图状态
    CGContextSaveGState(context);
    CGContextSetRGBStrokeColor(context, 1.0, 0.0, 0.0, 1.0);
    CGContextStrokeRectWithWidth(context, CGRectMake(30.0, 210.0, 60.0, 60.0), 2.0);
    CGContextRestoreGState(context);

    CGRect rects[] =
    {
        CGRectMake(120.0, 30.0, 60.0, 60.0),
        CGRectMake(120.0, 120.0, 60.0, 60.0),
        CGRectMake(120.0, 210.0, 60.0, 60.0),
    };
    CGContextAddRects(context, rects, sizeof(rects)/sizeof(rects[0]));
    CGContextStrokePath(context);
    //通过两种方式创建填充矩形
    CGContextAddRect(context, CGRectMake(210.0, 30.0, 60.0, 60.0)); //添加路径
    CGContextFillPath(context); //填充路径
    //直接调用方法填充矩形.
    CGContextFillRect(context, CGRectMake(210.0, 120.0, 60.0, 60.0));
}
```

在这段代码里,需要重点关注图形状态。刚才我们临时改变了图形状态,在绘制完之后,又还原到之前的图形状态。把最后填充的两个矩形的代码修改一下,改变图形状态,代码如下:

```
CGContextSaveGState(context); //临时改变绘图状态
CGContextSetRGBFillColor(context, 1.0, 1.0, 1.0, 1.0); //设置填充颜色
CGContextStrokeRectWithWidth(context, CGRectMake(30.0, 210.0, 60.0, 60.0), 2.0);
CGContextAddRect(context, CGRectMake(210.0, 30.0, 60.0, 60.0));
CGContextFillPath(context);
CGContextRestoreGState(context);
CGContextFillRect(context, CGRectMake(210.0, 120.0, 60.0, 60.0)); //直接调用方法填充矩形
```

两种状态的运行效果分别如图 14-9 和图 14-10 所示。

图 14-9　矩形绘图效果

图 14-10　临时改变图形状态

我们看到,第一个填充矩形的填充颜色变成白色,当我们将图形状态还原之后,第二个填充矩形的填充颜色又恢复到之前的蓝色。

(3) 绘制椭圆

绘制椭圆的方法很简单,只要调用绘画椭圆边框和填充椭圆的函数即可,代码如下:

```
-(void)drawElipseInContext:(CGContextRef)context
{
    //设置线条颜色
    CGContextSetRGBStrokeColor(context, 1.0, 1.0, 1.0, 1.0);
    //设置填充颜色
    CGContextSetRGBFillColor(context, 0.0, 0.0, 1.0, 1.0);
    //设置线条宽度
    CGContextSetLineWidth(context, 2.0);

    // 增加一个正圆椭圆到当前路径并绘画
    CGContextAddEllipseInRect(context, CGRectMake(10.0, 30.0, 60.0, 60.0));
    CGContextStrokePath(context);
```

```
    //简易画法
    CGContextStrokeEllipseInRect(context, CGRectMake(10.0, 120.0, 100.0, 60.0));

    //简易填充椭圆
    CGContextFillEllipseInRect(context, CGRectMake(10.0, 210.0, 100.0, 60.0));
}
```

绘图效果如图 14-11 所示。

（4）绘制弧线

在绘制弧线之前，先来了解弧度坐标系，如图 14-12 所示。

图 14-11 椭圆绘图效果

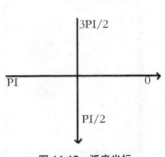

图 14-12 弧度坐标

向绘图上下文中添加弧线路径函数如下：

```
void CGContextAddArc(CGContextRef c, CGFloat x, CGFloat y,
    CGFloat radius, CGFloat startAngle, CGFloat endAngle, int clockwise)
```

其中，需要重点关注如下 3 个参数：

- startAngle——弧线的起始角度，使用弧度制，可以在上面的坐标系中标出。
- endAngle——弧线的结束角度，使用弧度制。
- clockwise——绘图的顺序，官方文档介绍是 1 为顺时针，0 为逆时针。

★ 提示 经过多次研究，发现官方的参考标准应当是存在左手系和右手系坐标系问题的。如果以图 14-12 的坐标系为标准，顺时针即为从 0 到 PI/2 这样的顺序，那么实际运用时应当和官方文档相反，即 0 为顺时针，1 为逆时针顺序。

绘制弧线代码如下：

```
-(void)drawElipseInContext:(CGContextRef)context
{
    //设置线条颜色
    CGContextSetRGBStrokeColor(context, 1.0, 1.0, 1.0, 1.0);
    //设置填充颜色
```

```
CGContextSetRGBFillColor(context, 0.0, 0.0, 1.0, 1.0);
//设置线条宽度
CGContextSetLineWidth(context, 2.0);

// 增加一个正圆椭圆到当前路径并绘画
CGContextAddEllipseInRect(context, CGRectMake(10.0, 30.0, 60.0, 60.0));
CGContextStrokePath(context);

//简易画法
CGContextStrokeEllipseInRect(context, CGRectMake(10.0, 120.0, 100.0, 60.0));

//简易填充椭圆
CGContextFillEllipseInRect(context, CGRectMake(10.0, 210.0, 100.0, 60.0));

//绘画两个分离的弧形
CGContextAddArc(context, 150.0, 60.0, 30.0, 0.0, M_PI/2.0, false);
CGContextStrokePath(context);
CGContextAddArc(context, 150.0, 60.0, 30.0, 3.0*M_PI/2.0, M_PI, true);
CGContextStrokePath(context);

//绘画两个连接起来的弧形，并且方向相反
CGContextAddArc(context, 150.0, 150.0, 30.0, 0.0, M_PI/2.0, false);
CGContextAddArc(context, 150.0, 150.0, 30.0, 3.0*M_PI/2.0, M_PI, true);
CGContextStrokePath(context);

// 绘画两个连接起来的弧形，并且方向相同
CGContextAddArc(context, 150.0, 240.0, 30.0, 0.0, M_PI/2.0, false);
CGContextAddArc(context, 150.0, 240.0, 30.0, M_PI, 3.0*M_PI/2.0, false);
}
```

运行的效果如图 14-13 所示。

在设备的曲线绘图中，有一种曲线非常重要，即贝塞尔曲线，如图 14-14 所示。

图 14-13　绘制椭圆与弧线

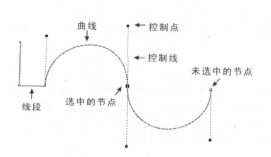

图 14-14　贝塞尔曲线

贝塞尔曲线（Bézier curve），又称贝兹曲线或贝济埃曲线，是应用于二维图形应用程序的数学曲线。一般的矢量图形软件通过它来精确画出曲线，贝兹曲线由线段与节点组成，节点是可拖动的支点，线段像可伸缩的皮筋，我们在绘图工具上看到的钢笔工具就是来做这种矢量曲线的。当然在一些比较成熟的位图软件中也有贝塞尔曲线工具，如 PhotoShop 等。那么，在 iOS 中如何绘制贝塞尔曲线呢？代码如下：

```
-(void)drawBezieInContext:(CGContextRef)context
{
    // Drawing with a white stroke color
    CGContextSetRGBStrokeColor(context, 1.0, 1.0, 1.0, 1.0);
    // Draw them with a 2.0 stroke width so they are a bit more visible.
    CGContextSetLineWidth(context, 2.0);

    // Draw a bezier curve with end points s,e and control points cp1,cp2
    CGPoint s = CGPointMake(30.0, 120.0);
    CGPoint e = CGPointMake(300.0, 120.0);
    CGPoint cp1 = CGPointMake(120.0, 30.0);
    CGPoint cp2 = CGPointMake(210.0, 210.0);
    CGContextMoveToPoint(context, s.x, s.y);
    CGContextAddCurveToPoint(context, cp1.x, cp1.y, cp2.x, cp2.y, e.x, e.y);
    CGContextStrokePath(context);

    // Show the control points.
    CGContextSetRGBStrokeColor(context, 1.0, 0.0, 0.0, 1.0);
    CGContextMoveToPoint(context, s.x, s.y);
    CGContextAddLineToPoint(context, cp1.x, cp1.y);
    CGContextMoveToPoint(context, e.x, e.y);
    CGContextAddLineToPoint(context, cp2.x, cp2.y);
    CGContextStrokePath(context);
}
```

运行效果如图 14-15 所示。

如果只有一个控制点，那么就变成了二次曲线，在上面的代码中添加如下代码：

```
// Draw a quad curve with end points s,e and control point cp1
CGContextSetRGBStrokeColor(context, 1.0, 1.0, 1.0, 1.0);
s = CGPointMake(30.0, 300.0);
e = CGPointMake(270.0, 300.0);
cp1 = CGPointMake(150.0, 180.0);
CGContextMoveToPoint(context, s.x, s.y);
CGContextAddQuadCurveToPoint(context, cp1.x, cp1.y, e.x, e.y);
CGContextStrokePath(context);

// Show the control point.
CGContextSetRGBStrokeColor(context, 1.0, 0.0, 0.0, 1.0);
CGContextMoveToPoint(context, s.x, s.y);
CGContextAddLineToPoint(context, cp1.x, cp1.y);
CGContextStrokePath(context);
```

运行效果如图 14-16 所示。

图 14-15 贝塞尔曲线

图 14-16 二次曲线

我们已经知道如何画线条了，不过前面绘画的线条都是实线。除了实线，有时候我们还需要绘制不连续的虚线，如何来绘制这种虚线呢？Quartz 2D 也为我们提供了方法，即在绘制图形之前，设置图形的边框为虚线，调用如下函数：

CGContextSetLineDash (CGContextRef c, CGFloat phase,const CGFloat lengths[], size_t count);

其中，需重点掌握后面 3 个参数：
- phase——虚线的起始相位，可以通过调节这个值动态观看效果。
- lengths——虚线中不连续线段各个线段的长度数组。
- count——lengths 的数量。

先来看简单的用法：

```
-(void)drawDashLineInContext:(CGContextRef)context
{
    CGContextSetRGBStrokeColor(context, 1.0, 1.0, 1.0, 1.0);
    CGFloat pattern[3] = {10.0, 10.0, 10.0};
    CGContextSetLineDash(context,phase_, pattern, 3);

    CGContextMoveToPoint(context, 10.0, 20.0);
    CGContextAddLineToPoint(context, 310.0, 20.0);
    CGContextMoveToPoint(context, 160.0, 30.0);
    CGContextAddLineToPoint(context, 160.0, 130.0);
    CGContextAddRect(context, CGRectMake(10.0, 30.0, 100.0, 100.0));
    CGContextAddEllipseInRect(context, CGRectMake(210.0, 30.0, 100.0, 100.0));
    // And width 2.0 so they are a bit more visible
    CGContextSetLineWidth(context, 4.0);
    CGContextStrokePath(context);
}
```

运行效果如图 14-17 所示。

如果把代码"CGFloat pattern[3] = {10.0, 10.0, 10.0};"改为"CGFloat pattern[3] = {10.0, 10.0, 30.0};",运行效果如图 14-18 所示。

图 14-17 虚线

图 14-18 虚线中的线段不一样长

2) 渲染图形

前面已经对如何绘制 Quartz 2D 图形进行了总体介绍，接下来讨论如何对这些图形进行渲染。比较常用的有增加阴影和渐变，对图形图像做区域剪切等。

（1）增加阴影

增加阴影是为了让图形或图像看起来更有立体感，如果是文字，可以让其有雕刻的效果。代码如下：

```
- (void)drawRect:(CGRect)rect
{
    CGSize            myShadowOffset = CGSizeMake (-15,   20);// 2
    float             myColorValues[] = {1.0, 1.0, 1.0, .6};// 3 (White shadow colour)
    CGColorRef        myColor;// 4
    CGColorSpaceRef myColorSpace;// 5
    CGContextRef myContext = UIGraphicsGetCurrentContext();
    float wd = 200;
    float ht = 200;
    CGContextSaveGState(myContext);// 6
    CGContextSetShadow (myContext, myShadowOffset, 5); // 7
    CGContextSetRGBFillColor (myContext, 0, 1, 0, 1);
    CGContextFillRect (myContext, CGRectMake (30, 30 , wd/2, ht/2));
    myColorSpace = CGColorSpaceCreateDeviceRGB ();// 9
    myColor = CGColorCreate (myColorSpace, myColorValues);// 10
    CGContextSetShadowWithColor (myContext, myShadowOffset, 5, myColor);// 11
    CGContextSetRGBFillColor (myContext, 0, 0, 1, 1);
    CGContextFillRect (myContext, CGRectMake (180,30,wd/2,ht/2));
    CGColorRelease (myColor);// 13
```

```
CGColorSpaceRelease (myColorSpace); // 14
CGContextRestoreGState(myContext);// 15
}
```

运行效果如图 14-19 所示。

上面是对矩形添加阴影，文字同样可以添加阴影，我们来看一下实现的方法，在上面的函数最后添加如下代码：

```
CGContextSaveGState(myContext);
CGContextSetRGBFillColor (myContext, 0, 0, 0, 1);
UIColor* shadowColor = [UIColor whiteColor];
CGContextSetShadowWithColor(myContext, CGSizeMake(-2, 3), 1, shadowColor.CGColor);
NSString* shadowStr = @"文字的阴影 Shadow!";
[shadowStr drawInRect:CGRectMake(20, 200, 280, 30) withFont:[UIFont systemFontOfSize:18]];
CGContextRestoreGState(myContext);
```

运行效果如图 14-20 所示。

图 14-19　矩形加阴影

图 14-20　文字加阴影

（2）增加渐变效果

渐变分为线性渐变和辐射渐变两种，调用不同的渐变函数可以实现不同的渐变效果。代码如下：

```
- (void)drawRect:(CGRect)rect
{
    CGContextRef context = UIGraphicsGetCurrentContext();
    CGRect clip = CGRectInset(CGContextGetClipBoundingBox(context), 20.0, 20.0);
    CGColorSpaceRef rgb = CGColorSpaceCreateDeviceRGB();
    CGFloat colors[] =
    {
        204.0 / 255.0, 224.0 / 255.0, 244.0 / 255.0, 1.00,
        29.0 / 255.0, 156.0 / 255.0, 215.0 / 255.0, 1.00,
        0.0 / 255.0,   50.0 / 255.0, 126.0 / 255.0, 1.00,
```

```
};
    CGContextSaveGState(context);
    CGPoint start = CGPointMake(10, 10);
    CGPoint end = CGPointMake(300, 300);
    CGGradientRef gradient = CGGradientCreateWithColorComponents(rgb, colors, NULL, sizeof(colors)/(sizeof(colors[0])*4));
    CGColorSpaceRelease(rgb);
  if(type_ == 0)//线性渐变
  {
        CGContextClipToRect(context, clip);
        CGContextDrawLinearGradient(context, gradient, start, end, kCGGradientDrawsBeforeStartLocation);

  }
    else if(type_ == 1)//辐射渐变
    {
        CGPoint startPt = CGPointMake(155, 155);
        CGPoint endPt = startPt;
        CGFloat startRadius = 70;
        CGFloat endRadius = 145;
        CGContextDrawRadialGradient(context, gradient, startPt, startRadius, endPt, endRadius, kCGGradientDrawsBeforeStartLocation);
    }
    CGContextRestoreGState(context);
}
```

运行效果分别如图 14-21 和图 14-22 所示。

图 14-21　线性渐变效果　　　　　图 14-22　辐射渐变效果

（3）翻转画布

前面曾介绍过，绘制图片和 PDF 时，需要注意坐标系的问题，即坐标系需要转换，否则画出来的图片和 PDF 是上下颠倒的。

下面我们先用代码画一张最简单的图片。原始图片如图 14-23 所示。

图 14-23　原始图片

绘图的代码如下：

```
- (void)drawRect:(CGRect)rect
{
    CGContextRef context = UIGraphicsGetCurrentContext();
    CGRect imageRect;
    imageRect.origin = CGPointMake(50.0, 10.0);
    imageRect.size = CGSizeMake(200, 200);
    CGContextDrawImage(context, imageRect, image);
}
```

绘画的效果如图14-24所示，而希望得到的效果如图14-25所示。

图 14-24　直接绘画效果　　　　图 14-25　进行画布翻转效果

翻转的代码如下：

```
- (void)drawRect:(CGRect)rect
{
    CGContextRef context = UIGraphicsGetCurrentContext();
    CGRect imageRect;
    imageRect.origin = CGPointMake(50.0,10.0);
    imageRect.size = CGSizeMake(200, 200);

    //翻转画布
    CGContextSaveGState(context);
    CGContextTranslateCTM(context, 0, self.bounds.size.height);    //画布的高度
```

```
    CGContextScaleCTM(context, 1.0, -1.0);
    CGContextDrawImage(context, imageRect, image);
    CGContextRestoreGState(context);
}
```

使用 Quartz 加载 PDF 文件时,坐标系的方向也是上下颠倒的,也需要进行调整。比如使用如下代码加载一个 PDF 文件,效果如图 14-26 所示。

```
- (void)drawRect:(CGRect)rect
{
    CGContextRef context = UIGraphicsGetCurrentContext();
    CGPDFPageRef page = CGPDFDocumentGetPage(pdf, 1);
    CGContextSaveGState(context);
    CGAffineTransform pdfTransform = CGPDFPageGetDrawingTransform(page, kCGPDFCropBox, self.bounds, 0, true);
    CGContextConcatCTM(context, pdfTransform);
    CGContextDrawPDFPage(context, page);
    CGContextRestoreGState(context);
}
```

如果将画布进行翻转,效果如图 14-27 所示,代码如下:

```
- (void)drawRect:(CGRect)rect
{
    CGContextRef context = UIGraphicsGetCurrentContext();
    CGContextTranslateCTM(context, 0.0, self.bounds.size.height); //画布翻转
    CGContextScaleCTM(context, 1.0, -1.0);
    CGPDFPageRef page = CGPDFDocumentGetPage(pdf, 1);
    CGContextSaveGState(context);
    CGAffineTransform pdfTransform = CGPDFPageGetDrawingTransform(page, kCGPDFCropBox, self.bounds, 0, true);
    CGContextConcatCTM(context, pdfTransform);
    CGContextDrawPDFPage(context, page);
    CGContextRestoreGState(context);
}
```

图 14-26　PDF 文件没有翻转画布的效果　　　图 14-27　PDF 文件翻转画布的效果

（4）剪切矩形

有时希望绘制的图像只有一部分显示出来，这时可以使用剪切矩形功能。经过剪切的图像，只有剪切矩形里面的内容才可以显示出来。对于图 14-28 中的图形，如果在绘制前设置了剪切矩形，那么运行后的效果将如图 14-29 所示。

图 14-28　普通绘制图片

图 14-29　带有剪切矩形的绘制图片

实现代码如下：

```
- (void)drawRect:(CGRect)rect
{
    CGContextRef context = UIGraphicsGetCurrentContext();
    CGRect imageRect;
    imageRect.origin = CGPointMake(50.0,10.0);
    imageRect.size = CGSizeMake(200, 200);
    //设置剪切矩形
    CGRect clipRect = CGRectMake(90, 90, 100, 100);
    CGContextClipToRect(context, clipRect);
    //翻转画布
    CGContextSaveGState(context);
    CGContextTranslateCTM(context, 0, self.bounds.size.height);   //画布的高度
    CGContextScaleCTM(context, 1.0, -1.0);
    CGContextDrawImage(context, imageRect, image);
    CGContextRestoreGState(context);
}
```

14.1.8　绘制 OpenFlow 效果的倒影

iPhone 推出时，CoverFlow 效果给我们留下了深刻的印象，本小节我们利用所学的 Quartz 2D 知识，实现 CoverFlow 效果中的倒影效果。实现的方法 Alex Fajkowski 已经写好了，可以直接拿来使用，代码如下：

AFUIImageReflection.h
```objc
#import <UIKit/UIKit.h>
@interface UIImage (AFUIImageReflection)
- (UIImage *)addImageReflection:(CGFloat)reflectionFraction;
@end
```

AFUIImageReflection.m
```objc
#import "AFUIImageReflection.h"
@implementation UIImage (AFUIImageReflection)
- (UIImage *)addImageReflection:(CGFloat)reflectionFraction
{
    int reflectionHeight = self.size.height * reflectionFraction;

    // create a 2 bit CGImage containing a gradient that will be used for masking the
    // main view content to create the 'fade' of the reflection.   The CGImageCreateWithMask
    // function will stretch the bitmap image as required, so we can create a 1 pixel wide gradient
    CGImageRef gradientMaskImage = NULL;

    // gradient is always black-white and the mask must be in the gray colorspace
    CGColorSpaceRef colorSpace = CGColorSpaceCreateDeviceGray();

    // create the bitmap context
    CGContextRef gradientBitmapContext = CGBitmapContextCreate(nil, 1, reflectionHeight,
                                            8, 0, colorSpace, kCGImageAlphaNone);

    // define the start and end grayscale values (with the alpha, even though
    // our bitmap context doesn't support alpha the gradient requires it)
    CGFloat colors[] = {0.0, 1.0, 1.0, 1.0};

    // create the CGGradient and then release the gray color space
    CGGradientRef grayScaleGradient = CGGradientCreateWithColorComponents(colorSpace, colors, NULL, 2);
    CGColorSpaceRelease(colorSpace);

    // create the start and end points for the gradient vector (straight down)
    CGPoint gradientStartPoint = CGPointMake(0, reflectionHeight);
    CGPoint gradientEndPoint = CGPointZero;

    // draw the gradient into the gray bitmap context
    CGContextDrawLinearGradient(gradientBitmapContext, grayScaleGradient, gradientStartPoint,
                                gradientEndPoint, kCGGradientDrawsAfterEndLocation);
    CGGradientRelease(grayScaleGradient);

    // add a black fill with 50% opacity
    CGContextSetGrayFillColor(gradientBitmapContext, 0.0, 0.5);
    CGContextFillRect(gradientBitmapContext, CGRectMake(0, 0, 1, reflectionHeight));

    // convert the context into a CGImageRef and release the context
    gradientMaskImage = CGBitmapContextCreateImage(gradientBitmapContext);
    CGContextRelease(gradientBitmapContext);

    // create an image by masking the bitmap of the mainView content with the gradient view
    // then release the   pre-masked content bitmap and the gradient bitmap
```

```
CGImageRef reflectionImage = CGImageCreateWithMask(self.CGImage, gradientMaskImage);
CGImageRelease(gradientMaskImage);

CGSize size = CGSizeMake(self.size.width, self.size.height + reflectionHeight);

UIGraphicsBeginImageContext(size);

[self drawAtPoint:CGPointZero];
CGContextRef context = UIGraphicsGetCurrentContext();
CGContextDrawImage(context, CGRectMake(0, self.size.height, self.size.width, reflectionHeight), reflectionImage);

UIImage* result = UIGraphicsGetImageFromCurrentImageContext();
UIGraphicsEndImageContext();
CGImageRelease(reflectionImage);

    return result;
}

@end
```

需要时，可以直接调用这个 UIImage 类的方法，它会创建一幅含有倒影效果图片。运行效果对比如图 14-30 和图 14-31 所示。

图 14-30　没有倒影效果的图片

图 14-31　含有倒影效果的图片

14.2　3D 绘图 OpenGL ES

OpenGL（Open Graphics Library）是一个功能强大的开放性图形程序接口，通过该接口能够方便地调用底层图形库。OpenGL ES 是 OpenGL 的简化版，主要用在手机等嵌入式设备上，其中的"ES"代表的就是嵌入式系统。本节我们先来初步了解 OpenGL，然后学习如何使用 OpenGL ES 在 iPhone 中进行绘图。

14.2.1 OpenGL 与 OpenGL ES 简介

OpenGL 是行业领域中最为广泛接纳的 2D/3D 图形 API，其自诞生至今已催生了各种计算机平台及设备上的数千优秀应用程序。OpenGL 独立于视窗操作系统或其他操作系统，也是网络透明的。在包含 CAD、内容创作、能源、娱乐、游戏开发、制造业、制药业及虚拟现实等行业领域中，OpenGL 帮助开发者实现在 PC、工作站、超级计算机等硬件设备上的高性能、极具冲击力的高视觉表现力图形处理软件的开发。OpenGL 的前身是 SGI 公司为其图形工作站开发的 IRIS GL。IRIS GL 是一个工业标准的 3D 图形软件接口，功能虽然强大但是移植性不好，于是 SGI 公司便在 IRIS GL 的基础上开发了 OpenGL。OpenGL 的英文全称是 "Open Graphics Library"，顾名思义，OpenGL 便是 "开放的图形程序接口"。虽然 DirectX 在家用市场全面领先，但在专业高端绘图领域，OpenGL 是不能被取代的主角。

OpenGL 是个与硬件无关的软件接口，可以在不同的平台如 Windows 95、Windows NT、UNIX、Linux、MacOS、OS/2 之间进行移植。因此，支持 OpenGL 的软件具有很好的移植性，可以获得非常广泛的应用。由于 OpenGL 是图形的底层图形库，没有提供几何实体图元，不能直接用以描述场景。但是，通过一些转换程序，可以很方便地将 AutoCAD、3DS/3DSMAX 等 3D 图形设计软件制作的 DXF 和 3DS 模型文件转换成 OpenGL 的顶点数组。

OpenGL ES（OpenGL for Embedded Systems）是 OpenGL 三维图形 API 的子集，针对手机、PDA 和游戏主机等嵌入式设备而设计。该 API 由 Khronos 集团定义推广，Khronos 是一个图形软硬件行业协会，该协会主要关注图形和多媒体方面的开放标准。

OpenGL ES 是从 OpenGL 裁剪定制而来的，去除了 glBegin/glEnd，四边形（GL_QUADS）、多边形（GL_POLYGONS）等复杂图元等许多非绝对必要的特性。经过多年发展，现在主要有两个版本：

- OpenGL ES 1.x ——针对固定管线硬件。
- OpenGL ES 2.x ——针对可编程管线硬件。

OpenGL ES 1.0 是以 OpenGL 1.3 规范为基础的，OpenGL ES 1.1 是以 OpenGL 1.5 规范为基础的，它们分别又支持 common 和 common lite 两种 profile。lite profile 只支持定点实数，而 common profile 既支持定点数又支持浮点数。OpenGL ES 2.0 则是参照 OpenGL 2.0 规范定义的，common profile 发布于 2005 年 8 月，引入了对可编程管线的支持。

14.2.2 OpenGL ES 在 iPhone 绘图中的应用

在 iPhone 开发中，OpenGL ES 的应用还是比较多的，一般大型的 3D 游戏引擎都会用到。但由于其功能强大，本身就可以写一本书，本节仅是抛砖引玉，通过完成一个简单的 3D 立体绘图，帮助大家建立对 OpenGL ES 的初步认识。如果读者想深入学习，可以参考专门的资料。

用于 iPhone 的 OpenGL ES 建立在 Xcode 下，苹果公司推出的 SDK 版本中包含这个模板。本部分要做的就是帮助读者建立这个模板，并能够在真正需要的地方方便快捷地添加有用的代码。具体过程如下：

1 使用 Quartz 2D 的工程，重新创建一个 ViewController 的子类 OpenGLBaseController，并包含 xib 文件。

2 创建一个 UIView 的子类 GLView，可以没有 xib 文件。GLView 是含有 EAGLContext 的 OpenGL ES 数据类型的类，后面要实现的绘图和纹理渲染都是在这个视图上面操作的。

GLView 的定义如下:

```objc
#import <UIKit/UIKit.h>
#import <OpenGLES/EAGL.h>
#import <OpenGLES/ES1/gl.h>
#import <OpenGLES/ES1/glext.h>
#import "OpenGLCommon.h"
@class OpenGLBaseController;
@interface GLView : UIView
{
@private
    // The pixel dimensions of the backbuffer
    GLint backingWidth;
    GLint backingHeight;

    EAGLContext *context;
    GLuint viewRenderbuffer, viewFramebuffer;
    GLuint depthRenderbuffer;
    BOOL controllerSetup;
    OpenGLBaseController* controller_;
}
@property(nonatomic, assign) OpenGLBaseController* controller;
-(void)drawView;

@end
```

GLView 的初始化代码如下:

```objc
#import <QuartzCore/QuartzCore.h>
#import <OpenGLES/EAGLDrawable.h>
#import "GLView.h"
#import "OpenGLBaseController.h"


#define PI 3.141592653

@interface GLView (private)

- (id)initGLES;
- (BOOL)createFramebuffer;
- (void)destroyFramebuffer;

@end

@implementation GLView
+ (Class) layerClass
{
    return [CAEAGLLayer class];
}
-(id)initWithFrame:(CGRect)frame
{
    self = [super initWithFrame:frame];
```

```objc
    if(self != nil)
    {
        self = [self initGLES];
        //self.backgroundColor = [UIColor clearColor];
    }
    return self;
}

- (id)initWithCoder:(NSCoder*)coder
{
    if((self = [super initWithCoder:coder]))
    {
        self = [self initGLES];
    }
    return self;
}

-(id)initGLES
{
    CAEAGLLayer *eaglLayer = (CAEAGLLayer*) self.layer;

    // Configure it so that it is opaque, does not retain the contents of the backbuffer when displayed, and uses RGBA8888 color.
    eaglLayer.opaque = FALSE;
    eaglLayer.drawableProperties = [NSDictionary dictionaryWithObjectsAndKeys:
                                    [NSNumber numberWithBool:FALSE], kEAGLDrawablePropertyRetainedBacking,
                                    kEAGLColorFormatRGBA8, kEAGLDrawablePropertyColorFormat,nil];

    // Create our EAGLContext, and if successful make it current and create our framebuffer.
    context = [[EAGLContext alloc] initWithAPI:kEAGLRenderingAPIOpenGLES1];
    if(!context || ![EAGLContext setCurrentContext:context] || ![self createFramebuffer])
    {
        [self release];
        return nil;
    }

    return self;
}

-(OpenGLBaseController *)controller
{
    return controller_;
}

-(void)setController:(OpenGLBaseController *)d
{
    controller_ = d;
    controllerSetup = ![controller_ respondsToSelector:@selector(setupView:)];
}
```

```objc
-(void)layoutSubviews
{
    [EAGLContext setCurrentContext:context];
    [self destroyFramebuffer];
    [self createFramebuffer];
    [self drawView];
}

- (BOOL)createFramebuffer
{
    // Generate IDs for a framebuffer object and a color renderbuffer
    glGenFramebuffersOES(1, &viewFramebuffer);
    glGenRenderbuffersOES(1, &viewRenderbuffer);

    glBindFramebufferOES(GL_FRAMEBUFFER_OES, viewFramebuffer);
    glBindRenderbufferOES(GL_RENDERBUFFER_OES, viewRenderbuffer);
    // This call associates the storage for the current render buffer with the EAGLDrawable (our CAEAGLLayer)
    // allowing us to draw into a buffer that will later be rendered to screen whereever the layer is (which corresponds with our view).
    [context renderbufferStorage:GL_RENDERBUFFER_OES fromDrawable:(id<EAGLDrawable>)self.layer];
    glFramebufferRenderbufferOES(GL_FRAMEBUFFER_OES, GL_COLOR_ATTACHMENT0_OES, GL_RENDERBUFFER_OES, viewRenderbuffer);

    glGetRenderbufferParameterivOES(GL_RENDERBUFFER_OES, GL_RENDERBUFFER_WIDTH_OES, &backingWidth);
    glGetRenderbufferParameterivOES(GL_RENDERBUFFER_OES, GL_RENDERBUFFER_HEIGHT_OES, &backingHeight);

    // For this sample, we also need a depth buffer, so we'll create and attach one via another renderbuffer.
    glGenRenderbuffersOES(1, &depthRenderbuffer);
    glBindRenderbufferOES(GL_RENDERBUFFER_OES, depthRenderbuffer);
    glRenderbufferStorageOES(GL_RENDERBUFFER_OES, GL_DEPTH_COMPONENT16_OES, backingWidth, backingHeight);
    glFramebufferRenderbufferOES(GL_FRAMEBUFFER_OES, GL_DEPTH_ATTACHMENT_OES, GL_RENDERBUFFER_OES, depthRenderbuffer);
    if(glCheckFramebufferStatusOES(GL_FRAMEBUFFER_OES) != GL_FRAMEBUFFER_COMPLETE_OES)
    {
        NSLog(@"failed to make complete framebuffer object %x", glCheckFramebufferStatusOES(GL_FRAMEBUFFER_OES));
        return NO;
    }

    return YES;
}

// Clean up any buffers we have allocated.
- (void)destroyFramebuffer
{
    glDeleteFramebuffersOES(1, &viewFramebuffer);
    viewFramebuffer = 0;
```

```objc
        glDeleteRenderbuffersOES(1, &viewRenderbuffer);
        viewRenderbuffer = 0;
        if(depthRenderbuffer)
        {
                glDeleteRenderbuffersOES(1, &depthRenderbuffer);
                depthRenderbuffer = 0;
        }
}
- (void)dealloc
{
        if([EAGLContext currentContext] == context)
        {
                [EAGLContext setCurrentContext:nil];
        }
        [context release];
        context = nil;
        [super dealloc];
}
```

具体的绘图代码如下:

```objc
- (void)drawView
{
        [EAGLContext setCurrentContext:context];
        if(!controllerSetup)
        {
                [controller_ setupView:self];
                controllerSetup = YES;
        }
        glBindFramebufferOES(GL_FRAMEBUFFER_OES, viewFramebuffer);
        [controller_ drawView:self];
        glBindRenderbufferOES(GL_RENDERBUFFER_OES, viewRenderbuffer);
        [context presentRenderbuffer:GL_RENDERBUFFER_OES];
        GLenum err = glGetError();
        if(err)
                NSLog(@"%x error", err);
}
```

我们知道，OpenGLBaseController 的 view 就是 GLView 的实例，而且在创建绘图缓冲区的时候，调用的是 GLView 的实例方法 createFramebuffer，创建的也是 GLView 实例的缓冲区。因此，相关的状态设置好之后，我们调用绘图的相关函数，无论在哪个地方调用，都是在 GLView 的实例上，也就是 OpenGLBaseController 的 view 视图上进行绘制，因为它们本身是一个对象。

3 在 OpenGL 内部启用深度缓冲。要做到这一点，需要创建一个新的函数 setupView，这个函数将在视窗工作的时候被启用。

添加到 setupView 函数的代码如下:

OpenGLBaseViewController.m

```objc
-(void)setupView:(GLView*)view
{
        const GLfloat zNear = 0.01, zFar = 1000.0, fieldOfView = 45.0;
        GLfloat size;
```

```
glEnable(GL_DEPTH_TEST);
glMatrixMode(GL_PROJECTION);
size = zNear * tanf(DEGREES_TO_RADIANS(fieldOfView) / 2.0);
CGRect rect = view.bounds;
glFrustumf(-size, size, -size / (rect.size.width / rect.size.height), size /
             (rect.size.width / rect.size.height), zNear, zFar);
glViewport(0, 0, rect.size.width, rect.size.height);
glMatrixMode(GL_MODELVIEW);

//[self lightOn];//打开光效
glGenTextures(2, &textures[0]);
[self loadTexture:@"wenli.png" intoLocation:textures[0]];
[self loadTexture:@"logo.png" intoLocation:textures[1]];

glLoadIdentity();
glClearColor(0.0f, 0.0f, 0.0f, 1.0f);
}
```

加载 GLView 的代码如下:

```
- (void)viewDidLoad
{
    [super viewDidLoad];
    self.title = @"OpenGL 演示";
    CGRect    rect = [[UIScreen mainScreen] bounds];
    GLView* glView = [[GLView alloc]initWithFrame:rect];
    glView.controller = self;
    self.view = glView;
    [glView release];
}
```

4. 加载纹理。我们这里要学习如何从一张图片加载多个纹理。含有多个纹理的图片如图 14-32 所示。

图 14-32　一张图片包含多个纹理

代码如下:

```objc
- (void)loadTexture:(NSString *)name intoLocation:(GLuint)location
{
    CGImageRef textureImage = [UIImage imageNamed:name].CGImage;
    if (textureImage == nil)
    {
        NSLog(@"Failed to load texture image");
        return;
    }
    NSInteger texWidth = CGImageGetWidth(textureImage);
    NSInteger texHeight = CGImageGetHeight(textureImage);
    GLubyte *textureData = (GLubyte *)malloc(texWidth * texHeight * 4);

    CGContextRef textureContext = CGBitmapContextCreate(        textureData,
                                                                texWidth,
                                                                texHeight,
                                                                8, texWidth * 4,

    CGImageGetColorSpace(textureImage),

    kCGImageAlphaPremultipliedLast);
    // Rotate the image -- These two lines are new
    CGContextTranslateCTM(textureContext, 0, texHeight);
    CGContextScaleCTM(textureContext, 1.0, -1.0);

    CGContextDrawImage(textureContext,
                        CGRectMake(0.0, 0.0, (float)texWidth, (float)texHeight),
                        textureImage);

    CGContextRelease(textureContext);
    glBindTexture(GL_TEXTURE_2D, location);
    glTexImage2D(GL_TEXTURE_2D, 0, GL_RGBA, texWidth, texHeight, 0, GL_RGBA, GL_UNSIGNED_BYTE, textureData);
    free(textureData);
    glTexParameterf(GL_TEXTURE_2D, GL_TEXTURE_MIN_FILTER, GL_LINEAR);
    glTexParameterf(GL_TEXTURE_2D, GL_TEXTURE_MAG_FILTER, GL_LINEAR);
    glEnable(GL_TEXTURE_2D);
}
```

打开、关闭光照代码如下:

```objc
- (void)lightOn
{
    // Enable lighting
    glEnable(GL_LIGHTING);

    // Turn the first light on
    glEnable(GL_LIGHT0);

    // Define the ambient component of the first light
```

```
    static const Color3D light0Ambient[] = {{0.05, 0.05, 0.05, 1.0}};
    glLightfv(GL_LIGHT0, GL_AMBIENT, (const GLfloat *)light0Ambient);

    // Define the diffuse component of the first light
    static const Color3D light0Diffuse[] = {{0.4, 0.4, 0.4, 1.0}};
    glLightfv(GL_LIGHT0, GL_DIFFUSE, (const GLfloat *)light0Diffuse);

    // Define the specular component and shininess of the first light
    static const Color3D light0Specular[] = {{0.7, 0.7, 0.7, 1.0}};
    glLightfv(GL_LIGHT0, GL_SPECULAR, (const GLfloat *)light0Specular);

    // Define the position of the first light
    // const GLfloat light0Position[] = {10.0, 10.0, 10.0};
    static const Vertex3D light0Position[] = {{10.0, 10.0, 10.0}};
    glLightfv(GL_LIGHT0, GL_POSITION, (const GLfloat *)light0Position);

    // Calculate light vector so it points at the object
    static const Vertex3D objectPoint[] = {{0.0, 0.0, -3.0}};
    const Vertex3D lightVector = Vector3DMakeWithStartAndEndPoints(light0Position[0], objectPoint[0]);
    glLightfv(GL_LIGHT0, GL_SPOT_DIRECTION, (GLfloat *)&lightVector);

    // Define a cutoff angle. This defines a 90° field of vision, since the cutoff
    // is number of degrees to each side of an imaginary line drawn from the light's
    // position along the vector supplied in GL_SPOT_DIRECTION above
    glLightf(GL_LIGHT0, GL_SPOT_CUTOFF, 25.0);
}
- (void)ligntOff
{
    glDisable(GL_LIGHTING);
    glDisable(GL_LIGHT0);
}
```

绘画 3D 立体通道代码如下:

```
- (void)drawChannel
{
    //将大的纹理图片分成四等份，每份对应一种纹理
    const GLfloat combinedTextureCoordinate[] = {
        // The wood wall texture
        0.0, 1.0,         // Vertex[0~2] top left of square
        0.0, 0.5,         // Vertex[3~5] bottom left of square
        0.5, 0.5,         // Vertex[6~8] bottom right of square
        0.5, 1.0,         // Vertex[9~11] top right of square

        // The brick texture
        0.5, 1.0,
        0.5, 0.5,
        1.0, 0.5,
        1.0, 1.0,

        // Floor texture
        0.0, 0.5,
```

```
        0.0, 0.0,
        0.5, 0.0,
        0.5, 0.5,

        // Ceiling texture
        0.5, 0.5,
        0.5, 0.0,
        1.0, 0.0,
        1.0, 0.5
    };
    const GLfloat squareTextureCoords[] =
    {
        0, 1,         // top left
        0, 0,         // bottom left
        1, 0,         // bottom right
        1, 1          // top right
    };
    const GLfloat squareVerticeRight[] =
    {
        0.8,  0.8, -2.6,            // Top left
        0.8, -0.8, -2.6,            // Bottom left
        0.8, -0.8, -1.0,            // Bottom right
        0.8,  0.8, -1.0             // Top right
    };
    const GLfloat squareVerticesLeft[] =
    {
        -0.8,  0.8, -1.0,// Top left
        -0.8, -0.8, -1.0,// Bottom left
        -0.8, -0.8, -2.6, // Bottom right
        -0.8,  0.8, -2.6   // Top right
    };

    const GLfloat squareVerticesDown[] =
    {
        -0.8, -0.8, -2.6,// Top left
        -0.8, -0.8, -1.0,// Bottom left
         0.8, -0.8, -1.0, // Bottom right
         0.8, -0.8, -2.6   // Top right
    };
    const GLfloat squareVerticesUp[] =
    {
        -0.8, 0.8, -1.0,// Top left
        -0.8, 0.8, -2.6,// Bottom left
         0.8, 0.8, -2.6 , // Bottom right
         0.8, 0.8, -1.0 // Top right
    };

    const GLfloat squareVerticesCenter[] =
    {
        -0.8,  0.8, -1.0 * WALL_CNT,// Top left
        -0.8, -0.8, -1.0 * WALL_CNT,// Bottom left
```

```
        0.8, -0.8, -1.0 * WALL_CNT, // Bottom right
        0.8,  0.8, -1.0 * WALL_CNT// Top right
};
const GLfloat picLeft[] =
{
    -0.799,   0.8, -1.0,// Top left
    -0.799, -0.8, -1.0,// Bottom left
    -0.799, -0.8, -2.6, // Bottom right
    -0.799,   0.8, -2.6 // Top right
};
const GLfloat picRight[] =
{
     0.799,   0.8, -4.2,                    // Top left
     0.799, -0.8, -4.2,                     // Bottom left
     0.799, -0.8, -2.6,                     // Bottom right
     0.799,   0.8, -2.6                     // Top right
};
//glPopMatrix();
glClearColor(0.7, 0.7, 0.7, 1.0);
glClear(GL_COLOR_BUFFER_BIT | GL_DEPTH_BUFFER_BIT);
glEnable(GL_TEXTURE_2D);
glColor4f(1.0, 1.0, 1.0, 1.0);         //NEW
glEnableClientState(GL_VERTEX_ARRAY);
glEnableClientState(GL_TEXTURE_COORD_ARRAY);                    // NEW
glBindTexture(GL_TEXTURE_2D, textures[0]);
glPushMatrix();
for(int i = 0; i < WALL_CNT; i++)
{
    glVertexPointer(3, GL_FLOAT, 0, squareVerticeRight);
    glTexCoordPointer(2, GL_FLOAT, 0, &combinedTextureCoordinate[WOOD_TC_OFFSET]);
    //glTexCoordPointer(2,GL_FLOAT, 0,squareTextureCoords);
    glDrawArrays(GL_TRIANGLE_FAN, 0, 4);
    //glTranslatef(0, 1, -2.5);
    glTranslatef(0, 0, -1.6);
}
glPopMatrix();
glPushMatrix();
for(int i = 0; i < WALL_CNT; i++)
{
    glVertexPointer(3, GL_FLOAT, 0, squareVerticesLeft);
    glTexCoordPointer(2, GL_FLOAT, 0, &combinedTextureCoordinate[BRICK_TC_OFFSET]);
    //glTexCoordPointer(2,GL_FLOAT, 0,squareTextureCoords);
    glDrawArrays(GL_TRIANGLE_FAN, 0, 4);
    //glTranslatef(0, 1, -2.5);
    glTranslatef(0, 0, -1.6);
}
glPopMatrix();

glPushMatrix();
for(int i = 0; i < WALL_CNT; i++)
{
```

```
        glVertexPointer(3, GL_FLOAT, 0, squareVerticesDown);
        glTexCoordPointer(2, GL_FLOAT, 0, &combinedTextureCoordinate[FLOOR_TC_OFFSET]);
        //glTexCoordPointer(2,GL_FLOAT, 0,squareTextureCoords);
        glDrawArrays(GL_TRIANGLE_FAN, 0, 4);
        //glTranslatef(0, 1, -2.5);
        glTranslatef(0, 0, -1.6);
    }
    glPopMatrix();
    glPushMatrix();
    for(int i = 0; i < WALL_CNT; i++)
    {
        glVertexPointer(3, GL_FLOAT, 0, squareVerticesUp);
        glTexCoordPointer(2, GL_FLOAT, 0, &combinedTextureCoordinate[CEILING_TC_OFFSET]);
        //glTexCoordPointer(2,GL_FLOAT, 0,squareTextureCoords);
        glDrawArrays(GL_TRIANGLE_FAN, 0, 4);
        //glTranslatef(0, 1, -2.5);
        glTranslatef(0, 0, -1.6);
    }
    glPopMatrix();
    glDisableClientState(GL_TEXTURE_COORD_ARRAY);           // NEW
    glDisable(GL_TEXTURE_2D);
}
```

编译运行，效果如图 14-33 所示。

图 14-33　立体通道纹理效果图

如果再增加纹理 textures[1]，可在上面函数的 glPopMatrix();语句之前添加如下代码：

```
glPushMatrix();
glBindTexture(GL_TEXTURE_2D, textures[1]);
glVertexPointer(3, GL_FLOAT, 0, squareVerticesCenter);
glTexCoordPointer(2,GL_FLOAT, 0,squareTextureCoords);
glDrawArrays(GL_TRIANGLE_FAN, 0, 4);
```

```
glPopMatrix();
glPushMatrix();
for(int i = 0; i < DRAW_CNT; i++)
{
    glBindTexture(GL_TEXTURE_2D, textures[1]);
    glVertexPointer(3, GL_FLOAT, 0, picLeft);
    glTexCoordPointer(2,GL_FLOAT, 0,squareTextureCoords);
    glDrawArrays(GL_TRIANGLE_FAN, 0, 4);
    glTranslatef(0, 0, -3.2);
}
glPopMatrix();
glPushMatrix();
for(int i = 0; i < DRAW_CNT; i++)
{
    glBindTexture(GL_TEXTURE_2D, textures[1]);
    glVertexPointer(3, GL_FLOAT, 0, picRight);
    glTexCoordPointer(2,GL_FLOAT, 0,squareTextureCoords);
    glDrawArrays(GL_TRIANGLE_FAN, 0, 4);
    glTranslatef(0, 0, -3.2);
}
glPopMatrix();
```

运行后将会出现如图 14-34 所示的效果。

图 14-34 添加纹理效果图

【结束语】

使用 Quartz 2D 和 OpenGL ES 可以帮助我们做很多的事情，同时让界面的样式更加丰富多彩。从学习的过程来看，Quartz 2D 比 OpenGL ES 更简单，可以实现的功能更多，因此如果平时仅仅是处理平面图形，使用 Quartz 2D 完全可以胜任。OpenGL ES 更多的是用在跨平台的开发上面，它本身是一套标准，而且在开发大型的 3D 游戏引擎时是必不可少的利器。相信通过本章的学习，读者能够接受更加有挑战性的工作，开发的应用也更有深度。

第 15 章 调试和优化

到目前为止，关于 iOS 开发的大部分基础知识已经讲解完毕了。在学习的过程中，想必大家已经编写了很多的程序，且一定遇到了各种各样的问题，有些是编译器给出的错误和警告，有些则是程序运行中的逻辑错误。我们之所以如此肯定是因为无论什么样的代码，写完后一次编译成功并正确运行的概率实在太小。在代码的编写、运行阶段出现的各种各样的问题需要一个个地去修正和完善。

本章将在分析常见错误的基础上，介绍 iOS 下的几种调试和优化方法，并详细说明如何使用 Instruments 中的 Leaks 工具查找和定位程序中的内存泄漏。

15.1 常见错误

根据笔者个人的开发经验，在一个完整的应用程序的编码生命周期内通常会经历如下过程：
① 代码有错误，无法编译通过。
② 编译通过了，但是仍然报错，无法运行。
③ 可以正常运行了，但是会崩溃。
④ 可以正常运行，也不会崩溃，但是程序执行的结果不对。
⑤ 程序可以正常、正确的运行，但是总感觉哪里不爽，太慢，体验不好。
⑥ 对程序进行优化，能够正确高效地执行。
⑦ 部分功能需要优化，甚至重新进行编码。
⑧ 代码有错误，无法编译通过。
……

可以看出，应用程序编写是一个不断修改完善、持续集成的过程。在此过程中需要我们分辨并解决各种各样的问题。如果是编译期的错误，那么程序都无法运行，这种错误虽然很恼人，有时却是由很简单的原因引起的，解决起来比较容易；如果是复杂的逻辑问题，尽管提示非常温和，解决起来却要费一番脑筋，这部分内容留待本章后面说明，本节先来看几种常见的错误。

15.1.1 版本错误

版本错误就是因为 SDK 版本差异而产生的错误，经常会出现在编译环境升级、SDK 切换的时候。比如原有的一个工程是在 iOS 4.0.2 SDK 上开发的，但是 Xcode 升级后，SDK 升级成了 iOS5.0，这个时候我们的工程文件因为没有修改，所以提示为 iPhone4.2 的 SDK 找不到,提示错误为 Missing SDK。反之亦然，如果我们在一个高版本的 SDK 上编写了一个程序后到低版本上的 Xcode 编译运行，也会产生这个错误。

但是我们一般不希望高版本工程运行在低版本 SDK 上,因为高版本的 SDK 中包含了很多新特性，也就是新的 API，如果我们的程序调用了这些高版本才出现的 API，并且没有相关方法做版本处理，那么程序用低版本的 SDK 打包或者用低版本 iOS 的设备调试的时候一定会崩溃。所以，在编译环境切换的时候需要选择正确的 SDK 版本。选择编译所用 SDK 版本时界面如图 15-1 所示。

第 15 章 调试和优化

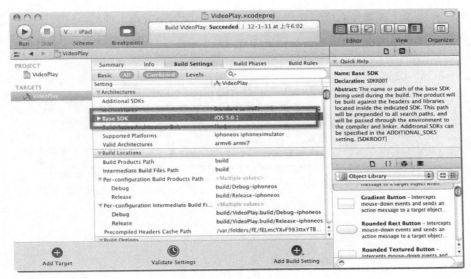

图 15-1 选择 SDK

15.1.2 证书错误

iOS 开发者证书是作为一个 iOS 开发人员必须具备的，该证书分为个人开发者证书和企业开发者证书两种：个人证书 99 美金，有效时间为 1 年，调试时对设备数量有限制，应用程序发布需要通过 AppStore；企业开发者证书为 299 美金，有效时间为 1 年，对调试设备无限制，应用程序发布无需通过 AppStore。如果没有其中任何一个证书，那么程序就只能停留在模拟器阶段，不能用设备调试，也不能打包发布。

事实上，申请的调试证书也是有期限的，通常为 3 个月，具体可以在 Organizer→Provisioning Progiles 中进行查看，如图 15-2 所示。若是证书过期的话，那么用设备进行调试时会报错，必须重新申请证书后才能进行设备调试。

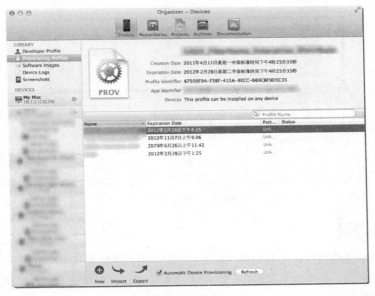

图 15-2 查看证书

iOS 开发实战体验

当证书选择错误，或者没有填写对应的 ID 时也会产生编译错误，使编译过程无法正常进行，编译产生的签名错误如图 15-3 所示。

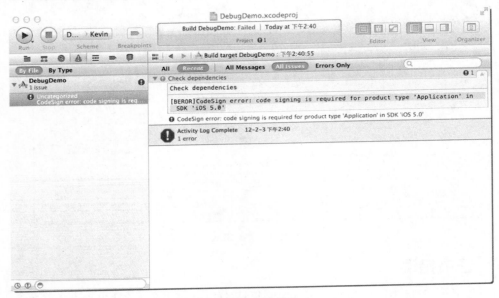

图 15-3　签名错误

所以在运行程序之前一定要检查是否已经选择了正确的证书，如图 15-4 所示。

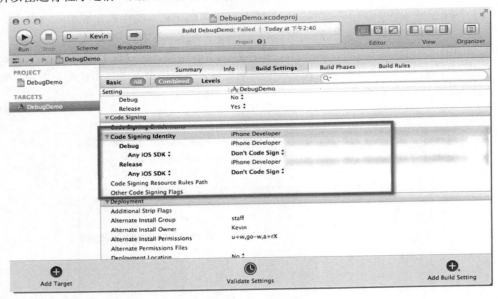

图 15-4　选择证书

15.1.3　编写错误

编写错误是最常见的错误，尤其是在 Xcode3 上面，因为代码自动补全功能不完善，方法、变量等几乎都是手工录入，难免会出现错误。这种错误非常彻底也很显而易见，如果不修正的话，应用程序无论如何都是不能编译成功的。

使用了 Xcode4 以上版本后，这种情况得到了很好的改善，因为 Xcode 有了实时检查拼写错误的功能，也就是当写了一个不存在或者错误的变量和方法时，编译器能够立即给出提示，告知拼写错误。比如在第 9 章视频播放示例的一段代码中，想用 self 来调用类内的成员变量，并对成员变量的初始值进行初始化。代码如下：

```
- (void)viewDidLoad
{
    [super viewDidLoad];

    //加载信息
    [[self moviePic] setImage:[UIImage imageNamed:@"cat.png"]];

    //加载文件名称
    [[self movieNameLabel] setText:@"Cat"];

    //加载视频 URL
    [self setTheURL:[NSURL fileURLWithPath:[[NSBundle mainBundle] pathForResource:@"catmov" ofType:@"mov"]]];
}
```

假定在拼写的过程中，不小心把 self 拼写成了 salf，把 setText 方法拼写成了 setLext 方法，Xcode 会给出非常明显的错误警告，如图 15-5 所示。

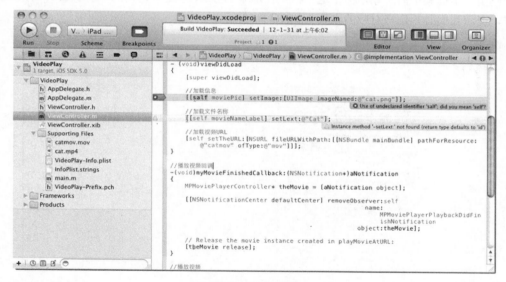

图 15-5　错误警告

Xcode 的这个机制能够让我们立即知道拼写错在什么地方，进行相应的改正就可以了。

15.1.4　导入错误

导入/链接错误通常分为两种：一种是没有导入对应的框架，另一种是没有包含对应的头文件。
同样以第 9 章视频播放为例，这个应用程序调用了 iOS 的 MediaPlayer.framework 框架，且使用了其中包含在 MediaPlayer.h 头文件里面的 MPMoviePlayerController 对象。代码如下：

```
//播放视频
- (IBAction)playVideo:(id)sender
{
    MPMoviePlayerController* theMovie = [[MPMoviePlayerController alloc] initWithContentURL: theURL_];

    theMovie.scalingMode = MPMovieScalingModeAspectFill;
    //theMovie.movieControlMode = MPMovieControlModeHidden;

    // Register for the playback finished notification.
    [[NSNotificationCenter defaultCenter] addObserver:self
                                    selector:@selector(myMovieFinishedCallback:)
                                        name:MPMoviePlayerPlaybackDidFinishNotification
                                      object:theMovie];

    // Movie playback is asynchronous, so this method returns immediately.
    [theMovie play];
}
```

如果只把这段代码嵌入到程序中，就会产生错误，主要为两个问题：一个是没有导入对应的MediaPlayer框架，另一个是没有包含对应的头文件。

1）未导入对应的框架

代码引用了框架中的对象，但是这个框架在基本的SDK中是不包含的，所以会产生相应的编译错误，提示我们必须选择对应的框架，如图15-6所示。

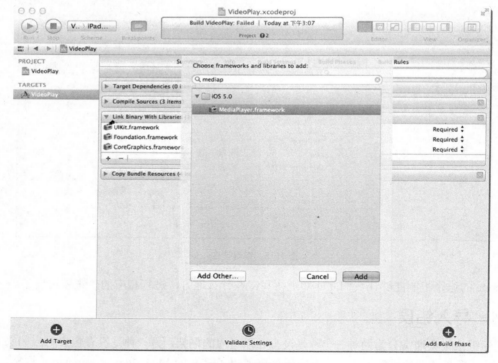

图15-6　选择框架

否则在编译的时候就会产生如图15-7所示的错误。

第15章 调试和优化

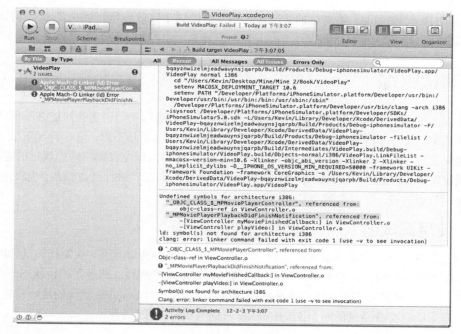

图 15-7　找不到库文件错误

2）未导入对应头文件

虽然引用了对应的框架，但是并不能直接去调用这个框架内的对象和方法，必须要引入对应的头文件。这一点 C/C++开发人员应该非常熟悉。

未导入对应头文件错误如图 15-8 所示。

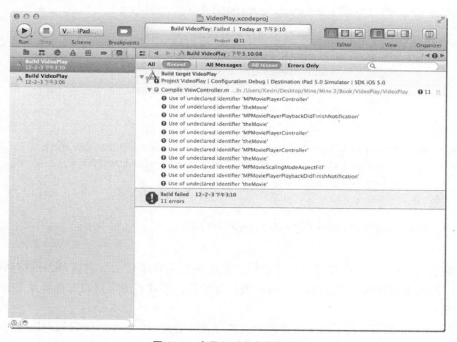

图 15-8　未导入对应头文件错误

307

用#import 或者 #include 将对应的头文件导入，该编译错误就能得到解决了。

同拼写错误一样，导入/链接错误在 Xcode 4 的编译器上也得到了很好的处理。

15.2 调试跟踪

作为开发人员的一项基本技能，调试跟踪显得非常重要。通常我们遇到的问题并不像明显的编译错误那样简单，往往是程序能够正常编译通过，但是执行的结果却不对，这种情况下很可能是程序的执行逻辑出现了问题。为了弄清楚程序到底是如何执行的，有没有按照预先规定的逻辑进行，就需要调试跟踪了。常见的调试跟踪方式有两种：一种是使用调试器进行断点跟踪，也就是 Debug；另一种是使用日志跟踪。下面分别介绍这两种方式。

15.2.1 使用调试器

使用调试器是一个开发者最基本的技能，该方法可以逐步地跟踪代码，获知代码具体的执行顺序，并根据程序的执行顺序查看变量、参数等的值和内存地址等属性。而且在调试状态下，当程序发生崩溃时，可以通过调用堆栈判断程序具体崩溃在哪一个方法上面，以帮助我们进一步定位问题。

例如，在第 7 章文件系统的示例 FileBrowser 里面有这样一段代码：

```
//保存
- (void)save
{
    //获取文件夹名称
    NSString *name = [[self nameField] text];

    //新路径
    NSString *path = [[self currentPath] stringByAppendingPathComponent:name];

    //创建文件夹
    [[NSFileManager defaultManager] createDirectoryAtPath:path
                          withIntermediateDirectories:YES
                                           attributes:nil
                                                error:nil];

    //刷新目录页面
    RootViewController *rootViewController = (RootViewController *)[self preViewController];
    [rootViewController loadFilesByDirectory:[rootViewController currentDirectoryPath]];
    [[rootViewController tableView] reloadData];


    [[self navigationController] popViewControllerAnimated:YES];
}
```

假如现在我们想知道，在文件夹名称的输入框中到底输入了什么，也就是想跟踪运行时变量 name 的值，可以采用打断点的方式，在 save 方法起始处，或者对应需要跟踪值的地方打上断点。如图 15-9 所示。

断点打好之后，编译运行，程序执行到断点的位置就会停下，这个时候我们可以选择程序的执行方式，如图 15-10 所示。

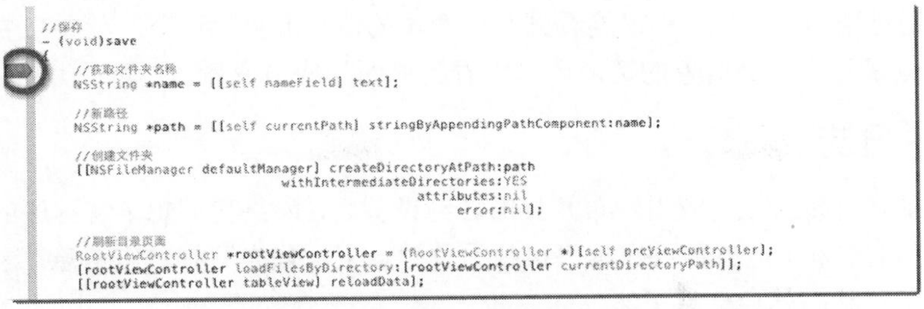

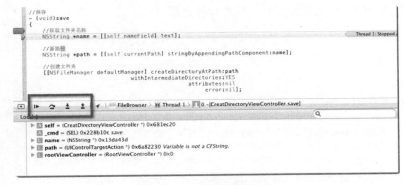

图 15-9　断点跟踪

图 15-10　控制程序执行方式

可以看到，在图 15-10 上标注的地方有一个控制条，上面有 4 个按钮，能够用来控制断点从而实现断点跟踪的目的。

按钮功能从左到右依次为：

- 跳过——指跳过这个断点，程序继续执行，直到遇到下一个断点止。
- 单步——从断点位置一句一句执行代码，每点一下执行一句。
- 进入方法——如果当前代码执行处是一个方法，点这个按钮之后断点就会进入到这个方法中。
- 跳出方法——点击这个按钮之后，断点会跳出当前的方法到执行这个方法的位置，通常是和进入方法的按钮配合使用的。

回到我们的例子，现在已经进入断点了，由于想知道 name 的值，所以应该控制断点到局部变量 name 赋值完毕之后，把光标放在 name 上，就可以看到 name 上显示了对应的值。也可以在程序下面显示变量值的窗口中查看 name 的值，如图 15-11 所示。

图 15-11　查看变量值

可以看出，通过断点的方法，不仅能看到对应变量的值，还能看到变量在内存中的地址及变量的类型。如果该变量是一个类对象的话，还可以看到里面的成员变量。

15.2.2 使用日志

断点调试只能在开发阶段，应用发布并且部署到设备后，如果我们想了解程序的运行状态，就只能依赖于日志信息分析。这就需要在程序执行的关键点上面预先写好日志信息，这样通过分析日志信息，程序的运行状态就会一目了然。

还是上面的例子，假定我们想知道在调用 save 方法以后，方法内获取到的 name 值以及根据 name 值生成的全路径值，那么只需要对代码进行补充即可：

```
//保存
- (void)save
{
    //获取文件夹名称
    NSString *name = [[self nameField] text];

    NSLog(@"The value of name is [%@]", name);

    //新路径
    NSString *path = [[self currentPath] stringByAppendingPathComponent:name];

    NSLog(@"The value of path is [%@]", path);

    //创建文件夹
    [[NSFileManager defaultManager] createDirectoryAtPath:path
                              withIntermediateDirectories:YES
                                               attributes:nil
                                                    error:nil];

    //刷新目录页面
    RootViewController *rootViewController = (RootViewController *)[self preViewController];
    [rootViewController loadFilesByDirectory:[rootViewController currentDirectoryPath]];
    [[rootViewController tableView] reloadData];

    [[self navigationController] popViewControllerAnimated:YES];
}
```

编写完代码以后运行程序，进行创建文件夹的操作，我们可以看到，在控制台输出了对应的日志信息，如图 15-12 所示。

```
GNU gdb 6.3.50-20050815 (Apple version gdb-1708) (Mon Aug 15 16:00:57 UTC 2011)
Copyright 2004 Free Software Foundation, Inc.
GDB is free software, covered by the GNU General Public License, and you are
welcome to change it and/or distribute copies of it under certain conditions.
Type "show copying" to see the conditions.
There is absolutely no warranty for GDB.  Type "show warranty" for details.
This GDB was configured as "i386-apple-darwin".sharedlibrary apply-load-rules all
Attaching to process 302.
2012-02-03 23:16:19.402 FileBrowser[302:207] The value of name is [Dictionary]
2012-02-03 23:16:19.411 FileBrowser[302:207] The value of path is [/Users/Kevin/Library/Application Support/iPhone Simulator/5.0/Applications/52404258-534A-4A85-8EE1-7D92D6B3CE30/Dictionary]
```

图 15-12 日志信息

其实日志的信息不仅仅限于打印变量值这么简单，这属于调试日志，用过 Log4j 的读者都会知道，日志是帮助分析问题的非常好的帮手，在 iOS 中，完全可以实现一个类似于 Log4j 功能的日志类。它能够实现的功能如下：

① 采用变长参数，组合输出多值。

② 根据需要进行分级，通过配置打印出对应级别的日志，比如从低到高可以为 info→debug→warn→error。

③ 配置日志开关，因为日志会消耗系统资源，所以需要有开关以控制是否打印。

④ 配置日志格式，因为日志可以包含很多信息，例如时间、类名、方法名、行号等，所以可以对需要打印的信息进行配置。

⑤ 对日志信息进行输出控制，比如规定其输出到控制台或者文件。

这样，对于日志信息是否打印和打印内容都可以进行控制，可以非常方便地去获取我们需要的信息。如果程序发布后，无法进行断点调试，那么只需要拿到日志信息分析，就可以快速准确地定位到问题的所在。

应该说，两种调试方式各有其长处。但是就笔者的经验来说，应该以日志为主，如果日志无法解决时，再使用断点调试，因为断点调试比较耗时，且稍有疏忽就需要重新走流程进行调试，而不像日志调试，所有的运行记录都会记录下来，很方便查看查找。但不可否认的是，打印日志会耗费系统资源，所以在软件发布的时候，要关闭所有的日志输出，以免影响程序的用户体验。

15.3 使用 Instruments

Instruments 用于动态跟踪与分析 Mac OS X、iPhone 和 iPad 应用程序的性能。借助于 Instruments，可以：

① 对应用程序进行压力测试。

② 跟踪应用程序的内存泄漏问题。

③ 更深入地理解应用程序的执行行为。

④ 跟踪应用程序中难以重现的问题。

其中，能够检查内存泄漏非常重要。内存泄漏是指当应用程序被分配（alloc、new 和 copy）一块内存，在程序块生命周期结束时，没有显式地释放这块内存，导致这块内存不能再被使用的情况。如果这种情况发生很多，那么程序的可用内存就会越来越少，会影响程序的运行和用户体验。

iOS 不像 Java 那样能够自动释放内存，只能手动释放。在开发过程中，开发者无论多么谨慎都可能会造成内存泄漏。苹果为我们提供的 instrument 检测工具，能够方便快捷地检测出程序中的内存泄漏。在 MAC 的 Spotlignt 中输入 Instruments 后，能够快速地打开 Instruments 工具，其中 Leaks 就是我们用来检测内存泄漏的工具，如图 15-13 所示。

图 15-13　Leaks

下面我们通过实例来说明 Instrument 中的 leaks 工具是如何检测内存泄漏的，具体步骤如下：

1 新建一个项目，命名为"DebugDemo"，在开始加载的地方写上如下代码：

```
- (void)viewDidLoad
{
    [super viewDidLoad];

    for (int i = 0; i < 1000; i++)
    {
        //初始化变量
        NSMutableString *str = [[NSMutableString alloc] initWithFormat:@"This is number%d string", i];

        //打印变量
        NSLog(@"%@", str);
    }
}
```

本例中我们通过 NSMutableString 进行演示，在每次 For 循环中，会初始化一个可变字符串变量，并且打印，也就是不断地向系统申请内存，但是在每次循环执行结束时，并没有对变量进行释放，所以会造成内存泄漏。

2 进入 Leaks 并选择需要跟踪的程序。Leaks 界面如图 15-14 所示。

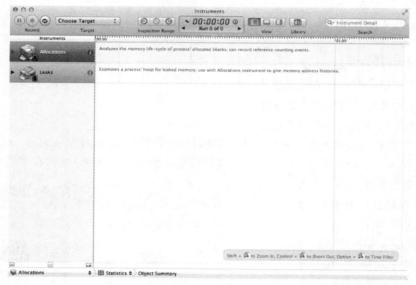

图 15-14　Leaks 界面

在 Leaks 界面中，左边是 Leaks 跟踪的项目，Allocations 表示程序在运行时申请内存的状态，Leaks 表示程序在运行时内存泄漏的状态。窗口右边是关于 Allocations 和 Leaks 基于时间的活动记录，并且显示到一条时间线上，这样我们能够直观地看到在应用程序的生命周期内内存大概活动响应。

我们可以选择跟踪模拟器或者是跟踪设备，这里在进入 Leaks 之前选择了跟踪设备。在 Leaks 的左上角有一个名为"Choose Target"的下拉菜单，单击 Choose Target 选项可以看到 iPhone 上面安装的所有应用程序的清单，选择需要跟踪的程序，如图 15-15 所示。

3 检查内存泄漏。选好跟踪的程序后，单击红色的【Record】按钮，Leaks 会自动启动对应的应用程序，并开始记录程序的运行状态。它会每 10 秒钟记录一下泄漏状态，当然这些都是可以更改的，还可以取消自动检查内存泄漏，改为手动检查，如图 15-16 所示。

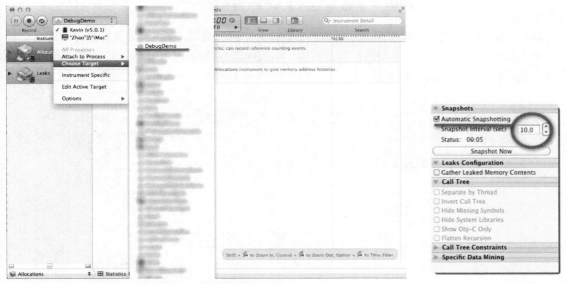

图 15-15 选择跟踪程序　　　　　　　　　　　　图 15-16 记录频率设置

程序运行后，就可以观察到程序的运行状态，从图 15-17 中可以看到，应用程序已经出现了内存泄漏。

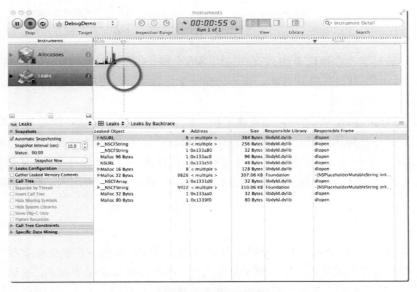

图 15-17 程序运行状态

4 定位内存泄漏位置。在这里我们只知道出现了内存泄漏，但是对于泄漏的位置只能从时间上进行简单的分析，所以还需要知道泄漏的具体位置，最好能定位到函数级。Leaks 提供了查看程序运行详细信息的方法：在 Leaks 的工具栏右侧单击如图 15-18 所示的显示扩展详细信息选项，则

313

Leaks 会弹出扩展详细信息的视图。

图 15-18　显示扩展详细信息选项

显示了详细窗口之后，在内存泄漏项列表中选择对应的泄漏项，在内存处鼠标悬停上面后会显示一个小箭头，单击后就会在右侧的扩展详细窗口中列出对应泄漏项的堆栈信息，如图 15-19 所示。这样，就查找到了对应的内存泄漏。

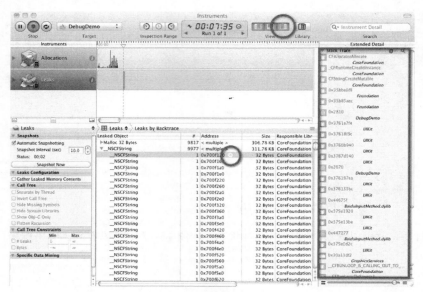

图 15-19　调用堆栈

这里我们只是写了一个很简单的只有几句代码的小例子，真实的应用程序肯定复杂得多。但是无论程序多复杂，用工具是可以跟踪的，有了这样一个好帮手，就可以快速地定位到内存泄漏问题所在，从而使程序运行良好。

其实除了 Instruments，苹果公司还提供了很多性能分析工具，Shark 就是其中的一个。Shark 是分析 iOS 应用程序性能的工具。当程序运行在 iOS 设备时，可以通过 Shark 从几个不同方面对代码进行剖析。剖析结果可认为是应用程序运行时行为的统计采样，我们通过 Shark 的数据采集和图表化工具能够对它进行分析。苹果公司的官方文档对于 Shark 有非常详细的说明，有兴趣的读者可以自行参阅。

【结束语】

本章介绍了 iOS 开发中遇到的常见错误及部分调试方法，这些方法是必须要掌握的，因为很多时候我们都会有这样的困惑，为什么程序编译良好，执行结果却总是不正确，这通常是程序的逻辑错误导致的。通过设置断点或打印日志的方法能够帮我们找到问题所在。本章还详细介绍了如何使用 Instruments 中的 Leaks 工具来检测程序中发生的内存泄漏。这个工具非常有用，因为大量的代码已经不能用人眼来排除是否有内存没有释放了，必须借助这种工具来完成。

总之，应用程序开发阶段，编译环境 Xcode 已经提供了非常有用的开发工具，来帮助我们解决各种各样的问题，并且用得越多，用得越熟，就会发现它们越好用。